服装高等教育“十一五”部委级规划教材

服装工效学

张 辉 周永凯 编著

中国纺织出版社

内 容 提 要

服装工效学是一门研究人、服装和环境三者之间关系的新兴边缘学科。服装工效学的研究代表了当今服装科学的最前沿水平。本书主要内容包括与服装工效学有关的环境物理量、人体测量学及人体尺寸测量、与服装工效学有关的服装材料学概论、服装的干热传递与热阻、服装的湿热传递、暖体假人和人工气候室、服装的舒适性及其评价方法、特种功能服装及材料、阻燃防护服的开发及其工效学评价等。正文后附录提供了本书实验以及相关计算所必需的数据表格，以方便读者学习与实验。

本书通过作者查阅国内外大量文献资料以及多年教学经验和研究成果归纳总结而成，内容既包括传统的服装工效学相关知识，又包含最新的服装工效学研究应用成果，可作为高等院校服装专业硕士研究生、本科生教材使用。

图书在版编目(CIP)数据

服装工效学／张辉，周永凯编著．—北京：中国纺织出版社，2009.9

服装高等教育“十一五”部委级规划教材

ISBN 978-7-5064-5803-0

Ⅰ．服…　Ⅱ．①张…②周…　Ⅲ．服装－工效学－高等学校－教材　Ⅳ．TS941.17

中国版本图书馆 CIP 数据核字(2009)第 117174 号

策划编辑：张晓芳　　责任编辑：宗　静　　责任校对：余静雯

责任设计：何　建　　责任印制：周文雁

中国纺织出版社出版发行

地址：北京东直门南大街 6 号　邮政编码：100027

邮购电话：010—64168110　传真：010—64168231

http://www.c-textilep.com

E-mail: faxing @ c-textilep.com

中国纺织出版社印刷厂印刷　三河永成装订厂装订

各地新华书店经销

2009 年 9 月第 1 版第 1 次印刷

开本：787×1092　1/16　印张：18.25

字数：264 千字　定价：39.80 元(附光盘 1 张)

出版者的话

全面推进素质教育，着力培养基础扎实、知识面宽、能力强、素质高的人才，已成为当今本科教育的主题。教材建设作为教学的重要组成部分，如何适应新形势下我国教学改革要求，与时俱进，编写出高质量的教材，在人才培养中发挥作用，成为院校和出版人共同努力的目标。2005年1月，教育部颁发了教高[2005]1号文件“教育部关于印发《关于进一步加强高等学校本科教学工作的若干意见》”（以下简称《意见》），明确指出我国本科教学工作要着眼于国家现代化建设和人的全面发展需要，着力提高大学生的学习能力、实践能力和创新能力。《意见》提出要推进课程改革，不断优化学科专业结构，加强新设置专业建设和管理，把拓宽专业口径与灵活设置专业方向有机结合。要继续推进课程体系、教学内容、教学方法和手段的改革，构建新的课程结构，加大选修课程开设比例，积极推进弹性学习制度建设。要切实改变课堂讲授所占学时过多的状况，为学生提供更多的自主学习的时间和空间。大力加强实践教学，切实提高大学生的实践能力。区别不同学科对实践教学的要求，合理制订实践教学方案，完善实践教学体系。《意见》强调要加强教材建设，大力锤炼精品教材，并把精品教材作为教材选用的主要目标。对发展迅速和应用性强的课程，要不断更新教材内容，积极开发新教材，并使高质量的新版教材成为教材选用的主体。

随着《意见》出台，教育部组织制订了普通高等教育“十一五”国家级教材规划，并于2006年8月10日正式下发了教材规划，确定了9716种“十一五”国家级教材规划选题，我社共有103种教材被纳入国家级教材规划。在此基础上，中国纺织服装教育学会与我社共同组织各院校制订出“十一五”部委级教材规划。为在“十一五”期间切实做好国家级及部委级本科教材的出版工作，我社主动进行了教材创新型模式的深入策划，力求使教材出版与教学改革和课程建设发展相适应，充分体现教材的适用性、科学性、系统性和新颖性，使教材内容具有以下三个特点：

(1)围绕一个核心——育人目标。根据教育规律和课程设置特点，从提高学生分析问题、解决问题的能力入手，教材附有课程设置指导，并于章首介绍本章知识点、重点、难点及专业技能，增加相关学科的最新研究理论、研究热点或历史背景，章后附形式多样的思考题等，提高教材的可读性，增加学生学习兴趣和自学能力，提升学生科技素养和人文素养。

(2)突出一个环节——实践环节。教材出版突出应用性学科的特点，注重理论与生产实践的结合，有针对性地设置教材内容，增加实践、实验内容。

(3)实现一个立体——多媒体教材资源包。充分利用现代教育技术手段，将授课知识点制作成教学课件，以直观的形式、丰富的表达充分展现教学内容。

教材出版是教育发展中的重要组成部分，为出版高质量的教材，出版社严格甄选作者，组织专家评审，并对出版全过程进行过程跟踪，及时了解教材编写进度、编写质量，力求做到作者权威，编辑专业，审读严格，精品出版。我们愿与院校一起，共同探讨、完善教材出版，不断推出精品教材，以适应我国高等教育的发展要求。

中国纺织出版社

教材出版中心

前言
Foreword

服装工效学是近年发展起来的一门新型学科，它是人类工效学的一个分支。服装工效学是研究人、服装和环境三者之间关系，是研究人在何种条件下穿着什么服装最合适、最安全、最能发挥作业人员工作能力的一门边缘性学科。服装工效学的研究内容主要包括人体测量学、服装的功能与舒适性、特种功能服装及材料、个人用携行具、服装功能用特殊装备及测试仪器等。服装工效学的研究代表了当今服装科学的最前沿水平。

国外在服装工效学领域研究多年。美国等发达国家将其研究成果直接应用于军队装备，为作业提供了基本的防护保障。美国 Natick 研究所的 Goldman 博士在热湿传递及军服的研究方面处于世界领先地位。我国在服装工效学领域研究起步较晚，但也进行了大量很有价值的研究。总后勤部军需装备研究所的曹俊周在服装的舒适性与功能、防护服等方面做了大量的研究工作，并参与、协助了中国第一代暖体假人的研制工作。

北京服装学院 1989 年开始招收服装工效学方向的研究生，逐步建起了服装工效学实验室，在服装工效学方面进行了大量基础性工作。20 世纪 90 年代，北京服装学院、中国服装研究设计中心(现中国服装集团公司)与有关部门合作，承担林业部及黑龙江省防火指挥部课题——森林防火服工效学研究，在面辅料研究、服装结构设计、服装生理学评价、防火现场实验等方面做了大量的研究工作。与北京焦化厂合作开发的炼焦防护服被北京焦化厂采用后，获得了良好的社会和经济效益。2002 年北京服装学院得到中央财政经费支持，组建了服装工效学实验室，配有人工气候室、暖体假人等实验仪器设备。

我国一些纺织服装院校已相继开设了服装工效学及其相关课程。但是，目前还没有一本比较全面、系统介绍服装工效学基础理论的教材。本书正是在这种背景下，经作者查阅国内外大量文献资料及多年的教学经验和研究成果归纳总结而成的。本书以教学为目的，符合教学要求。全书结构安排如下：

第一章首先介绍了人类工效学的定义及其研究内容，然后对服装工效学的定义及其研究内容进行了介绍。

第二章主要介绍与服装工效学有关的环境物理量，如温度、湿度、风、辐射以及这些物理量的单位和测量方法。

第三章首先简要介绍了人体测量学概念以及人体尺寸的测量，并且重点介绍了与服装工效学有关的生理指标的测量，如人体的体温、能量代谢、人体表面积、体重丧失量、心率等，并比较详细地讲述这些生理指标的测量方法。

第四章介绍与服装工效学有关的服装材料学领域的基础知识。本章主要介绍服装材料的透气性、透湿性、保温性等的定义、测量方法及主要影响因素，并对织物在润湿状态下的透气性、保温性的研究进行了比较详细的介绍。

第五章介绍服装的干热传递，如辐射散热、对流散热、传导散热，并且重点介绍服装的热阻、影响因素及其测量方法。

第六章介绍服装的湿热传递。重点介绍服装的蒸发散热、评价指标及其测量方法。

第七章介绍暖体假人和人工气候室。主要介绍了国内外暖体假人的研究概况。

第八章介绍服装的舒适性及其评价方法。其中重点介绍了舒适性的概述及分类、服装工效学的评价方法及服装舒适性的主要评价指标。

第九章介绍几种特种功能服装及材料，如阻燃防护服、宇航服、防弹服等。

第十章介绍阻燃防护服的开发及其工效学评价，以阻燃防护服为例，对本教材前九章所讲述内容就其应用方法进行概括总结。本章从面料测试与选择、服装设计与制作、服装人体生理学实验、火灾及热辐射现场实验等多方面进行详细介绍，更有助于学生对服装工效学研究方法的掌握与应用。

附录部分是为了学生学习与实验方便，提供了本书实验以及相关计算所必需的数据表格，如呼吸商、饱和水汽压、相对湿度、PMV、PPD等。

参加本书编写的有张辉、周永凯、曹俊周、黎焰等，全书由张辉统稿，曹俊周审稿。在本书的编写过程中，郜琳、唐久英、郭利强、林文茹等给予了帮助，在此一并致谢。

服装工效学是一门边缘学科，涉及领域比较广泛，但限于经验和水平，书中内容难免有不妥之处，恳请读者批评指正。

张辉

2009年4月

《服装工效学》教学内容及课时安排

章/课时	课程性质/课时	节	课程内容
第一章 (2 课时)	基础理论 (2 课时)		• 绪论
		一	人类工效学
		二	服装工效学
第二章 (4 课时)	专业知识与 实验方法 (24 课时)		• 描述环境的物理量
		一	气温
		二	湿度
		三	风
		四	辐射
		五	色彩
第三章 (6 课时)			• 人体测量学
		一	人体测量的统计指标
		二	人体尺寸的测量
		三	服装工效学人体生理指标的测量
第四章 (4 课时)			• 与服装工效学有关的服装材料学概述
		一	织物的透气性
		二	织物的透湿性
		三	织物的保温性
第五章 (6 课时)			• 服装的干热传递与热阻
		一	辐射散热
		二	对流散热
		三	传导散热
		四	服装的传热原理与热阻
第六章 (4 课时)			• 服装的湿热传递
		一	蒸发散热
		二	服装蒸发散热的评价指标
		三	服装蒸发散热的计算
第七章 (2 课时)	专业理论 (2 课时)		• 暖体假人和人工气候室
		一	暖体假人
		二	人工气候室

章/课时	课程性质/课时	节	课程内容
第八章 (6课时)	专业理论、应用理论与实验方法 (6课时)		• 服装的舒适性及其评价方法
		一	人体的感觉及舒适感
		二	服装舒适性概论
		三	服装工效学的评价方法
		四	人体穿着实验方法
		五	有效温度
		六	等价温感
		七	热平衡方程
		八	热舒适图
		九	预测平均票数(PMV)与不满意百分数(PPD)
第九章 (4课时)	专业知识 (4课时)		• 特种功能服装及材料
		一	特种功能服装概述
		二	阻燃防护服
		三	飞行服
		四	宇航服
		五	防弹服
		六	"鲨鱼皮"泳衣
		七	功能性运动服
第十章 (2课时)	应用方法 (2课时)		• 阻燃防护服的开发及其工效学评价
		一	阻燃防护服及实验设计
		二	实验结果与讨论
		三	结论

注 各院校可根据本校的教学特色和教学计划对课程时数进行调整

目录
Contents

基础理论——

绪论

课题名称：绪论

课题内容：1.人类工效学

2.服装工效学

课题时间：2 课时

教学提示：阐述人类工效学的定义、主要研究内容和目的、发展方向，以及服装工效学的定义、主要研究内容、开展情况等。通过介绍人类工效学，引领同学掌握服装工效学的基本知识。

保留在课堂上提问和交流的时间。

教学要求：1.使学生了解人类工效学的作用。

2.使学生了解人类工效学的定义、研究内容及发展方向。

3.使学生理解服装工效学的定义。

4.通过实例，使学生理解服装工效学的主要研究内容。

5.使学生了解国内外服装工效学的研究概况。

第一章　绪论

第一节　人类工效学

一、人类工效学的定义

人类工效学(ergonomics)是一门新兴的边缘学科。英国是世界上开展人类工效学研究最早的国家,而该学科的奠基性工作却是在美国完成的,所以人类工效学有"起源于欧洲,形成于美国"之说。人类工效学作为一门独立的学科已有近百年的历史了。人类工效学这一名称是根据英文"ergonomics"翻译过来的,"ergonomics"是由两个希腊词根组成的,ergo 是工作的意思,nomics 是正常化、规律的意思,因此 ergonomics 的含义就是人的工作规律、工作的正常化问题。也就是说,人类工效学是研究人在生产和工作中如何合理地、适度地、安全地工作的问题。

国际工效学会对人类工效学的定义是:人类工效学是研究人在各种工作环境中人的因素(包括解剖学、生理学和心理学等方面的各种因素),研究人和机器及环境的相互作用,研究在工作中、生活中和休假时,如何统一考虑工作效率、人的健康、安全和舒适等问题的科学。

我国在《中国企业管理百科全书》中,将人类工效学定义为:人类工效学是研究人和机器、环境的相互作用及其结合,使设计的机器和环境系统适合人的生理、心理等特点,达到在生产中提高效率、安全、健康和舒适的目的。

从上述人类工效学的定义我们可以看出,人类工效学是研究人、机器、环境三者之间关系的科学,是研究如何使人们工作、学习、生活得更安全、更舒适、更有效的一门介于生理学、心理学、人体测量学、工程技术和管理学之间的边缘学科。

二、人类工效学研究的内容

人类工效学的研究涉及人的工作、学习和生活等多个方面,所以其研究内容非常多,概括起来主要包括以下三个方面。

1. 人的能力

人的能力包括人体的基本尺寸、人的工作能力、各种器官功能的限度以及影响因素等。只有对人的能力有了比较深入的了解，才有可能在系统的设计中考虑这些因素，使人在工作中所承受的负荷在人体可以接受的范围之内。如果人的工作负荷超过了人体的限度，不仅会影响工作效率，甚至会影响人的身心健康。

2. 人—机交互

这里的“机”不仅代表机器，而且还代表了人所处的物理系统，包括各种机器设备、计算机、办公室以及各种自动化设备等。人类工效学研究的最终结果就是要“使机器适合于人”。在人—机交互过程中，人类工效学的重点是工作场所、显示设备和控制设备等的设计。随着电子技术的进步和计算机应用的普及，人与电子计算机交互的研究在人类工效学研究中占有越来越重要的地位。

3. 人与环境

人所处的物理环境对人的工作和生活有着非常大的影响，所以环境对人的影响是人类工效学研究的一个重点内容。这方面研究包括照明对人的工作效率的影响、噪声对人的危害及其防治办法、音乐的作用、环境色彩对人的影响、空气质量及污染对人的影响等。

三、人类工效学研究的目的

人类工效学研究的目的主要有以下三点：

(1)使人工作得更有效；

(2)使人工作得更安全；

(3)使人工作得更舒适。

这三个目的有时是相一致的，如一台新型的办公设备可能比旧设备的工作效率更高、更安全、更舒适。但是在某些情况下，这三个目标有时又是相互矛盾的，如一种更安全、更舒适的操作方法可能比旧方法的效率要低些；一台新设备可以使操作人员工作得很舒适，但增加的效率有可能不足以补偿购买新设备所增加的投资等。这一矛盾关系的解决取决于人与机器的相对重要性，取决于人所处的时代、社会背景、环境条件等。

在远古时代，由于工具稀少，加上环境条件十分恶劣，人们的生活很艰难，所以人们不得不无条件地使自己适应工具和适应生存环境。人们改进工具的主要目的是为了提高工作效率，以抵御环境和敌人而生存下去。使用工具时的安全性和舒适性往往不被人们考虑，人们也绝不会为了自身的舒适而放弃某一更先进工具的使用。

在理想的将来，机器和环境都应该绝对地服从于人、服务于人。人的安全与舒适将是系统设计中需要考虑的最重要因素，人可以随心所欲地改变其所处的物理系统和环境以满足他的需要，到那时候，有可能效率将是一个次要问题。

我们现在的生活既不同于远古时代，也有异于理想的未来社会。因此，我们有时候不得不适应于机器与环境，有时我们可以改造机器和环境使之更好地服务于人。这使得人类工效学研究者们的工作充满着矛盾和挑战。

在发达国家，人们生活水平比较高，因此人类工效学研究更强调人的重要性，其宗旨就是使机器适合于人(fitting the task to the man)。我国当前生活水平还不算高，生产力也比较落后，在很多地方还是人要适应于机器。但是随着人们生活水平的不断提高，人的价值也将越来越高。人类工效学作为一门学科也将越来越受到重视，人类工效学的研究成果将对人的工作和生活发挥越来越大的影响。

四、人类工效学的发展动向

人类工效学的研究和应用领域可以概略地分为三大类。

1. 人类工效学与尖端技术

随着科学技术的发展，人—机系统变得越来越复杂。一些复杂系统的控制，如飞机驾驶，甚至超过了人的正常工作能力，人成为系统中的一个主要制约因素。如何降低系统对人的要求，或者如何提高人的能力以适应系统的要求，是人类工效学目前面临的一个严峻挑战。这方面的研究内容主要包括飞机驾驶舱的设计、脑力负荷的测量、系统评价、控制室的设计、宇航员在太空中的生活和工作等问题。

2. 人类工效学与电子计算机

随着计算机技术的发展以及应用的推广和普及，在工业化国家，使用计算机的工作人员数量已超过其他任何一种机器操作人员的总和。如何提高人—计算机系统的效率已成为人类工效学中的一个最流行的内容。在美国的人类工效学年会上，往往有1/3以上的研究论文涉及这一主题。这方面的研究内容主要包括屏幕显示的设计、键盘的设计、操作系统的评价、计算机工作室的布置等。

3. 人类工效学与生产制造及其他领域

生产领域的研究是人类工效学的一个传统研究内容，这方面的研究内容主要包括人体测量、工作环境、劳动保护与安全、产品检验、事故的调查等。人类工效学初期主要研究生产性产品的设计，而现在已经开始研究消费品的设计，例如如何设计产品的使用说明书，使消费者能够更安全、更方便地使用产品。

此外，随着人类工效学研究内容越来越丰富，其研究领域已涉及体育、法律、驾驶、消防甚至服装等行业。

第二节 服装工效学

一、服装工效学的定义

服装工效学(clothing ergonomics)是一门新兴的学科,是人类工效学的一个分支。服装工效学主要研究人、服装、环境三者之间的关系,是研究人在何种条件下应该穿着什么服装最合适、最安全、最能发挥人的能力的一门边缘学科。人类工效学的研究是以人为中心,服装工效学的研究也同样要以人为中心。

二、服装工效学的主要研究内容

服装工效学作为人类工效学的一个分支,研究内容涉及人、服装以及生活和工作环境三个方面,概括起来主要包括以下几个内容。

1. 人体测量学

人体测量学是人类学的一个分支,主要是用测量和观察的方法来描述人类的体质特征状况,包括骨骼测量和活体(或尸体)测量。它的主要任务是通过测量数据,运用统计学方法,对人体特征进行数量分析。通过活体测量,确定人体的各部位标准尺寸,为工业、医疗卫生、国防、体育和服装等领域提供基础性的参考数据。在服装工效学领域,人体测量学包括人体几何尺寸的测量、生理指标测量及心理测量三个方面。人体几何尺寸的测量为人体体型的分类、服装号型标准的制订、服装的加工提供参考数据;生理指标测量包括测量人体的代谢产热量、体核温度、平均皮肤温度、出汗量、心率等,研究人体的舒适指标、耐受限度等,为科学地评价服装提供理论指导;心理测量则是通过主观感觉评价的方式,测量人体的某些方面主观感觉等级,为下面的研究提供很必要的数据支持。

2. 服装的功能与舒适性研究

服装的功能包括遮羞、防护以及装饰三个方面。在服装工效学研究中,防护功能和装饰功能是它的主要研究内容。服装的舒适性研究则是从人的生理和心理两个方面进行,研究人的生理参数与心理因素的关系。

3. 特种功能服装及其材料的研究

服装工效学的研究最早是从军服、防护服开始的,至今它们仍是服装工效学的重要研究内容之一。特种功能服装是应用于某些特殊场合,如火灾救援、炼钢、炼焦、航空、防化、防毒等,为穿着者提供必要的保护功能的服装。

4. 个人用携行具的研究

对于个人用携行具的研究，主要起源于军人的个人装备，研究单兵装备负荷的尺寸、形态以及重量，包括作战装备、生活用品等。

5. 特种功能用特殊装备及测试仪器的研究

针对服装及面料特种功能，研究特殊装备及测试仪器，为科学、合理地评价产品的性能提供保障。如人工气候室、暖体假人、红外成像仪、生理参数测量仪等。

三、我国服装工效学发展概况

我国在服装工效学领域研究起步较晚，但也进行了大量很有价值的研究。总后勤部军需装备研究所的曹俊周等在服装舒适性与功能、热湿传递和防护服方面做了大量的研究工作。在20世纪70年代后期，总后勤部军需装备研究所设计研制出了中国第一代暖体假人——“78恒温暖体假人”。在此基础上，于20世纪80年代末又研制成功了“87变温暖体假人”。该假人为铜壳结构，分15个加热区段，各关节可活动，可用变温、恒温和恒热三种方式进行动、静两种姿势的试验，控温精度、重复精度较高。总参防化研究院何开源等从人体的生理学角度研究防化服装的工效学性能，在新型防化材料及防化服装领域进行了大量的研究。

随着学科的不断发展，国内一些服装设计领域的学者，也将服装中的设计因素加入到了服装工效学的研究中。

北京服装学院从1989年开始招收服装工效学方向的硕士研究生，逐步建起了服装工效学实验室，设计研制了便携式多通道生理参数测试仪，并从生理学角度探讨服装的工效学性能，在服装工效学研究方面进行了大量的基础性工作。在生理学评价方面，总参防化研究院的何开源研究员给予了热情的指导与帮助。20世纪90年代，北京服装学院、中国服装研究设计中心（现中国服装集团公司）与有关部门合作，承担林业部及黑龙江省防火指挥部课题——森林防火服的工效学研究，在面辅料评价、服装设计与加工、服装生理学评价、火灾现场试验等方面做了大量的研究工作，开发的炼焦防护服曾被北京焦化厂采用，获得了良好的社会效益和经济效益。

复习与作业

1. 简述人类工效学的定义。
2. 简述人类工效学的研究内容。
3. 简述服装工效学的定义。
4. 举例说明服装工效学的研究内容。

专业知识与实验方法——

描述环境的物理量

课题名称：描述环境的物理量

课题内容：1.气温

2.湿度

3.风

4.辐射

5.色彩

课题时间：4课时

教学提示：阐述与服装工效学有关的描述环境的物理量、表示温度的单位及其相互换算方法、温度的测量方法，描述湿度的物理量、各物理量的定义以及风和辐射的测量方法等。

布置本章作业。

教学要求：1.使学生了解与服装工效学有关的主要环境指标。

2.使学生了解各环境指标的物理意义、单位及换算。

3.使学生了解环境指标的测量方法。

4.通过实验，使学生掌握主要环境指标测量仪器的使用方法。

第二章　描述环境的物理量

环境因素是人类工效学研究的一个方面，它直接影响人的舒适性、工作能力和工作效率。人类工效学中所要考虑的环境因素很多，如照明、噪声、微气候、环境污染等。其中，微气候因素又包括振动、温度、粉尘、音乐、色彩等。本章将讨论与服装工效学有关的主要环境因素，如气温、湿度、风、辐射等。

第一节　气温

气温是指围绕我们周围的大气温度。地球的大气温度来自太阳的光和热。但是太阳不直接给空气加热，太阳的长波辐射热线几乎能够全部透过洁净的大气层，被地球表面吸收，地面吸收太阳的辐射热能以后温度升高。与地面直接接触的空气层，由于空气分子的导热作用而被加热，通过冷热空气的对流作用又将热量转移到上层空气。由于这种上下流动的气流和风带着空气团不断与地面接触而被加热，就形成了某一地区的气温。气温的年变型和日变型都取决于地面温度的变化。在这一方面，陆面和水面有很大的差异。在同样的太阳辐射热条件下，巨大的水体温度上升比陆地慢。因此，在同一纬度上，陆地表面与海面相比，夏季温度较高，冬季则温度较低。由此可知，夏季陆地上的平均气温比海面气温高，冬季则比海面气温低。

气温是评价工作环境气候条件的主要因素之一，它对人体有直接影响。除气候因素外，工作场所的温度还会受各种冷、热源的影响，如高炉、加热的原材料、供暖设备、制冷设备等。应当指出，人体感受到的气温，即冷热程度，除受气温的影响外，还会受到环境的湿度和风速的影响。

一、温标及温标之间的换算

我国规定气温的单位使用摄氏温标，用℃表示。目前国际上气温可以用以下三种温标进行表示。

1. 摄氏温标

摄氏温标简写为℃，又称为国际百度温标。它是在一个大气压力条件下，将纯水的冰点定为0℃，沸点定为100℃，并将两点之间距离分为100等份，每等份代表1℃。

2. 华氏温标

华氏温标简写为℉。它是在一个大气压力条件下，以纯水的冰点定为32 ℉，沸点定为212 ℉，并将两点之间的距离分为180等份，每等份代表1 ℉。

3. 绝对温标

绝对温标用°K表示。它规定以－273℃为0K，称为绝对零度。其分度法与摄氏温标相同，即绝对温标上相差1度时，摄氏温度上也相差1度。所不同的是，绝对温标是把水的冰点定为273K，把水的沸点定为373K。

以上三种温标的换算方法为：

华氏温标变为摄氏温标：$℃ = \frac{5}{9} \cdot (℉ - 32)$　　(2－1)

摄氏温标变为华氏温标：$℉ = \frac{9}{5} \cdot ℃ + 32$　　(2－2)

摄氏温标变为绝对温标：$K = ℃ + 273$　　(2－3)

绝对温标变为摄氏温标：$℃ = K - 273$　　(2－4)

二、气温的测量方法

环境条件及实验目的不同，气温的测量方法和测量仪器也会有所不同。目前测量气温的仪器有干球温度计、最高最低温度计和电子温度计等。

1. 干球温度计

干球温度计是测量温度时最常用、最普通的小仪器。测量时，将干球温度计置于待测的空气中，约4～5min后读数。在室内测定时，若将温度计挂在墙壁或柱子上，会受墙壁或柱子本身温度影响，反映不出实际气温，所以应该避免这种情况。测试时，应在实验室中央位置放一个支架，将温度计挂在支架上为好。测定时也应考虑到空气有热膨胀时上升、冷却时下降的特点，根据其特点固定测定高度，测定高度一般定在1.2～1.5m为宜。因为影响人体体温及皮肤温度的环境因素主要是我们所处环境的温度，所以应根据实验目的确定测量高度。在读数时，也应注意避免人体体温的影响，目光应与液柱的顶点在一个水平线上，使读数准确。

2. 最高最低温度计

最高最低温度计是可以测量一天内气温最高值和最低值的温度计，有Six-bellani型和Ruthorford型两种。常用的温度计为Six-bellani型，它是将U型管酒精柱的一定部分用水银填充。最低值由酒精柱的体积决定，最高值由酒精柱体积和水银柱体积之和决定。使用时，用磁铁将小体（封有铁片）从外部吸引降低位置。24h 之后，读取两个小体最下端的位置即可得到最高值和最低值。

3. 电子温度计

电子温度计是一种数字式温度计，它以热敏电阻作为感温元件，采用电压—频率变换电路，克服热敏电阻的非线性缺点；通过调节电路中两只微调电容可替换不同参数的热敏电阻；利用自平衡电桥消除了远距离测温时连接热敏电阻的传输线的影响；采用 BGD 进位制计数显示电路，使结构简单可靠。因此，电子温度计是一种具有读数直观、反映被测温度时间短、测温范围宽和精度高等特点，并能进行远距离测温和控温的新型的数字式温度计。电子温度计还可以按照设定的时间间隔进行连续测量，并将测量结果贮存起来，供以后分析讨论，使用十分方便。

三、气温对人的影响

（一）高温对人的影响

在适当的气温条件下，气温对人的行为没有特别显著的影响，但当气温过高或过低时，它的作用就会十分显著。气温过高对人体主要会产生以下影响。

1. 对循环系统的影响

人在高温环境下，为了实现体温调节，必须增加心脏血液的输出量，使心脏负担过重，心率加快。研究表明，长期从事高温作业的工人，其血压比一般高温作业及非高温作业的人员要高。

2. 对消化系统的影响

人体在高温下，体内血液将重新分配，使消化系统相对贫血。由于出汗排出大量氯化物以及大量饮水，使得胃液酸度下降。在热环境中消化液分泌量减少，消化吸收能力受到不同程度的抑制，因而引起食欲不振、消化不良和胃肠疾病的增加。

3. 对神经系统的影响

湿热环境对中枢神经系统具有抑制作用，主要表现在大脑皮层兴奋过程减弱、条件反射的潜伏期延长、注意力不易集中。严重时，会出现头晕、头痛、恶心、疲劳乃至虚脱等症状。

4. 对工作效率的影响

人在高温下，由于大量出汗必然导致水分和盐分的大量丧失。在高温条件下进行重体力劳动时，平均每小时出汗量为 0. 75 ~ 2. 0L，一个工作日出汗量可达 5 ~ 10L。高温工作影响效率，人在 27 ~ 32℃下工作，其肌肉用力的工作效率下降，并且促使用力工作的疲劳加速。当温度高达32℃以上时，需要比较集中注意力的工作以及精密工作的效率也开始受到影响。

（二）低温对人的影响

当人体处于低温环境时，皮肤表面的血管收缩，体表温度降低，使辐射散热和对流散热降到最低的程度。在温度很低的环境中暴露，皮肤血管将处于持续的、极度的收缩状态，流至体表的血流量显著下降甚至完全停滞，当人体皮肤局部的温度降至组织冰点（-5℃）以下时，组织发生冻结，引起局部冻伤。此外最常见的是肢体麻木，特别是影响手的精细运动灵巧和双手的协调动作，手的操作效率和手部皮肤温度及手温有着十分密切的关系。手的触觉敏感性的临界皮肤温度大约是10℃，操作灵巧度的临界皮肤温度是12~16℃之间。如果人的手长时间暴露于10℃以下，其操作效率就会明显降低。

在工业生产中，研究人员早就发现一年四季气温的变化与生产量的升降的密切关系。曾有学者研究美国金属制品厂、棉纺厂、卷烟厂等工人的工作效率，并发现每年隆冬与盛夏季节的生产量较低。有学者在研究美国三个兵工厂工人的工作效率与气温的关系时发现，意外事故出现率最低是在温度为20℃左右；温度高于28℃时或低于10℃以下时，意外事故的发生将会增加30%左右。

四、舒适的环境温度

一般认为，温度为21℃ ±3℃是舒适的温度。但在设计环境温度时，还应考虑以下一些因素。

1. 季节

舒适温度在夏季偏高，冬季偏低。

2. 劳动条件

不同的劳动条件下舒适的温度是不相同的。在室内湿度50%时，某些劳动的舒适温度范围见表2-1。在有很强烈热辐射的环境中，气温还要低些。

表2-1　某些劳动的舒适温度范围

劳动类型	舒适温度（℃）
坐姿从事脑力劳动（办公室，调度室）	18~24
坐姿从事轻型体力劳动（操纵，小零件分类）	18~23
站姿从事轻型体力劳动（车工，铣工）	17~22
站姿从事重型体力劳动（沉重零件安装）	15~21
从事很重的体力劳动	14~20

3. 服装

服装对舒适温度的影响是可想而知的,人体所穿服装的薄厚对环境舒适温度的要求的高低是不同的。

4. 地域

人由于在不同地区的冷、热环境中长期生活和工作,对生活环境的习惯也不相同,所以对舒适温度的要求也不相同。

5. 性别、年龄等

女子的舒适温度比男子高 0.5℃左右;40 岁以上的人的舒适温度比年轻人高 0.5℃左右。

当然,有些学者认为,保持舒适的温度并不意味着室内的气温固定在某一适当水平而恒定不变。例如,在室内,还要使气流速度有轻微的波动,这样可以避免单调的感觉,从而使人所处的环境具有一种生气的效果。一般来说,人体对舒适温度的要求是平均量,有波动是允许的。有研究者还主张,室内的气温要根据室外环境的气温来确定,在一个工作日内温度的变化可能对劳动者的工作效率有积极影响。如果外界温度较低,开始时最好在稍冷的室内工作,等到适应之后,再提高室内温度。

第二节　湿度

湿度也叫气湿,指空气中所含水分的量。在日常生活中,人们都可以感觉到空气湿度的影响。例如,在冬季可见呼出气体成雾,夏季感觉闷热,水泥、地板潮湿、木器家具变形等。湿度是服装工效学研究的一个比较重要的环境指标,它直接影响着人体的蒸发散热。尤其在气温比较高的环境中,湿度的高低就显得更加重要了。

大气中的水汽来自江、河、湖、海、森林、草原和动物(包括人类)身上的水分蒸发。地球上的水分不停地蒸发和凝结,这两个可逆的水和水汽的形态变化过程,循环往复,产生了云、雾、雨、雪等气候变化。湿度变化——蒸发和凝结过程,伴随着热能转换,因而对气温变化有影响。

一、描述湿度的指标

空气的湿度通常用水汽压、绝对湿度、相对湿度和露点温度等指标表示。

1. 水汽压

水汽压是指空气中水蒸气的分压。空气中的水汽含量多,则水汽压高,反之则水汽压低。水汽压的单位通常用毫米汞柱(mmHg)表示。空气中饱和水汽压的高低,只取决于气温,而与其他气候因素(气压、风速、太阳辐射等)无直接关系。

2. 绝对湿度

绝对湿度又称含湿量,指单位容积空气中所含的水汽质量,又称为水汽密度。绝对湿度的单位通常用 g/m^3 或 g/kg 表示。在气温 16℃时,以 mmHg 为单位的水汽压和绝对湿度在数值上比较接近,因此,在一般室温情况下,也可以用水汽压代替绝对湿度。

3. 相对湿度

在某一气温条件下,一定体积空气中能够容纳的水汽分子数量是有一定限度的。如果水汽含量未达到这个限度,这时的空气叫做未饱和空气;当水汽含量达到容纳限度时,称为饱和空气,过多的水汽将凝结成水滴。通常情况下,空气中的水汽没有达到饱和状态,空气中实际存在的水汽压或水汽密度与同一温度下饱和水汽压或水汽密度之比,用百分数表示,称为相对湿度。饱和空气的相对湿度为 100%。

湿度常用相对湿度来表示,它反映空气被水蒸气饱和的程度。在一定温度下,相对湿度越小,水分蒸发越快。在高温度下,高湿度使人感到闷热;在低温度条件下,高湿度使人感到阴冷。相对湿度一般使用干湿球温度计来测定。

4. 露点温度

当空气中水汽含量不变而气温不断降低时,空气中所包含的水汽将逐渐达到饱和状态,水汽凝结成露,此时的气温称为露点温度。露点温度只与空气中的水汽含量有关,水汽含量高露点温度高,水汽含量低则露点温度低。人们所处的活动环境中,空气的水汽含量通常是未饱和的,所以露点温度常常比气温低,只有当相对湿度达到 100% 的时候,露点温度等于环境气温。

二、湿度的测量方法

目前测量湿度的仪器有干湿球温度计、毛发湿度计、露点温度计等。

1. 干湿球温度计

干湿球温度计由两个温度计构成,两只均为普通的温度计,其中一个温度计的水银球部包裹完全润湿的纱布(纱布的末端浸入距离水银球约 2cm 的水壶中,浸入长度约 4cm),即湿球温度计。湿球温度受环境湿度和风速的影响。湿球温度计外包的润湿纱布蒸发吸热,所以通常情况下,湿球温度计的读数要低于干球温度计的读数。两球温度差越大,说明蒸发散热越多,环境越干燥,环境湿度越低;两球温度差越小,说明蒸发散热越少,环境越湿润,环境湿度越高;当两

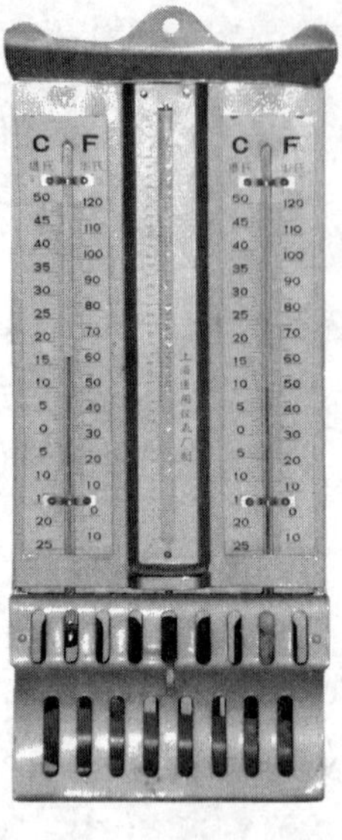

图 2－1　干湿球温度计

球温度相等时，则说明环境湿度达到饱和。干湿球温度计如图 2－1 所示。

2. 毛发湿度计

人的头发吸收空气中水汽的多少是随相对湿度的增大而增加的，而毛发的长短又和它所含有的水分多少有关。毛发湿度计就是利用人的头发的这一特性而设计的。首先用酒精将毛发洗净除油脂，然后以十根毛发为一束装置在容器中，毛发一端与指针连接，利用杠杆原理，放大毛发的伸缩量，指针在刻度板上指出湿度。还有一种方法是将头发的一端固定，而另一端挂一小砝码，为了能够看清楚头发长短的变化，而将头发绕过一个滑轮，同时在滑轮上安装一枚长指针。由于砝码本身的重量作用，而使头发紧紧地压在滑轮上。当头发伸长时，滑轮就顺时针方向转动，并带动指针沿弧形向下偏转；而当头发缩短时，指针则逆时针方向转动。设空气完全干燥时，指针所指的位置为 0；空气中水汽达到饱和状态时，指针所指的位置为 100，再用干湿球湿度计进行校对，并标出刻度，这样就可直接测出空气的相对湿度了。

毛发湿度计的优点是构造简单、使用方便；缺点是不够准确，而且毛发不能表示湿度的瞬间值，多少要推迟一些时间，即迟差。在温度低的时候容易出现迟差。这种迟差一般在 20～50℃之间时可忽略不计。

3. 电子湿度计

电子湿度计的工作原理是利用金属盐（如氯化锂、氯化钙等）在空气中有很强的吸湿性，吸湿后使盐中的水分增加，直到盐中的水分与空气中的水分达到平衡为止。盐的平衡含水量与空气相对湿度是一一对应的。空气相对湿度越大，盐中的平衡含水量越大，盐的电阻越小；反之，空气相对湿度越小，盐的电阻越大。利用这个原理，以氯化锂作为电阻式湿度的发信器，在湿度测量和控制中使用。

舒适的湿度一般为 40%～60%，湿度在 70% 以上为高气湿，在 30% 以下为低气湿。在不同的空气湿度下，人的感觉不同，湿度越高，空气的温度对人的感觉和工作效率的消极影响越大。据研究者推荐，室内空气湿度 X（%）与室内温度 t（℃）的关系应为：

$$X = 188 - 7.2t \qquad (t < 26℃) \qquad (2-5)$$

例如，室温 t 为 20℃时，湿度最好为 $X = 188 - 7.2 \times 20 = 44$，即 44%。

第三节　风

由于各地区的地理特点和气压不同而产生的空气流动，形成水平和垂直的气流。通常我们将水平的气流称作风。风速的大小与人体散热速度有直接关系。在高温时，气流可以帮助人们散发体内的热量，使人感到凉爽；在低温时，气流带走人体的热量，使人感到更加寒冷。因此气流速度也是在考虑温度时必须考虑的一个因素。工作场所的风速与通风设备及温差、风压形成的流有关。

一、风的特征及表示

风的特征是以风向和风速来表示。风向是指风吹来的方向，通常以 8 个或 16 个方位表示，如图 2－2 所示。风速的单位用米/秒（m/s）或千米/小时（km/h）表示，可以用风速计测定。风力等级和风速见表 2－2。

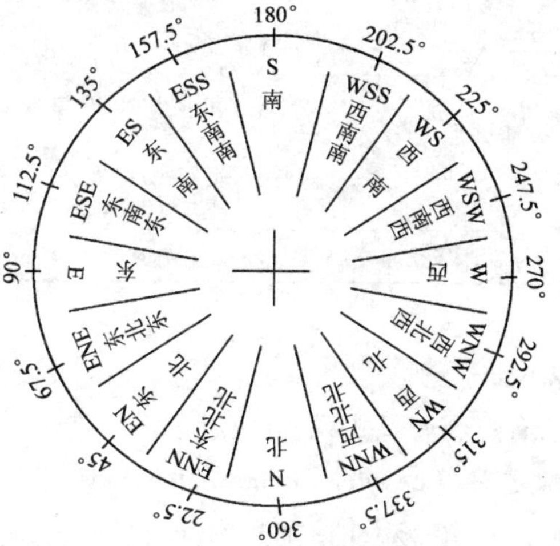

图 2－2　风向示意图

表 2－2　风力等级和风速表

风力等级	海面浪高		近海岸渔船现象	陆地现象	风速（m/s）	
	一般	最高			范围	中数
0	—	—	静	静，烟直上	0～0.2	0.1
1	0.1	0.1	寻常渔船略觉摇动	通过烟能看出风的方向	0.3～1.5	0.9
2	0.2	0.3	渔船张帆时每小时可随风移行 2～3km	人脸感觉有风，树叶有微响	1.6～3.3	2.5

续表

风力等级	海面浪高		近海岸渔船现象	陆地现象	风速(m/s)	
	一般	最高			范围	中数
3	0.6	1.0	渔船渐觉晃动,每小时可随风移行5~6km	树叶及树枝摇动不息,旌旗展开,能吹起地面灰尘和纸张	3.4~5.4	4.4
4	1.0	1.5	渔船满帆时,可使船身倾于一方	树的小枝摇动	5.5~7.9	6.7
5	2.0	2.5	渔船收去帆的一部分(渔船缩帆)	有叶的小树摇摆,内陆的水面有小波	8.0~10.7	9.4
6	3.0	4.0	渔船加倍缩帆,船身摇晃	大树枝摇动,电线呼呼有声,张伞困难	10.8~13.8	12.3
7	4.0	5.5	渔船靠岸停息港中	全树摇动,大树枝弯下来,迎风步行不便	13.9~17.1	15.5
8	5.5	7.5	近港的渔船皆停留不出海	可折断树枝,迎风步行阻力很大	17.2~20.7	19.0
9	7.0	10.0	汽船航行困难	烟筒及平房受到损坏,小屋遭受破坏	20.8~24.4	22.6
10	9.0	12.5	汽船航行危险	可使树木拔起或吹倒建筑物	24.5~28.4	26.5
11	11.5	16.0	汽船无法航行	陆上很少有这样大的风	28.5~32.6	30.6
12	14.0	—	海浪滔天	陆上绝少	32.7~36.9	34.8

二、风速的测量方法

风速的测量仪器有热金属丝式风速计、风车式风速计、卡他温度计。

1. 热金属丝式风速计(hot wire anemometer)

热金属丝式风速计是将一根通电加热的细金属丝置于气流中时,热金属丝被冷却,电阻值变化,根据电阻值变化测量气流的速度。

热金属丝式风速计通常用白金丝或镍丝制作。通电加热的白金丝遇风时失去热量而被冷却,失去的热量与风速有关。热损失用白金丝的电阻变化来测定。根据白金丝的热损失量可计算出风速。从电流计测得白金丝(或镍丝)被加热到一定温度之后受气流影响而冷却时产生的电阻变化即可知道风速。此风速计对1m/s以下的微风也很敏感,且反应快,使用方便。

2. 风车式风速计(vane anemometer)

风车式风速计是由八片叶片组合成的风车,其轴由齿轮连接在风速计上。它可用于1~15m/s的气流测量,测定时间为1min。

3. 卡他温度计(Kata thermometer)

卡他温度计是由 Leonard Hill 在 1916 年设计的一种酒精温度计,用来测量微弱气流,尤其对测量方向不定的气流比较方便。

卡他温度计背面刻有固定值常数。测定时,先将卡他温度计的整个球部浸泡在 50 ~ 60℃的温水浴中,使酒精球温度上升到 38℃以上,再从温水浴中取出,迅速擦干水分,将其固定在架子上。球内的酒精被外界空气冷却而逐渐下降,最终测量酒精从 38℃刻度下降到 35℃所需的时间,同时正确测量此时的温度。

卡他冷却力(H)用下式表示:

$$H = \frac{F}{T} \tag{2-6}$$

式中:H——卡他冷却力,W/m^2;

F——卡他常数,J/m^2,具体数值请参见各卡他温度计的标注;

T——从 38℃冷却到 35℃所需的时间,s。

设:气温为 t(℃),风速为 ν(m/s),风速与卡他冷却力的关系如下:

当 $\frac{H}{4.18 \times 10^4 \cdot (36.5 - t)} \leq 0.60$ 时,

$$\nu = \left[\frac{\left(\frac{H}{4.18 \times 10^4 \cdot (36.5 - t)} - 0.20 \right)}{0.40} \right]^2$$,此时风速小于等于 1m/s;

当 $\frac{H}{4.18 \times 10^4 \cdot (36.5 - t)} > 0.60$ 时,

$$\nu = \left[\frac{\left(\frac{H}{4.18 \times 10^4 \cdot (36.5 - t)} - 0.13 \right)}{0.47} \right]^2$$,此时风速大于 1m/s。

卡他温度计有干卡他温度计和湿卡他温度计两种类型。球部裹上纱布的叫湿卡他温度计,没裹上纱布的叫干卡他温度计。干卡他冷却力表示人体在未出汗的情况下,通过辐射、对流方式所散失的热量;湿卡他冷却力表示人体在出汗的情况下,通过辐射、对流、蒸发方式所散失的热量。安静时,卡他冷却力与人体感觉的关系见表 2 - 3。

表 2 - 3　卡他冷却力与人体感觉的关系

卡他冷却力	W/m^2	6.27×10^5	5.23×10^5	4.18×10^5	3.14×10^5	2.09×10^5	1.05×10^5
	$cal/(cm^2 \cdot s)$	15	12.5	10	7.5	5	2.5
人体感觉		寒	舒适(寒)	凉	舒适(凉)	舒适(暖)	热

关于舒适的风速，在工作人数不多的房间里，空气流动的最佳速度为0.3m/s；而在拥挤的房间里为0.4m/s。室内温度和湿度很高时，空气流速最好是1～2m/s。我国GB 50019—2003《采暖通风与空气调节设计规范》中规定的舒适性空气调节室内计算参数见表2－4。

表2－4　舒适性空气调节室内计算参数

参　数	冬　季	夏　季
温度(℃)	18～24	22～28
风速(m/s)	≤0.2	≤0.3
相对湿度(%)	30～60	40～65

第四节　辐射

一、辐射热

太阳光主要包括红外线、可见光、紫外线等，太阳辐射热的最大强度(峰值)位于可见光的范围内，但半数以上的热能来自红外线。当阳光照射到服装之后，一部分被反射，剩余部分被吸收或透过，被服装吸收或透过的光线可以使身体感到温暖。影响环境气候变化并直接与服装工效学有关的就是这种太阳辐射的热效应。

在大气层上界的太阳辐射热能，随太阳与地球之间的距离以及太阳的活动情况而变化，其范围是75～84kJ/(m^2·min)，平均值为82kJ/(m^2·min)，此值称为太阳常数。照射至地球表面的太阳辐射热强度，小于太阳常数。因为太阳辐射线通过大气层时，空气中的水蒸气、二氧化碳和固体飘浮物(微尘)，能够吸收一小部分红外线。

在地球表面一定区域内，太阳辐射热的日变型及年变型，取决于太阳辐射的强度和持续时间。太阳辐射热的理论估算值取决于大气层厚度，而某一区域的大气层厚度又是由地球自转、公转以及地轴与公转轨道平面的夹角等因素决定的，这些因素都是可以比较精确地计算出来的。但是，真正到达地面的太阳辐射热量还取决于天空中云块的间隙及空气中的微尘、水蒸气的含量以及大气污染的情况，即与大气的透明度有关。这些因素只能粗略估测，而无法精确地进行计算。

太阳辐射线投射到地球上某一区域所穿过的空气层的厚度，与太阳照射的角度，即太阳高度角有关，也与该区域的海拔高度有关。太阳的高度角随该区域所在的地理纬度而异，最大值在热带区，向南北两极逐渐减小。

人在室内时，一般被比体表温度低的天棚、墙壁、地板等包围着，这时人体向这些低温表面辐射出辐射能。在室外有太阳或其他高温物体存在的情况下，人体会吸收其辐射能。辐射散失或吸收的辐射能量随着物体表面温度和表面性质的不同而不同。

冬季进入没有暖气的室内时会感觉很冷，是因为人体向四周的冷壁或冰冷物体上辐射出较多体热的缘故。但在屋里住了几天之后就不会觉得像当初那么冷了，这是因为周围物体的温度升高了的缘故。进入众人聚集的房间时就会感到暖和，也是因为人体辐射热的原因。因此，辐射是服装工效学中重要研究内容之一，尤其对高热环境中或在日光直射下工作人员，辐射热的问题更为突出。

二、辐射热的测量方法

辐射热是服装环境学中重要因素之一。测量辐射热主要通过黑球温度计、WBGT 指数仪、辐射热温度计等。

1. 黑球温度计（black bulb thermometer）

黑球温度计是在直径为 150mm、壁厚为 0.5mm 的铜质空心球，球体外表面涂成没有反射作用的黑色，球中插入棒型温度计，温度计的水银球位于空球中心。如图 2－3 所示为一台 WBGT 指数仪，其中右侧为黑球温度计。

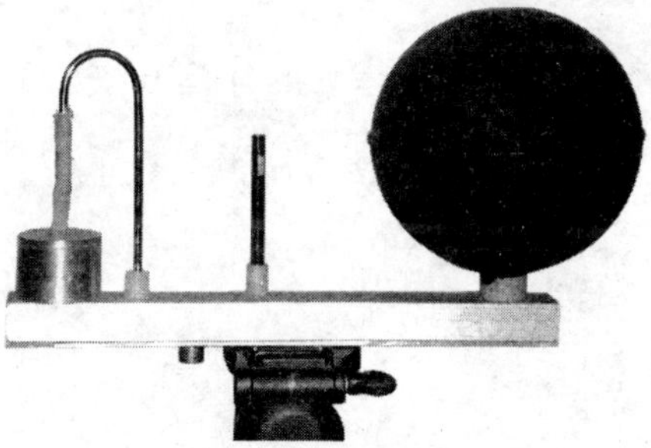

图 2－3　WBGT 指数仪

黑球温度计可以测定工作场所的辐射热，通常将其置于待测环境中 15～20min 后即可读数。黑球温度包括了周围的气温、热辐射等综合因素，其温度的高低，间接地表示了人体对周围环境所感受辐射热的状况。它是一个体感温度，在相同的体感之下可比空气温度高 2～3℃。也就是说，如果我们采用辐射传热的话，设计温度可降低 2～3℃。

2. WBGT 指数仪

WBGT 指数仪由黑球、湿球和干球三个温度计构成，如图 2－3 所示。它综合考虑气温、风速、空气湿度和辐射热四个因素，主要用来评价高温车间气象条件环境。WBGT 指数可方便地应用在工业环境中,用以评价环境的热强度。WBGT 指数主要是用来评价在整个工作周期中人体所受的热强度,而不适用于评价短时间内或热舒适区附近的热强度。美国及一些欧洲国家用 WBGT 指数法评价高温车间的热环境条件,国际标准化组织也从 1982 年起正式采用此法作为标准(ISO 7243)。我国新修订的 GB/T 4200—2008《高温作业分级》标准也采用了 WBGT 指数法。

WBGT 指数仪各测头性能如下:

(1)湿球温度测头:

测量范围:5 ~40℃

精度:±0.5℃

(2)黑球温度测头:

测量范围:20 ~120℃

精度:20 ~50℃, ±0.5℃;50 ~120℃, ±1℃

(3)干球温度测头:

测量范围:10 ~60℃

精度:±1℃

在室内和室外无太阳辐射热时,WBGT 指数的计算方法如下:

$$WBGT = 0.7t_w + 0.3t_g \qquad (2-7)$$

在室外有太阳辐射热时,WBGT 指数的计算方法如下:

$$WBGT = 0.7t_w + 0.2t_g + 0.1t_a \qquad (2-8)$$

式中:t_w——湿球温度,℃;

t_g——黑球温度,℃;

t_a——干球温度,℃。

3. 辐射热温度计

辐射热温度计是将多个热电耦直交排列并接合起来,称为热电耦堆。把接合点指向辐射热源时,接合点的温度会因吸收辐射热而上升。通过测量不同接合点间的电压和电流,可计算出辐射热。

第五节　色彩

本章前四节所介绍的描述环境的物理量直接影响服装的生理舒适性,此外还有一些环境指标则与人体的心理舒适有关,如颜色、音乐等。鲜艳的色彩让人感到心情特别愉快。为了使人们能够生活和工作得更舒适,合理地使用色彩是十分重要的。本节以色彩为例加以简要介绍。

一、色彩的形成

牛顿通过棱镜的折射将日光分解成不同的颜色的光,即红、橙、黄、绿、青、蓝、紫,而且在各种颜色之间没有明显的边界。平常阳光是不呈现这些颜色的,当光线照射到物体上时,由于物体表面的某些特性,不同波长的光会发生全部反射、部分反射、全部吸收或部分吸收。当被全部反射的某一色光,与被部分反射出去的其他光相遇混合后,就形成了这物体所呈现的颜色。例如,白光照射到一张红纸上时,白光中的橙、黄、绿、青紫等色光,较多地被红纸所吸收,红光则较多地被反射,这样,红色光和其他部分被反射的光混合在一起,仍然是红色。其结果就是,人感到这张纸是红色的。红色光反射越多,红色越深;反射越少,红色越浅。所以,红色又有深红、浅红和紫红等之分。如果白光大部分被反射,而吸收少,则物体呈现白色;反之,如果白光大部分被吸收,而反射少,则物体呈现黑色。因此可以说,反射什么颜色光,物体就呈现什么颜色。

色彩与人的眼睛生理机能是有关系的。在人眼的构造中,有专门用来感受色光的细胞。当人眼受到不同强度的色光刺激后,就会形成不同的颜色感觉。因此,可以说没有光线刺激,就没有形成颜色的条件,而没有人眼的感色细胞,一切颜色也就不可能形成了。为了鉴别和分析比较色彩的变化,提出了色相、明度和饱和度三个要素作为鉴别色彩的标准。

1. 色相

色相就是色彩的相貌,也是色彩的名称,如红、黄、蓝、绿、红橙、青紫等。标准的色相以太阳光的光谱色为基准,在七种光谱色中,按其波长的不同和颜色之间的差别,分出许多颜色的名称。

2. 明度

明度是指色彩的亮暗程度,是由于光线强弱程度不同所产生的明暗效果。同一色相可以有不同的明度,如红色有大红、深红、浅红之分。不同色相也有不同的明度,如在红、橙、黄、绿、青、蓝、紫颜色系列中,蓝和紫明度最低,红和绿明度中等,而黄色明度最高,所以人们感到黄色最刺眼也是这个道理。

3. 饱和度

饱和度是指某种色彩含该色量的饱和程度,也是对色彩的色觉强弱而言的。当某一色彩浓淡达到饱和,而又无白色、灰色或黑色掺入其中时,即呈纯色;若有黑、灰色掺入,即为过饱和色;若有白色掺入,即为未饱和色。每一色相都有不同程度饱和度的变化。标准色的纯度最高,白色、灰色、黑色的纯度最低。

二、色彩的象征作用

每种色彩都有一定的象征意义。色彩的象征意义因地区、历史传统、民族等的不同而有差异，但也有许多共通之处。颜色通常与情绪和意思表达相联系，现将几个主要颜色的象征意义描述如下。

1. 红色

红色是火的颜色，象征着生命、活力、热情奔放，也用来表示爱国主义和革命精神。在工业和交通运输中，红色代表着危险和停止。

2. 橙色

橙色常会使人联想到太阳、橙子等，象征光明、快活、健康。它有兴奋作用，给人愉快的感觉，能起到增进食欲的作用。

3. 黄色

黄色易引人注目，给人以愉快、心安、味美的感觉，可减轻烦闷，增进食欲。在工业和交通运输中，黄色代表慢行。

4. 绿色

绿色是大自然中植物的颜色，它象征着大自然、生命、生长和青春，也象征着和平和安全。在工业和交通运输中，绿色被用来作为“通行”或“继续前进”的指令。

5. 蓝色

蓝色常会使人联想到大海、天空，给人以清凉、沉静和舒适的感觉。

6. 紫色

紫色常会使人联想到葡萄、丁香花等，象征优雅和庄重。它有镇静作用，给人以含蓄、神圣的感觉。

7. 白色

白色常给人以洁静、轻松的感觉，象征纯洁、清静。

8. 黑色

一般来说，黑色给人以沉闷、坚实的感觉，有时也用来表示悲哀。

三、色彩的生理作用

色彩的生理作用主要表现在对视觉工作能力和视觉疲劳的影响。在色彩视觉中，人们能够根据色相、明度和饱和度的一种或几种差别来辨别物体。单就引起眼睛疲劳而言，蓝、紫色引起视力疲劳最强，红色和橙色次之，黄绿、绿、蓝绿、淡青等色引起视力疲劳最弱。色彩的生理作用表明，眼睛对不同色彩光具有不同的敏感性。例如，人们对黄色光较敏感，因此常用黄色作为警戒色。

色彩对人体生理过程也有一定的影响，如内分泌系统、血液循环和血压等。

红色会使人各种器官的机能兴奋和不稳定，使血压升高及心率加快；而蓝色则会使人各种器官的机能稳定，起降低血压及减缓心率的作用。不同的色彩有不同的象征意义，对人也有不同的生理作用。虽然这种生理作用会因人而异，但对大多数人来说是大致相同的。

1. 冷暖感

色彩能引起或改变温度感觉。通常把红、橙、黄等颜色称为暖色，认为它们有温暖感；蓝、青、绿等颜色称为冷色，认为它们有寒冷感。

2. 兴奋和抑制感

暖色如红、橙色等一般起积极的兴奋作用，但也有引起不安感及神经紧张的作用。暖色调会使人的行动活跃起来。苏联的研究人员发现，在红色照明下从事工作的人要比其他人的反应动作快得多，但他们完成任务的效率却很低。暖色中的偏黄色，对生理、心理反应近于中性。

冷色如蓝、青色等一般起消极的、镇静的心理作用。其中特别是青色，在心理上产生清洁、镇静之感，但大面积使用会给人以荒凉的感觉。冷色中的绿色，对生理、心理反应近于中性，给人以平静感。

3. 活泼和忧郁感

有的色彩使人感到轻快活泼、富有朝气，有的色彩使人感到沉闷忧郁、精神不振。色彩的这种感情作用主要是由明度和纯度起作用，一般明亮而鲜艳的暖色给人活泼感，深暗而浑浊的冷色给人忧郁感。无彩色的白色和其他纯色组合时使人感到活泼，而黑色是忧郁的，灰色是中性的。

4. 膨胀和收缩感

一般来说，暖色、明亮色看起来有膨胀感，冷色和暗色有收缩感；白色具有膨胀感，而黑色具有收缩感。色彩的这种膨胀和收缩感在造型艺术设计中、处理体积或面积的比例关系时，有着重要作用。例如，设计色彩时，红色面积小些，蓝色面积大些，这样就可取得色彩的平衡，使人感到舒服。

5. 轻重感

色彩会给人们的心理上带来轻重感。例如，重型机器的下部多采用深色，而上部多用浅色，给人稳定安全感，否则就会使人感到有倒下来的危险。服装配色设计中，通常上身用亮色，下身用暗色，也会给人以安定、舒服的感觉。颜色的这种轻重感，主要由明度决定，明度高的感觉轻，明度低的感觉重。明度相同的情况下，饱和度高的比饱和度低的感觉轻，而暖色的又比冷色的显得重。

6. 软硬感

有的颜色给人以柔软感，而有的颜色给人以坚固感。颜色的这种软硬感主要是由明度决定的，明亮的颜色感觉软，深暗的颜色感觉硬。在饱和度方面，中等饱和度的颜色感觉软，高饱和度或低饱和度都有硬的感觉。无彩色中的白色和黑色是坚固色，而灰颜色是柔软色。

7. 华丽和质朴感

一般来说，饱和度高的颜色显得华丽，饱和度低的颜色显得朴素。明亮的颜色显华丽，暗灰的颜色显质朴。

8. 进退感

几种颜色在同一位置时，有的令人感觉比较近，有前进感；有的令人感觉比较远，有后退感。一般来说，红、橙、黄等暖色系的色是前进色，而蓝、蓝绿等冷色系的色是后退色。

正确选择服装及标志的颜色，不仅有益于服装工效学，而且也会满足人们的审美趣味。例如，森林防火服被设计为橙黄色，因为黄色明度最高，与森林的颜色形成鲜明的对比，另外人在视觉对黄色十分敏感，如果在森林消防员在森林中迷失了方面，穿着橙黄色服装比较容易被救援人员发现。

复习与作业

1. 简述描述环境的物理量。
2. 简述环境湿度的测量方法。
3. 名词解释：相对湿度、露点温度、绝对湿度。

专业知识与实验方法——

人体测量学

课题名称： 人体测量学

课题内容： 1.人体测量的统计指标
2.人体尺寸的测量
3.服装工效学人体生理指标的测量

课题时间： 6课时

教学提示： 讲述人体测量学概述、统计指标、人体尺寸的测量以及人体生理指标测量。本章重点讲述与服装工效学有关的生理指标，如人体的体温、能量代谢、人体表面积、体重丧失量、心率等，并比较详细地讲述这些生理指标的测量方法。

指导同学复习第二章及对作业进行交流和讲评，并布置本章作业。

教学要求： 1.使学生理解人体测量学的主要研究内容。
2.使学生了解人体测量的统计指标。
3.使学生了解人体体核温度的测量方法。
4.使学生了解人体平均皮肤温度的测量方法。
5.使学生了解人体新陈代谢率的测量方法。
6.使学生了解人体表面积的测量方法。
7.通过实验，使学生掌握人体生理指标测量仪器的使用。

第三章　人体测量学

人体测量学(anthropometry)是通过对人体的整体和局部的测量,研究人体的几何尺寸及其物理特性,如人体的体积、重心、密度等,探讨人体的类型、特征、变异和发展规律的一门学科。人体测量学包括骨骼的测量与观察和活体的测量与观察。人体测量学主要有以下四个方面的应用。

(1)进化研究:对不同进化阶段的古人类化石进行测量和观察,进而发现人类进化的规律。

(2)体质变异研究:对不同种族、不同人群进行人体测量和分析,可以找出他们之间的共同点与差异,发现人类体质特征变异的规律。

(3)生长发育研究:对不同年龄群体或个体进行人体测量,绘出生长曲线和生长速率曲线,进一步找出人体生长发育的规律。

(4)在工业、国防、医学、法医、教育、体育、建筑、美术、服装等领域有广泛的应用:将人体测量数据作为基础数据应用到产品设计中去,如应用于机器、家具、武器、车辆和飞机座舱、房屋、课桌、服装等的设计,并形成了一门应用学科,即人类工效学。

人体测量学是人类工效学研究中的一门重要的基础学科,为人类工效学服务。人体测量的数据及分析结果应用于许多行业,并都起着十分重要的作用。例如,在机械设计领域,设计安全、效率高、操作方便的设备;在轻纺工业中,进行鞋帽、服装等产品规格的制订、功能性服装的设计等;在建筑行业中,设计房间最合适的层高、门窗、洗脸池、灶台等的高度以及各种通道的宽度、生活设施的合适空间等,都离不开人体尺寸的测量及其统计分析。

服装工效学作为一门十分崭新的学科,它是人类工效学的一个分支。随着人们对服装个性化及舒适性的要求不断提高,服装设计越来越强调突出个性,以人为中心,重视科学、舒适、卫生的特性,这就需要有准确的人体测量数据为服装设计、制作及评价作保证,否则就不可能使服装最大限度地满足人的生理和心理需要。人体测量学为服装工效学研究提供基础数据,为设计合体、舒适的服装提供必要的数据保证。随着学科的不断发展,人体测量学的研究范围已经超出几何尺寸和物理数据,生理甚至心理信息也被纳入进来。

服装工效学研究中所关注的人体测量指标与广义上的工效学有所不同,它偏向于为服装产品的评价研究、功能性设计、舒适性研究以及服装生产等提供服务，包括人体尺寸（如高度、宽度、围度等）和人体生理参数（如代谢产热、体温、平均皮肤温度、心率、出汗量）的测定。从服装造型角度来看，人体测量学是服装造型尺度的主要理论依据，它通过人体整体和局部的测量来研究人体的类型、特征、变异和发展。人体的几何数据是服装尺寸的依据，服装只有穿在人身上，才能有形有体，充分展示美的效果。由于人的工作状态一般分静态和动态两种形式，所以人体测量也被分为静态尺寸和动态运动范围两种情况。从服装工效学的应用角度来看，人体测量内容主要包括以下四类。

（1）人体形态的测量：它可以得到人体的基本尺度、体型等数据，测量内容主要包括人体长度和围度的测定、人体体型测定、人体体积和质量的测定、人体表面积的测定。通过人体形态的测量研究服装与人体的关系，通过测量人体的各部位标准尺寸（长度、宽度、围度、角度）研究人体的体形特征，为服装号型的制订、服装制图或纸样的设计提供重要依据，为服装适穿舒适性的研究提供服务。

（2）人体生理参数的测量：测量内容主要包括人体部分生理参数测定（如体温、心率、代谢产热、出汗量、热平衡等）、人体感觉测定、人体疲劳测定等。目前，服装工效学在特种功能服装、防护服、军服以及运动服装领域已得到比较广泛的应用，通过人体生理参数的测定，更加客观地评价服装穿着者在生活中、工作中、特别是在特殊的环境条件下，服装对人体生理的影响以及对人体的防护功能，为服装工效学的研究提供依据。

（3）运动的测量：测量内容主要包括动作范围的测量、动作过程测量、体型变化测量、皮肤变化测量等。通过测量人体在运动状态下的四肢活动范围、皮肤伸长等生理特征，结合穿着者的穿着要求，进行最终的服装尺寸及款式结构确定，科学合理地进行纸样放缩，使所设计的服装产品不仅美观大方，又适合人体运动，达到艺术性与功能性的完美结合，同时也为运动服装及功能性服装的测试与评价提供服务。

（4）心理的测量：随着实验心理学、认知心理学的发展以及心理学量化的研究，心理测量也将成为人体测量学的一个重要方面。由于人体的个体差异比较大，仅通过生理测试评价服装的工效学性能是不全面、不准确的，必须通过受试者的心理测试，使实验更加全面、可信、可靠和实用。

设计制作满足穿着者的功能需要、符合人体尺寸的服装是服装工效学的一个基本研究的内容，因此我们必须要了解人体测量，并且在人体测量过程中，严格按照规定测量项目的定义，使用可靠的设备进行。

第一节 人体测量的统计指标

人体测量的数据是通过抽样调查后得到的一组数据。抽样数据越多，测量结果越精确。根据统计规律可知，一般静态人体测量数据是符合正态分布的。测量数据经统计分析，通常以平均值、均方差、百分位数等数据来反映。

一、平均值(mean value)

平均值又简称均值，是数理统计中最常用的指标之一。用统计学方法计算的平均值，能够说明事物的本质和特征，可用来衡量一定条件下的测量水平，并概括地表现出测量数据的集中情况。平均值在人体测量学中占有重要的地位，许多设计标准都是根据平均值来确定的。

二、均方差(mean square error)

均方差又称标准差(standard deviation)，是表示正态分布曲线集中或分散状况的一个指标，它表明一系列变数距离平均值的分布情况。均方差大，表示测量数据波动大；均方差小，则表示各测量数据接近平均值。均方差的计算方法如下：

$$\alpha = \sqrt{\frac{1}{N} \cdot \sum_{i=1}^{N} (x_i - \bar{x})^2} \tag{3-1}$$

式中：α——均方差；

x_i——第 i 个样本的测量值；

$\bar{x}$——测量样本的平均值；

N——统计人数。

均方差常用来确定某一范围的界限。对于服从正态分布的随机变量，如人体的某一个尺寸，z 分数与其对应的区域或概率之间的关系见表 3－1。

表 3－1 正态分布 z 分数与概率的关系

z 分数	概 率	z 分数	概 率
1	0.6826	2	0.9544
1.65	0.9010	3	0.9974

由表 3－1 可以看出，在平均值一个 z 分数之内的概率为 0.6826，即大约有 1/3

的数值落在距平均值一个 z 分数范围之内，而 99.74% 的值都在三个 z 分数范围之内。一般说来，当计算出 z 分数之后，就可以根据 z 分数求出对应的概率。例如，身高测量的均值为 1.70，z 分数为 0.5，欲求可以满足 90% 的人的区间。根据表 3－1 中的数据，这一区间为：1.70－1.65×0.5，1.70＋1.65×0.5，即 0.875～2.525。

三、百分位数(percentile)

百分位数是指一个随机变量（某一人体数据测量指标）低于某一给定概率处的值。如果将一组数据从小到大排序，并计算相应的累计百分数，则某一百分位所对应的数据的值称为这一百分位的百分位数。百分位数是一个在产品设计中经常用到的概念。

人体测量数据都是通过抽样统计后得出的，所得的平均值一般只适用于 50% 的人，还有 50% 的人不适用，所以有时在产品设计中不能用。在实际工作中，根据产品设计的要求要选择不同的百分位点。在产品设计中常用到的百分位数是 90%、95%，分别表示 90% 和 95% 的使用者可以达到。在这里我们应当特别注意是单侧百位数还是双侧百位数的问题。例如，双侧 95% 对应于 z 分数 1.96，而单侧 95% 对应于 z 分数 1.65。

第二节　人体尺寸的测量

一、人体尺寸的测量方法

人体是个复杂的生理体系，影响人体尺寸特征的因素很多，如国家、地区、民族、生活环境等。因此，对人体应该测量哪些项目，怎样测量才能得到正确的参数，这是使用参数者必须了解的内容。目前，人体测量主要以马丁测量法和莫尔拓测量法两种比较常用。马丁测量法是应用最广泛的一种直接接触人体的测量方法，它利用皮尺、直脚规、弯脚规、高度测量仪、量角器等完成。莫尔拓测量法是一种非接触式的三维测量方法，是 20 世纪 70 年代发展起来的一种光测方法。莫尔拓测量法根据两个稍有参差的光栅相互重叠时产生光线几何干涉所形成的一系列含有外部形态信息的云纹来进行测量。本节将主要介绍最低限度的与服装工效学有关的人体尺寸参数项目及测量方法。

（一）测量姿势

人体测量要严格遵守规定的测量姿势和测量基准面。测量时被测者的标准姿势分直立姿势和正直坐姿两种。

1. 直立姿势

进行直立姿势测量时，被测者应挺胸直立，头部以眼耳平面定位，眼睛平视前方；肩部放松，上肢自然下垂；手伸直，手掌朝向体侧，手指轻贴大腿侧面；膝部自然伸直，左右足后跟并拢，足前端分开，使两足大致呈45°夹角，体重均匀分布于两足。为确保直立姿势正确，被测者应使足后跟、臀部和后背部与同一铅垂面相接触。

2. 正直坐姿

进行坐姿测量时，被测者应挺胸坐在被调节到腓骨头高度的平面上，头部以眼耳平面定位，眼睛平视前方；左右大腿大致平行，膝弯曲大致成直角，足平放于地面上，手轻放在大腿上。为确保坐姿正确，被测者的臀部和后背部应同时靠在同一铅垂面上。

（二）测量基准面

1. 矢状面

通过铅垂轴和纵轴的平面及与其平行的所有平面都称为矢状面。在矢状面中，把通过人体正中线的矢状面称为正中面，该面将人体分成左、右对称的两个部分。

2. 冠状面

冠状面也称额状面，通过铅垂轴与横轴的平面及与其平行的所有平面都称为冠状面，冠状面与矢状面成直角。冠状面将人体分成前、后两个部分。

3. 水平面

凡同时与矢状面和冠状面垂直的所有平面都称为水平面，水平面与地面平行。水平面将人体分成上、下两个部分。

（三）测量基准轴

1. 铅垂轴

通过各关节中心并垂直于水平面的一切轴称为铅垂轴。

2. 纵轴

纵轴也称矢状轴，通过各关节中心并垂直于冠状面的一切轴称为纵轴。

3. 横轴

横轴也称额状轴，通过各关节中心并垂直于矢状面的一切轴称为横轴。

（四）测量项目与测量方法

在服装制图领域，需要测量的项目主要分围度、宽度和长度三类。此外，服装结构与纸样方面的技术人员，在研究纸样时，尤其是特体纸样，还会测量人体某些部位的角度值，力求服装穿着的合体性及舒适性。

1. 垂直部位（尺寸）

（1）身高：立姿赤足，用人体测高仪测量自头顶至地面所得的垂直距离。

（2）颈椎点高：立姿赤足，用软卷尺测量自第七颈椎点沿背部脊柱曲线至腰围线再垂直至地面所得的距离。

（3）颈椎点高（直线测量）：立姿赤足，用人体测高仪测量自第七颈椎点至地面所得的垂直距离。

（4）颈椎至膝弯长：立姿，用软卷尺测量自第七颈椎点沿背部脊柱曲线至臀围线，再垂直至膝弯处（胫骨）所得的距离。

（5）颈椎至膝弯长（直线测量）：立姿赤足，用人体测高仪测量自第七颈椎点至膝弯处（胫骨）所得的垂直距离。

（6）腰围高：立姿赤足，用人体测高仪在体侧测量自腰围线至地面所得的垂直距离。

（7）腰至臀长：立姿，用软卷尺在体侧测量自腰围线沿臀部曲线至大转子点（股骨）所得的距离。

（8）腿外侧长：立姿赤足，用软卷尺在体侧测量自腰围线沿臀部曲线至大转子点（股骨）然后垂直至地面所得的距离。

（9）膝高：立姿赤足，用人体测高仪测量自膝部（胫骨）至地面所得的垂直距离。

（10）坐姿颈椎点高：坐姿，用人体测高仪测量自第七颈椎点至凳面所得的垂直距离。

（11）背腰长（女）（颈至腰）：立姿，用软卷尺测量自第七颈椎点沿脊柱曲线至腰围线所得的距离。

（12）前腰长（女）（肩颈点至腰）：立姿，用软卷尺测量自肩颈点经乳峰点至腰围线所得的距离。

（13）肩颈点至乳峰点长（女）：立姿，用软卷尺测量自肩颈点至乳峰点所得的距离。

（14）上臂长（肩至肘）：立姿，右手握拳放在体侧臀部，手臂弯曲成90°，用软卷尺测量自肩峰点至肘部所得的距离。

（15）臂长（肩至腕）：立姿，右手握拳放在体侧臀部，手臂弯曲成90°，用软卷尺测量自肩峰点经肘部至尺骨茎突点所得的距离。

（16）臂长（直线测量）：立姿，手臂自然下垂，用人体测高仪测量肩峰点至尺骨茎突点所得的直线距离。

(17)颈椎至腕长:立姿,右手握拳放在体侧臀部,手臂弯曲成90°,用软卷尺测量自第七颈椎点经肩峰、肘部至尺骨茎突点所得的距离。

2. 水平部位(尺寸)

(1)头围:立姿或坐姿,用软卷尺测量两耳上方水平所得的头部最大围度。

(2)颈围:立姿或坐姿,用软卷尺测量在第七颈椎处绕颈一周所得的围度。

(3)总肩宽:立姿,手臂自然下垂,用软卷尺测量左右肩峰点间所得的水平弧长。

(4)胸围:立姿,自然呼吸,用软卷尺测量经肩胛骨、腋窝和乳头所得的最大水平围度。

(5)下胸围(女):立姿,自然呼吸,用软卷尺紧贴着胸部(乳房)下方测量所得的水平围度。

(6)乳距(女):立姿,自然呼吸,用软卷尺测量两乳峰点间所得的距离。

(7)腰围:立姿,自然呼吸,用软卷尺测量肋骨与髋骨之间最细部所得的水平围度。

(8)臀围:立姿,用软卷尺测量大转子处(股骨)臀部最丰满处所得的水平围度。

二、人体尺寸测量数据与国家服装号型标准

1988年,我国国家技术监督局在有关单位的协助下,在全国范围内对我国成年人的人体尺寸进行了大量测量。根据这次测量的结果制定了关于中国成年人人体尺寸的国家标准GB 10000—1988《中国成年人人体尺寸》,并于1989年7月1日开始实施。该标准适用于工业产品设计、建筑设计、军事工业、工业的技术改造、服装制作以及劳动安全保护等方面。表3-2和表3-3分别是我国成年男性和女性人体部分主要尺寸及体重。从两表中可以看出我国成年男子的中位数(近似于平均身高)身高是1.678m,我国女子的中位数身高是1.570m。

表3-2　中国成年男子(18~60岁)人体主要尺寸　单位:mm

百分位数	1%	5%	10%	50%	90%	95%	99%
体重(kg)	44	48	50	59	71	75	83
身高	1543	1583	1604	1678	1754	1775	1814
眼高	1436	1474	1495	1568	1643	1664	1705
肘高	925	954	968	1024	1079	1096	1128
坐高	836	856	870	908	947	958	979
坐姿眼高	729	749	761	798	836	847	868
坐姿肘高	214	228	235	263	291	298	312

续表

百分位数	1%	5%	10%	50%	90%	95%	99%
坐姿大腿厚	103	112	116	130	146	151	160
坐姿膝高	441	456	464	493	523	532	549
坐深	407	421	429	457	486	494	510
臀膝距	499	515	524	554	585	595	613
胸宽	242	253	259	280	307	315	331
最大肩宽	383	398	405	431	460	469	486
坐姿臀宽	284	295	300	321	347	355	369
坐姿两肘间宽	353	371	381	422	473	489	518

表 3－3　中国成年女子(18～55 岁)人体主要尺寸　　单位：mm

百分位数	1%	5%	10%	50%	90%	95%	99%
体重(kg)	39	42	44	52	63	66	74
身高	1449	1484	1503	1570	1640	1659	1697
眼高	1337	1371	1388	1454	1522	1541	1579
肘高	873	899	913	960	1009	1023	1050
坐高	789	809	819	855	891	901	920
坐姿眼高	678	695	704	739	773	783	803
坐姿肘高	201	215	223	251	277	284	299
坐姿大腿厚	107	113	117	130	146	151	160
坐姿膝高	410	424	431	458	485	493	507
坐深	388	401	408	433	461	469	495
臀膝距	481	495	502	529	561	570	587
胸宽	219	233	239	260	289	299	319
最大肩宽	347	363	371	397	428	438	458
坐姿臀宽	295	310	318	344	374	382	400
坐姿两肘间宽	326	348	360	404	460	478	509

了解人的基本尺寸是十分重要的，不仅任何机器的设计应考虑人的尺寸，许多消费品的设计也应该考虑人的尺寸。在表 3－2 和表 3－3 中的各个指标有不同的用途，在设计不同的产品时应考虑人的不同部位的尺寸。例如，服装号型制订主要考虑人的身高、胸围、腰围等，防护头盔的设计要考虑人的头部尺寸，各种工具的设计则应考虑人手的尺寸。

我国在 1998 年 6 月 1 日开始实施的服装号型国家标准，即 GB/T 1335. 1—1997《中华人民共和国国家标准　服装号型　男子》和 GB/T 1335. 2—1997《中华人民共和国国家标准　服装号型　女子》，就是建立在科学调查、人体测量、数据分析的基础上，依据 GB/T 1.1—1993《标准化工作导则第 1 单元：标准的起草与表述规则第 1 部分：标准编写的基本规定》的要求进行修订。该标准在修订中参考了国际标准技术文件 ISO/TR 10652—1991《服装标准尺寸系统》、日本工业标准 JIS L 4004《成人男子服装尺寸》、JIS L 4005《成人女子服装尺寸》等国外标准，研究制定出的新服装号型国家标准，具有一定准确性，是服装裁剪制图的尺寸依据。国家服装号型标准可适用于成批生产的服装，对于单件服装裁剪中主要尺寸具有参考意义。

号型：号指人体的身高，以 cm 为单位表示，是设计和选购服装长度的依据。型指人体的上体胸围和下体腰围，以 cm 为单位表示，是设计和选购服装肥度的依据。

体型：体型是以人体的胸围与腰围的差数为依据来划分体型，该服装号型国家标准依据人体的胸围与腰围的差数，并将体型分为四类。体型分类代号分别为 Y、A、B、C。男、女体型分类代号和范围见表 3-4 和表 3-5。

表 3-4　男子体型分类代号表

体型分类代号	Y	A	B	C
胸围、腰围之差(cm)	17~22	12~16	7~11	2~6

表 3-5　女子体型分类代号表

体型分类代号	Y	A	B	C
胸围、腰围之差(cm)	19~24	14~18	9~13	4~8

表 3-6 为男子服装 Y 号型系列，表 3-7 为女子服装 Y 号型系列。

表 3-6　5·4/5·2 Y 号型系列　　单位：cm

身高 / 腰围 / 胸围	155		160		165		170		175		180		185	
76	—	—	56	58	56	58	56	58	—	—	—	—	—	—
80	60	62	60	62	60	62	60	62	60	62	—	—	—	—
84	64	66	64	66	64	66	64	66	64	66	64	66	—	—
88	68	70	68	70	68	70	68	70	68	70	68	70	68	70
92	—	—	72	74	72	74	72	74	72	74	72	74	72	74
96	—	—	—	—	76	78	76	78	76	78	76	78	76	78
100	—	—	—	—	—	—	80	82	80	82	80	82	80	82

表 3－7 $\frac{5 \cdot 4}{5 \cdot 2}$ Y 号型系列 单位:cm

胸围＼腰围＼身高	145		150		155		160		165		170		175	
72	50	52	50	52	50	52	50	52	—	—	—	—	—	—
76	54	56	54	56	54	56	54	56	54	56	—	—	—	—
80	58	60	58	60	58	60	58	60	58	60	58	60	—	—
84	62	64	62	64	62	64	62	64	62	64	62	64	62	64
88	66	68	66	68	66	68	66	68	66	68	66	68	66	68
92	—	—	70	72	70	72	70	72	70	72	70	72	70	72
96	—	—	—	—	74	76	74	76	74	76	74	76	74	76

三、人体尺寸的影响因素

人体尺寸受到许多因素的影响，这些因素可分为两类，即影响个体人体尺寸的因素和影响群体人体尺寸的因素。遗传是影响个体尺寸的一个最重要的因素。有些服装产品是为某一个人生产的，如服装定制，在这种情况下，我们应考虑这一个人的人体尺寸。但是在服装领域，在绝大多数情况下，产品是面向群体的，在这时候我们应该考虑影响群体人体尺寸的因素。影响群体人体尺寸的因素主要有下列几种。

1. 年龄

人的体型随着年龄的增长而发生变化。在未成年之前，身体逐渐增高，成年之后则会变得基本稳定，而进入中老年后开始萎缩。在人的身高这一系列变化过程中，变化最为显著的是在儿童期和青年期。人体的身高随年龄变化的情况见表 3－8。从表中可以看出，对于未成年的人来说，年龄对人体尺寸有着很大的影响；而对于成年人来说，年龄的影响不明显。一般来说，年龄对人的力量的影响比对身体尺寸的影响要大得多。

2. 性别

性别对群体人尺寸差别的影响可能是最大的，男女之间的平均身高相差往往达 10cm 以上。如果我们按男性 95% 的达到高度设计，将有 50% 以上的女性达不到。在功能性服装装备的设计中要考虑女性的要求。

表 3－8 身高随年龄的变化 单位:cm

年龄(岁)	女性	男性	年龄(岁)	女性	男性
1～5	+36	+36	15～20	+1	+6
5～10	+28	+27	20～35	0	0
10～15	+22	+30	35～40	－1	0

续表

年龄(岁)	女性	男性	年龄(岁)	女性	男性
40~50	-1	-1	70~80	-1	-1
50~60	-1	-1	80~90	-1	-1
60~70	-1	-1			

3. 国家

不同国家的人之间的尺寸差别也是很大的。表3-9列出了几个有代表性国家人的平均高度。可以看出,美国人平均身高最高,其次为俄罗斯,日本人最低,其次为中国。日本人与美国人之间的身高相差10cm以上。

表3-9　几个国家的男子平均身高　　单位:cm

国别	美国	俄罗斯	德国	英国	瑞典	法国	意大利	中国	日本
身高	177.2	176.7	175.5	175.3	174.1	171.1	171.0	168.0	166.7

4. 地区

我国幅员辽阔,地区与地区之间人体的尺寸也有差别。表3-10中列出了我国六个区域人的平均身高。从表3-10中的数据可以看出,我国东北地区和华北地区的人较高,男子平均身高为1.693m,女子为1.586m;而西南地区的人身材较矮,男子平均身高为1.647m,女子平均身高为1.546m,两区域之间对应值相差4~5cm。

表3-10　我国六大区域人体身高　　单位:cm

地区 / 性别	东北、华北	西北	东南	华中	华南	西南
男子	169.3	168.4	168.6	166.9	165.0	164.7
女子	158.6	157.5	157.5	156.0	154.9	154.6

5. 时间

随着生活水平的提高,人的平均高度也在增长。我们都可以感到现在的年轻人比过去的人要高。在这方面,日本人的变化更明显。据统计,在过去30年中,日本人的平均身高增加了8cm。我国国家技术监督局的统计结果表明,我国的青少年的身高也有一定的增长。

第三节　服装工效学人体生理指标的测量

人类通过使用劳动工具,扩大了手和脚的功能。同样,人类通过穿着各种类型的服装,可以更好地适应不同的环境条件。评价人体的着装是否符合服装工效学的要求,是否使人体感觉舒适,不影响甚至有助于提高人的工作效率,在某些特殊的环境条件下,尽量延长人的耐受极限,在不影响作业人员健康与安全的前提下,使他们能够更有效地工作,就必须要以客观的人体生理指标为科学依据。了解一些人体生理学方面的知识及其测量方法,对研究服装工效学、指导科学着装有着十分重要的意义。根据服装工效学的要求,本节讨论的人体生理指标主要包括人体的体温、能量代谢、人体表面积、体重丧失量、心率等。

一、人体的体温

人体的体温(body temperature)在服装工效学中是一项重要的生理指标。人体各部位的温度并不相同,体内产生的热量主要是通过体表散发到人所处的环境中。一般来说,人体深部的温度较高,也较稳定,各部位之间差异比较小;人体表层的温度则较低,由于体表容易受到环境温度变化的影响,体表各部位之间的差异较大。因此,可以将人体的温度分别用体核温度(core temperature)和皮肤温度(skin temperature)来表示。通常我们所说的体温就是指体核温度。

(一)体温的调节

人和鸟类、哺乳动物一样,机体都是恒温的,也就是说,虽然一年四季的气候变化很明显,但在一定范围内不论环境温度如何变化,人仍然能维持体温的相对稳定。保持一定的体温以及体温的相对稳定是人体进行新陈代谢和正常生命活动的必要条件。使人体体温不受外界环境冷热变化的影响主要通过两个途径:第一,自主性体温调节(autonomic thermoregulation),即当环境温度发生改变时,依靠人体自身的体温调节中枢的活动,对产热和散热过程进行的调节;第二,行为性体温调节(behavioral thermoregulation),即人体有意识地通过改变行为活动而调节产热和(或)散热的方式进行的调节,如根据环境温度增减服装、人工改善气候条件等。对于人类来说,无论自主性体温调节,还是行为性体温调节,均是依靠调节人体向环境的散热速度或散热量来维持体温的恒定。而通过服装所进行的行为性体温调节则是服装工效学的一个重要研究内容。

人体各部分的温度并不相同。皮肤温度受环境温度和着装情况的影响,温度波动的幅度比较大,而且身体各部位之间的差异也比较大;体核部分(包括心脏、肺、腹腔器官和脑)的温度相对比较稳定,各部分之间的差异也小。体核温度高于皮肤温度，由表及里存在着温度梯度。如图3－1所示，在寒冷的环境中，人体深部温度的范围缩小，主要集中在颅内、胸腔和腹腔内的器官，而表层温度的范围相应扩大；相反，在炎热的环境中，深部温度的范围扩展到四肢，而表层温度的范围相应缩小。

人体在外界环境温度发生变化时，能维持体温相对稳定。这是由于机体存在着体温的自主调节机制。体温调节实质上是产热和散热及人体内外热交换的调节过程。这一复杂、灵敏和精确的调节过程，是通过温度感受器、体温调节中枢和效应器来实现的。

温度感受器分为冷觉感受器和温觉感受器两种，它们分布于体表以及深部组织（包括内脏器官和脑内），感觉机体各部的温度变化。人体皮肤冷敏感点比温敏感点多4～10倍，而且不同部位的皮肤，冷敏感点的数目也不相等，位于脸和手的冷敏感点数目远比脑和胸部多。

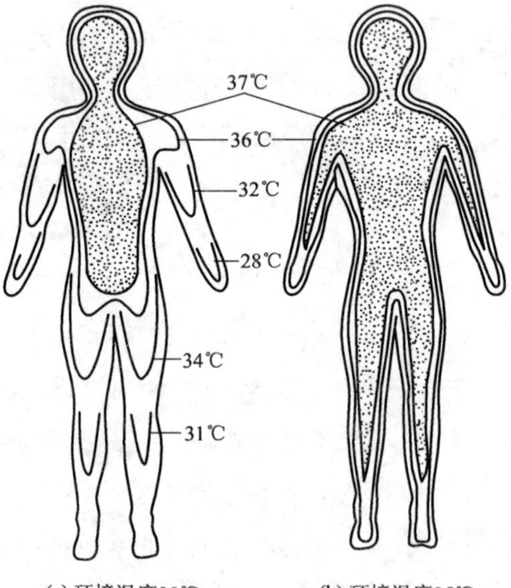

图3－1　在不同环境温度下人体体温分布示意图

人体内最重要的体温调节中枢在下丘脑。下丘脑前部是散热中枢；下丘脑后部是产热中枢。来自皮肤和其他组织器官的冷、热感觉器产生的神经冲动，分别到达下丘脑的产热和散热调节中枢。散热中枢兴奋时，皮肤血管扩张出汗，以增加散热；产热中枢兴奋时，皮肤血管收缩以减少散热，骨骼肌收缩产生寒战，以增加产热。

人的体温恒定为37℃左右，是下丘脑体温调节中枢定点控制的结果，生理学上称之为调定点（set point）。调定点类似于恒温箱中的温度控制器，体温

37℃作为不变的调定点。当中枢细胞群感觉的温度大于37.1℃时，散热中枢兴奋，同时间热中枢受到抑制，限制体温升高；若中枢细胞群感觉到的温度低于36.9℃时，则产热中枢由抑制转为兴奋，立即制止体温继续下降。

体温调节效应器的主要作用是减少身体内部重要器官的温度变化，即维持体内环境温度稳定，保证体温调节中枢正常。效应器反应包括心管系统、汗腺、呼吸系统和代谢产热四个方面。

通过温度感受器感受体表和深部组织的温度变化，并且相应的神经将此信息传至位于下丘脑的体温调节中枢，后者再激活不同的效应器以控制产热和散热两个过程。由此所产生的效应又可经神经系统和血管反馈到控制中枢，形成一个密闭的自动控制的环路。如图3－2所示，下丘脑体温调节中枢，包括调定点神经元在内，属于控制系统。它传出的信息控制着产热装置，如骨骼肌、肝，同样也控制着散热装置，如汗腺、皮肤血管等受控系统的活动，使受控对象——机体深部温度维持一个稳定的水平。而输出变量体温总是会受到内、外环境因素的干扰，如机体的运动、环境温度、湿度、风速等的变化。此时则通过体表和深部组织的温度感受器将干扰信息反馈于调定点，经过下丘脑体温调节中枢的整合，再调整受控系统的活动，仍可建立起当时条件下的体热平衡，收到稳定体温的效果。

人类在实际生活中，当皮肤温度低于30℃时产生冷觉，而当皮肤温度为35℃左右时则产生温觉。皮肤温度在13～33℃内波动时，由冷感觉器做出反应；皮肤温度在33～45℃范围内变化时，热感觉器兴奋。冷热两种感觉器的刺激阈值是不同的。冷感受器的刺激阈值是以每秒0.004℃的温度降低；热感受器能感觉每秒0.001℃的温度升高。产生冷、热温度感觉所需的平均最低有效热能是0.00063J/(cm^2·s)。皮肤温度低于13℃或高于45℃时，冷、热感觉被疼痛感觉所取代，因为皮肤内的温度信息传递神经和痛觉传递神经是相同的。当

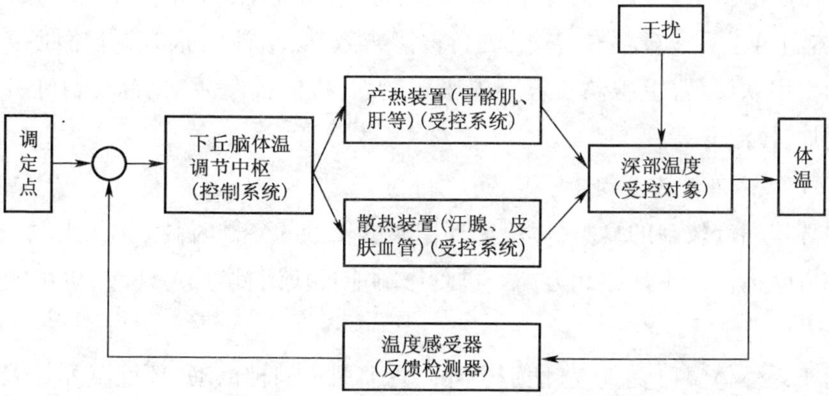

图3－2　体温调节自动控制示意图

冷、热刺激超过一定强度时就引起痛觉反应，产生痛觉的最低有效热能是0.913J/(cm^2·s)，温度感觉的热能阈值只有痛觉的1/1450，可见温度感觉器的灵敏度是非常高的。

(二)体温的生理性波动

人体体温的恒定是相对的。在正常情况下，体温可受昼夜、性别、年龄、骨骼肌和精神活动、环境温度等其他因素的影响而发生理性波动。

1. 体温的昼夜周期性波动

体温在一天之中呈现明显的周期性波动，称为日节律(circadian rhythm)。清晨2～6时，人体体温最低，午后13～18时最高。人体体温在一天中的波动幅度一般不超过1℃，在早晨6时至下午18时的12小时中，体温的正常波动为0.5～0.6℃。新生儿的体温调节功能不完善，其体温没有昼夜周期性波动。体温昼夜节律是机体的一种内在节律。

2. 体温的性别差异

成年女性的体温平均比成年男性约高0.3℃，这可能与女性皮下脂肪较多所导致的散热较少有关。女性的体温还随生理周期而呈现周期性波动，体温在月经期最低，随后轻度升高，排卵日又降低，排卵后体温升高大约0.2～0.5℃，直到下一月经期开始。

3. 体温的年龄差异

新生儿的体温调节中枢尚未发育成熟，其体温易受环境温度的影响。出生6个月后，体温调节功能趋于稳定，2岁后体温出现明显的昼夜周期性波动。儿童和青少年的体温较高。随着年龄的增长，体温有所降低，老年人的体温最低。因此，对婴幼儿和老年人应注意服装的保暖性。

4. 体温随骨骼肌活动和精神活动增强而升高

骨骼肌活动增强，如运动，人体的产热量增加，体温升高。在激烈的肌肉运动时，体温可上升1℃左右，甚至更高。情绪激动、精神紧张时，骨骼肌张力升高；同时，甲状腺、肾上腺髓质等分泌激素增加，机体代谢活动增强，均可引起产热量增加，体温升高。

5. 影响体温的其他因素

在环境温度较高的夏季，体温比环境温度较低的冬季时高。在相同季节，生活在南方时体温比生活在北方高。进食影响能量代谢，增加产热量，也可能影响体温。

由于人体体温可受昼夜、性别、年龄、骨骼肌和精神活动、环境温度等多种因素的影响，在进行服装工效学实验时，要根据所评价服装的用途与功能，合理选择实验条件、性别比例以及实验时间,确保实验数据的可信。

(三)体核温度

生理学上所说的体温是指体核温度,即机体深部的平均温度。由于体内各器官的代谢水平不同,它们的温度略有差别,人在安静状态下,肝脏的代谢活动最强,产热量最大,温度最高,约38℃;脑产热量也较大,温度接近38℃;肾脏、胰腺和十二指肠等的温度略低;直肠内的温度则更低。但由于血液沿周身不断循环,使体内各器官的温度经常趋于一致。因此,机体深部的血液温度可代表机体深部重要器官的平均温度,即体核温度。

测量体核温度应该测量足够深的组织的温度,不受体表组织温度梯度的影响。但是,在体内温度梯度是可能存在的,这取决于局部代谢、血管网的密度和血流量的不同。

正常情况下测量人体体温,在直肠内测量时为36.9~37.9℃;口腔温度(舌下部)的平均值比直肠温度低0.2~0.3℃;腋窝温度比口腔温度低0.3~0.4℃。人体体温平均值为36.8℃。可见,人体的温度多少也是有些变化的,但这个变化是很有规律的。

严格地说,测量体核温度应该测定机体深部血液的温度。但实际上血液温度不易测试。因此,可以通过测定下述身体七个不同部位的温度来近似地表示体核温度。

1. 口腔(舌下部)温度(oral temperature)

将测量传感器放在舌下,与舌动脉的深部动脉分支紧密接触,它能比较准确地测量影响温度调节中枢的血液的温度。口腔温度的上升与锁骨下动脉温度的升高相平行。尽管如此,口腔温度易受一些因素的影响。例如,当口腔张开时,由于对流和口腔黏膜表面的蒸发,使口腔温度下降;甚至当口腔紧闭时,随着面部皮肤温度下降,口腔温度也下降。相反,当面部受到强辐射热的照射时,口腔温度则上升。另外,刚喝过冷或热的水、吸烟以及用口呼吸等均会影响口腔温度。

在适当的测量条件下,口腔温度和食道温度的绝对值以及变化方式是很相似的。当受试者休息时,环境温度大于40℃时,口腔温度可超过食道温度0.25~0.40℃。当受试者工作时,其负荷强度不超过该受试者的最大需氧功率35%时,口腔温度与食道温度才是一致的。

2. 食道温度(esophageal temperature)

将测温传感器插至食道的中下部,在5~7cm的长度上,传感器与左心房的前壁和下主动脉的后表面相接触。在这位置上测得的温度与右心房的温度基本相同,其值比直肠温度约低0.3℃。食道温度能准确地反映离开心脏的血液温度,并能完全准确地反映出灌注下丘脑体温调节中枢的血液温度,即食道温度变化的过程与体温调节反应的时间过程相当一致,所以在实验研究中常以食道温度作为体核温度的一个指标。

如果把传感器放置在食道的上部,则其温度受呼吸影响;若放置的位置太低的话,则记录的是胃内温度。咽下的唾液温度也影响传感器的温度。因此,食道温度不能采用已记录温度的平均值,而要用峰值来表示。尤其在寒冷环境中特别如此,因为唾液是相当冷的。

3. 腹腔内温度(intra – abdominal temperature)

受试者吞下测温传感器,在传感器通过人体内部管道期间所记录的温度将迅速变化,这取决于它所到达的部位,是接近大动脉壁或者接近局部代谢高的器官或者接近腹壁。当传感器位于胃部或十二指肠时,温度的变化与食道温度的变化相似,并且这两个温度之间的差别是很小的。当传感器在肠道内部通过时,温度变化的特征更加接近于直肠温度的变化。若无强辐射热照射腹部的话,则腹腔内温度似乎与环境气候条件无关。

4. 直肠温度(rectal temperature)

测温传感器插入直肠6cm以上,被大量的腹部具有低导热性能的组织所包围,因此直肠温度与环境条件无关,所测得的温度比较接近深部的血液温度。本质上讲,直肠温度是平均体核温度的指标。人在安静休息时,直肠温度是最高的温度。当进行全身活动并且热蓄积缓慢时,直肠温度才被认为是深部血液温度,也就是体温调节中枢温度的指标。当热蓄积是低的,并且基本上是用腿进行工作的话,那么直肠温度稍高于体温调节中枢的温度。在短时间强烈的热紧张期间,热蓄积迅速增高的情况下,直肠温度上升的速率比温度调节中枢温度上升的速率要慢些。在热暴露停止后,直肠温度还继续升高,最后逐步下降。温度上升的速度和延迟的时间取决于暴露和恢复的条件。这说明直肠温度不能很好地反映血液温度的快速变化,但是它能反映发热中血液温度缓慢时的变化。

综上所述,用直肠温度来估算受试者的热紧张度,要注意具体条件。

5. 鼓膜温度(tympanic temperature)

放置测温传感器的位置尽可能地接近鼓膜。鼓膜的动脉部分是颈内动脉的分支,颈内动脉也灌注下丘脑,又由于耳鼓的热惯量很低,质量小,并且血管分布密,故鼓膜变化与下丘脑温度变化成比例。因此实验中常以鼓膜温度作为脑组织温度的指标。当身体核心热容量迅速变化时,鼓膜温度的变化类似于食道温度的变化。无论这热容量的变化是因为代谢引起的,还是因为环境引起的,外颈动脉也供应鼓膜，故鼓膜温度与直肠温度之间的差别，是由于耳周围和头部的皮肤表面的局部热交换的变化所引起的。

6. 听道温度（auditory canal temperature）

将测温传感器放在接近鼓膜的听道壁上，该区域的血液是由外颈动脉供应的，其温度受心脏动脉血液温度和耳周围以及接近头部的皮肤血液温度的影响。在听道温度和听道外口温度之间存在着温度梯度，若将耳和外境气候做适当隔断的话，则可减小这种梯度。

听道温度与鼓膜温度一样，其变化和腹腔内温度变化是平等的。但是，在热环境中与腹腔内温度的正偏差或者在冷气候中与腹腔内温度的负偏差，相对于鼓膜温度要更大些。因此，听道温度可以被较好地认为是体核温度和皮肤温度两者相结合的指标，而不仅仅是体核温度的指标。

7. 尿的温度（urine temperature）

膀胱及其内容物可被认为是身体核心的重要部分，因此，测定刚排出的尿的温度能够提供有关体核温度的信息。将温度传感器放在一个收集尿的装置中，来进行这种测量。依据定义，这种测量的可能性取决于膀胱中的尿量。尿的温度变化与直肠温度的变化相似，但尿温度比直肠温度低 0.2 ~0.5℃。

腋窝温度通常也是测量人体的体核温度方法，但由于服装工效学实验过程中，受试者通常不是静止的，所以不容易测量腋窝温度。但如果受试者处于安静状态下进行实验，也可以通过测量腋窝温度的方式测定受试者的体核温度。

在上述测量人体的体核温度的测量方式中，通常以直肠温度代表体核温度。因为直肠温度受外界环境条件影响小，准确度高，安全系数大，操作较为方便。如果在口腔、腋窝等处测量体温，就必须加以校正。校正公式如下：

①口腔温度 +0.3 = 体核温度；

②腋窝温度 +0.7 = 体核温度；

③鼓膜温度 = 体核温度。

（四）皮肤温度

人体最表层（即皮肤）的温度称为皮肤温度。由于人体各部位存在肌肉强度、皮肤脂肪厚度、血流供应和表面的几何形状等的差别，所以机体各部位的皮肤温度相差很大。例如，在 23℃ 的环境中测定时，额部的皮肤温度为 33 ~34℃，躯干为 32℃，手为 30℃，足为 27℃。

皮肤温度是服装工效学的重要指标之一。它一方面能够反映人体热紧张程度；另一方面可以判断人体通过服装与环境之间热交换的关系。换句话说，从服装生理卫生学角度考虑，皮肤温度既可反映出体内到体表之间的热流量，也可反映出在服装遮盖下的皮肤表面的散热量或得热量之间的动态平衡状态。

在炎热的环境中，人的皮肤血管扩张，血流量增大，皮肤温度因而上升，并且各局部皮肤温度趋向均匀一致。

在普通室温环境中处于安静状态或者在气温较低的环境中进行轻度活动的人，额部和躯干部位的皮肤温度为31.5～34.5℃。当着衣部位与裸露部位的皮肤温度相差小于2℃时，明显感觉热；当相差3～5℃时，感觉舒适。当胸部和脚的皮肤温度相差超过10℃时，就感觉冷；而胸部和脚的温度相差小于5℃时，则会感觉热。

在寒冷环境中，如果手和脚的皮肤温度不断下降，躯干部的皮肤温度也缓慢下降，则说明服装不够保暖。当躯干部的皮肤温度同脚或手的皮肤温度相差超过17℃时，就会产生手、脚疼痛或全身发抖的反应。人体任何一处的皮肤温度下降到2℃是寒冷耐受的临界值，达到此点时剧痛难忍。日常生活中，通常在手指和脚后跟或脚趾容易达到临界值。

在生理学和卫生学中，用得最多的是平均皮肤温度（mean skin temperature）。当环境温度在35℃以下时，平均皮肤温度与温度感觉密切相关。平均皮肤温度31.5～34.5℃属于舒适范围，33～34℃时最舒适。大约30%的人，舒适温度的上限为35℃，超过35℃后，90%的人会感觉热；平均皮肤温度31.5℃是舒适的下限。在安静状态皮肤温度与主观感觉的关系见表3－11。

表3－11　在安静状态皮肤温度与主观感觉的关系

皮　肤　温　度		主观感觉
任何一处达到45℃±2℃		剧烈疼痛
平均皮肤温度35℃以上		热
31.5～34.5℃		舒适
30～31℃		凉
28～29℃		寒战性冷
低于27℃		极冷
手的温度	脚的温度	
20℃	23℃	冷
15℃	18℃	极冷
10℃	13℃	疼痛
2℃	2℃	剧烈疼痛

测量皮肤温度的方式可以分为非接触式和接触式两种。非接触式可以用红外辐射传感器。用红外辐射传感器,在一定距离之外可以测量裸体受试者身体上某点的皮肤温度,用这种方法测得的数据是红外辐射传感器所覆盖的皮肤面积的平均温度。Raytech 非接触式红外测温仪如图 3－3 所示,该仪器测量范围为 0～50℃,测量精度为0.1℃。另一种方法是将测温传感器固定在皮肤表面上,测定该皮肤表面的温度。如图 3－4 所示为 BXC 便携式多通道生理参数测试仪,该仪器提供 14 个温度测量传感器和 1 个心率测量传感器,可以同时按所设定的时间间隔(30s 或 60s)测量受试者 14 个部位的温度和心率。此外,便携式多通道生理参数测试仪可以在现场完全脱离计算机进行测量,连续记录并贮存 4 个小时以上的数据。可以在实验结束后再回到实验室进行数据处理,十分方便。

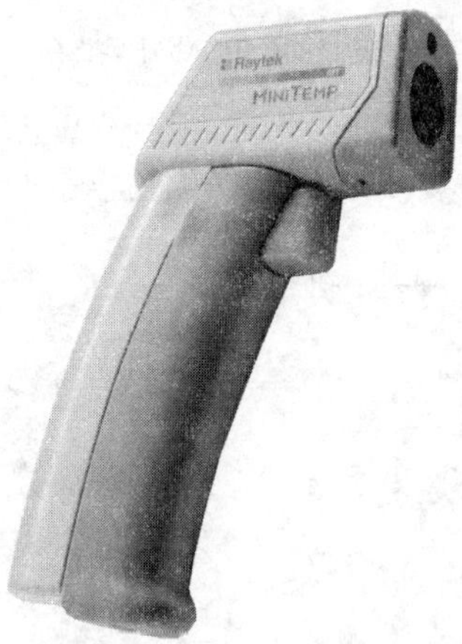

图 3－3　Raytech 非接触式红外测温仪

图 3－4　便携式多通道生理参数测试仪

由于人体皮肤的温度分布很不均匀,所以通常使用平均皮肤温度作为人体皮肤温度的表征指标。根据测量目的不同,目前使用的测量平均皮肤温度的方法主要有四类,并且各自依据的原理也不相同。第一类公式是 Tcichner(1958 年)和 Ramanathan(1964 年)提出的,该方法只测量几个点皮肤温度,各点的加权系数是通过对局部皮肤温度和计算出的“最佳”平均皮肤温度进行线性回归处理获得的。第二类公式是 Nadel 等(1973 年)和 Crawshaw 等(1975 年)根据不同皮肤区域具有不同的热敏感性和自发的热反应提出“生理学公式”,其加权系统是根据特定的皮肤区域对温度中枢的相对影响而不是根据它们在热交换中的重要性来确定的。第三类公式是通过修改现有公式获得的。最后一类公式是“面积加权公式”,这是 Winslow 等(1936 年)、Hardy 和 DuBois

(1938 年)、Mitchell 和 Wundham(1969 年)等根据 DuBois 的人体表面积的测量提出的,这也是生理学和卫生学上用得最多的计算加权平均皮肤温度(weighted mean skin temperature)的方法。通常将加权平均皮肤温度简称为平均皮肤温度。平均皮肤温度是身体各部位皮肤温度对于各自所占面积的百分比的加权平均值。

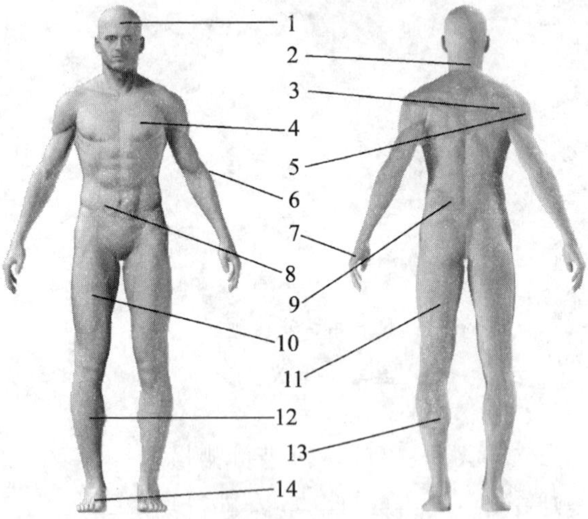

图 3-5 平均皮肤温度测量点位置示意图

根据不同的测量目的、精确要求、工作环境、人体各部位的皮肤感觉器对冷、热感觉的敏感性的不同,可以选择不同的方法测量平均皮肤温度。在服装工效学研究中,主要以面积加权方式计算平均皮肤温度。比较常用的是 ISO(International Organization for Standardization)平均皮肤温度的测量方法。该方法首先将人体表面分成 14 个面积相等的代表区,如图 3-5 所示,然后提出了 3 个计算公式,其测量部位和加权系数见表 3-12。

表 3-12 人体皮肤温度测量部位及其加权系数

<table>
<tr><th>测 量 部 位</th><th>4 个点</th><th>8 个点</th><th>14 个点</th></tr>
<tr><td>1 前额</td><td>—</td><td>0.07</td><td rowspan="14">1/14</td></tr>
<tr><td>2 颈部的背面</td><td>0.28</td><td>—</td></tr>
<tr><td>3 右肩胛</td><td>0.28</td><td>0.175</td></tr>
<tr><td>4 左上胸部</td><td>—</td><td>0.175</td></tr>
<tr><td>5 右臂上部</td><td>—</td><td>0.07</td></tr>
<tr><td>6 左臂上部</td><td>—</td><td>0.07</td></tr>
<tr><td>7 左手</td><td>0.16</td><td>0.05</td></tr>
<tr><td>8 右腹部</td><td>—</td><td>—</td></tr>
<tr><td>9 左侧腰部</td><td>—</td><td>—</td></tr>
<tr><td>10 右大腿前中部</td><td>—</td><td>0.19</td></tr>
<tr><td>11 左大腿后中部</td><td>—</td><td>—</td></tr>
<tr><td>12 右小腿前中部</td><td>0.28</td><td>—</td></tr>
<tr><td>13 左小腿后中部</td><td>—</td><td>0.2</td></tr>
<tr><td>14 右脚面</td><td>—</td><td>—</td></tr>
</table>

由表 3-12 可见,测量人体平均皮肤温度 t_s 的公式如下:

四点法平均皮肤温度 t_s 计算公式：

$$t_s = 0.28t_2 + 0.28t_3 + 0.16t_7 + 0.28t_{12} \tag{3-2}$$

式中：t_s——平均皮肤温度，℃；

t_2, t_3, t_7, t_{12}——测量部位 2、3、7、12 处的皮肤温度，℃。

八点法平均皮肤温度 t_s 计算公式：

$$t_s = 0.07t_1 + 0.175t_3 + 0.175t_4 + 0.07t_5 + 0.07t_6 + 0.05t_7 + 0.19t_{10} + 0.2t_{13} \tag{3-3}$$

式中：t_s——平均皮肤温度，℃。

$t_1, t_3, t_4, t_5, t_6, t_7, t_{10}, t_{13}$——测量部位 1、3、4、5、6、7、10、13 处的皮肤温度，℃。

十四点法平均皮肤温度 t_s 计算公式：

$$t_s = \frac{1}{14} \cdot (t_1 + t_2 + t_3 + t_4 + t_5 + t_6 + t_7 + t_8 + t_9 + t_{10} + t_{11} + t_{12} + t_{13} + t_{14}) \tag{3-4}$$

式中：t_s——平均皮肤温度，℃；

$t_1 \sim t_{14}$——测量部位 1 ~ 14 处的皮肤温度，℃。

按照一般原则，测量的点数越多，越能够代表全身皮肤温度的分布与变化情况。但是，测量点数越多，特别是在运动状态下，会有许多实际困难；而测量点数太少，在某些环境条件下会不够准确。所以，针对测量平均皮肤温度的选点数目和方法，许多学者做了大量的研究工作。目前大致可以归纳为以下几个选取测量点数的原则：

（1）根据气温：在不同的气温下，选点数不同。例如，在比较炎热的气候环境中，全身皮肤血管扩张，皮肤温度比较均匀，测量的点数可以少些，2 ~ 4 个点就可以；在中等气温条件下，测量 4 ~ 8 个点；在低温寒冷环境中，全身各点皮肤温度相差悬殊，测量的点应多些，可以选择 8 ~ 14 个点。

（2）根据目的：根据研究者需要达到的预期目的，选择适合的测量部位和点数。

（3）根据活动状态：按照人体的活动状态确定测量部位，无论春夏秋冬四季气候条件如何变化，外周体温调节主要发生在四肢，皮肤温度变化显著，躯干部受到服装和其他灵敏的体温调节作用的影响，皮肤温度变化较小，所以，在安静状态时，四肢的加权系数不应小于 50%。如果以腿部运动为主，且活动量较大，则下肢的加权系数还要适当增加。在进行重体力活动时，测量皮肤温度的传感器应安置在具有强大肌肉群的身体部位。

（五）平均体温

当考虑人体热平衡状态时，需采用人体的平均体温（mean body temperature）。平均体温与机体深部温度和平均皮肤温度有关，可以根据机体深部温度和平均皮肤温度以及机体深部组织和表层组织在整个机体中所占的比例进行测算，其计算公式如下：

$$t_b = \alpha \cdot t_c + (1-\alpha) \cdot t_s \quad (3-5)$$

式中：t_b——平均体温，℃；

α——机体深部组织在机体全部组织中所占比例；

$(1-\alpha)$——机体表层组织在机体全部组织中所占比例；

t_c——体核温度，℃；

t_s——平均皮肤温度，℃。

此外，平均体温还可以依据环境气候条件而定。在通常的气候条件下，人体外周血管调节反应较小时，平均体温采用下列公式计算：

$$t_b = 0.67t_c + 0.33t_s \quad (3-6)$$

式中：t_b——平均体温，℃；

t_c——体核温度，℃；

t_s——平均皮肤温度，℃。

在高温炎热的环境中，外周血管全部扩张，皮肤温度很高时，平均体温采用下列公式计算：

$$t_b = 0.8t_c + 0.2t_s \quad (3-7)$$

式中：t_b——平均体温，℃；

t_c——体核温度，℃；

t_s——平均皮肤温度，℃。

在寒冷的气候条件下，外周血管完全收缩，皮肤温度较低，平均体温 t_b 采用下列公式计算：

$$t_b = 0.5t_c + 0.5t_s \quad (3-8)$$

式中：t_b——平均体温，℃；

t_c——体核温度，℃；

t_s——平均皮肤温度，℃。

二、能量代谢

正常人的体温是相对恒定的。当体温低于 34℃ 可引起意识丧失，低于 25℃

时可引起心跳停止或心室纤维性颤动；当体温高于42℃时可引起细胞的实质性损害，高于45℃时可危及生命。因此，体温的相对恒定对于维持机体生命活动的正常进行具有非常重要的意义。包括人在内的恒温动物的体温之所以能够维持相对稳定，是由于在体温调节机制的作用下，机体热含量处于动态平衡状态的结果。实际上，机体热含量的平衡取决于机体的产热（heat production）和散热（heat loss）过程的平衡。机体热含量的相对平衡状态或机体产热与散热之间的相对平衡状态称为体热平衡。当机体产热较多或散热较少时，机体热含量增加，体温就会升高；相反，当机体产热较少或散热较多时，机体热含量减少，体温就会降低。人只有在热平衡的条件下，才有可能感觉舒适，才有可能有效地工作。研究热平衡，首先要研究人的热产过程，了解人体的能量代谢。

（一）新陈代谢

新陈代谢（metabolism）是机体生命活动的最基本特征之一，其包括两个方面，即合成代谢和分解代谢。合成代谢是机体不断从外界摄取营养物质来构筑和更新自身，并贮存能量；分解代谢是机体不断分解体内物质，为各种生命活动提供能量。可见，在新陈代谢的物质合成与分解代谢过程中，始终伴随着能量的转移过程。因此，通过将在物质代谢过程中所伴随的能量的释放、转移、贮存和利用统称为能量代谢（energy metabolism）。

机体所需的能量来源于食物中的糖、脂肪和蛋白质。这些能源物质分子结构中的碳氢键蕴藏着化学能，在氧化过程中碳氢键断裂，生成 CO_2 和 H_2O，同时释放出蕴藏的能量。这些能量的50%以上迅速转化为热能，用于维持体温，并向体外散失。其余不足50%的能量则以高能磷酸键的形式贮存于体内，供机体利用。体内最主要的高能磷酸键化学物是三磷酸腺苷（ATP），此外还可有高能硫酯键等。机体利用ATP去合成各种细胞组成分子、各种生物活性物质和其他一些物质；细胞利用ATP去进行各种离子和其他一些物质的主动转运，维持细胞两侧离子浓度差所形成的势能；肌肉还可利用ATP所载荷的自由能进行收缩和舒张，完成多种机械功。总的看来，除骨骼肌运动时所完成的机械功（外功）以外，其余的能量最后都转变为热能。例如，心肌收缩所产生的势能（动脉血压）与动能（血液流速），均于血液在血管内流动过程中，因克服血流内、外所产生的阻力而转化为热能。在人体内，热能是最“低级”形式的能，热能不能转化为其他形式的能，不能用来做功。

通用的热量单位为焦（J），过去热量单位是卡（cal）或千卡（kcal）。1cal = 4.187J，1kcal = 4.187kJ，1焦/秒（J/s）为1瓦（W）。由于服装工效学早期的研究都是以cal或kcal为单位，所以为了使读者更加容易理解，本书在必要的部分，会同时利用 kcal 和 J 作为热量的单位。

(二)能量代谢测定的原理和方法

根据热力学第一定律,能量由一种形式转化为另一种形式的过程中,既不能增加,也不能减少,这是所有形式的能量(动能、热能、电能及化学能)互相转化的一般规律,也就是能量守恒定律。机体的能量代谢也遵循这一规律,即在整个能量转化过程中,机体所利用的蕴藏于食物中的化学能与最终转化成的热能和所做的外功,按能量来折算是完全相等的。因此,测定在一定时间内机体所消耗的食物,或者测定机体所产生的热量与所做的外功,都可测算出整个机体的能量代谢率(单位时间内所消耗的能量)。

测定整个机体单位时间内发散的总热量通常有三种方法,即直接测热法、间接测热法和简化测定法。

1. 直接测热法(direct calorimetry)

直接测热法是测定整个机体在单位时间内向外界环境发散的总热量,此总热量就是能量代谢率。如果在测定时间内有对外做功,应将对外所做的功折算为热量一并计入。20 世纪初,Atwater-Benedict 设计了呼吸热量计,其结构模式如图 3-6 所示。在隔热密封的房间中,设有一个铜制的受试者居室。使用温度调节装置控制隔热壁与居室之间空气的温度,使之与居室内的温度相等,以避免居室内的热量因传导而散失。受试者呼吸的空气由进出居室的气泵管道系统来供给。此系统中装有硫酸和钠石灰,用以吸收人体呼出气中的水蒸气和 CO_2。管道系统中空气中的 O_2 则由氧气瓶定时补给。这样,受试者机体所散发的大部

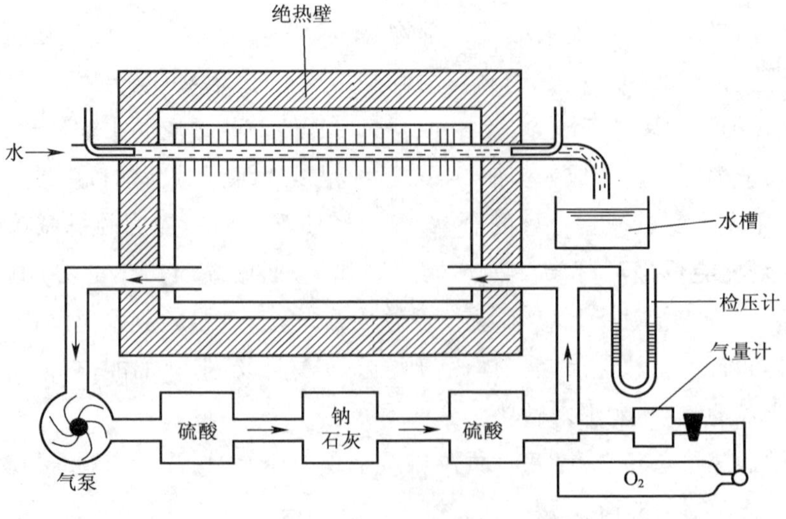

图 3-6 直接测热装置示意图

分热量便被居室内管道中流动的水所吸收。测定进入和流出居室的水量和温度差,乘以水的比热即可测出水所吸收的热量。当然,受试者发散的热量有一部分包含在不感蒸发量中,这在计算时也要加进去。直接测热法测得的热量等于机体一定时间内散失的总热量。

直接测热法的设备复杂,操作烦琐,使用不便,因而极少应用。一般都采用间接测热法。

2. 间接测热法(indirect calorimetry)

机体依靠呼吸功能从外界摄取 O_2,以供各种营养物质氧化分解的需要,同时也将代谢终生物 CO_2 呼出体外。在一定时间内机体的 CO_2 产生量与 O_2 消耗量的比值称为呼吸商(Respiratory Quotient,RQ)。各种营养物质在细胞内氧化供能属于细胞呼吸过程,因而可根据各种营养物质氧化时的 CO_2 产生量与 O_2 消耗量的比值称为某物质的呼吸商。严格说来,呼吸商应该以 CO_2 和 O_2 的摩尔数来计算,但是由于在同一温度和气压条件下,容积相等的不同气体,其分子数都是相等的,所以通常都用容积数(mL 或 L)来计算 CO_2 与 O_2 的比值,即:

$$RQ = \frac{\text{产生的 } CO_2 \text{ 摩尔数}}{\text{消耗的 } O_2 \text{ 摩尔数}} = \frac{\text{产生的 } CO_2\text{mL 数}}{\text{消耗的 } O_2\text{mL 数}} \tag{3-9}$$

糖、脂肪和蛋白质氧化时,它们的 CO_2 产量与耗 O_2 量各不相同,三者的呼吸商也不一样。因为各种营养物质无论在体内或体外氧化,它们的耗 O_2 量与 CO_2 产量都取决于各种物质的化学组成,所以,在理论上任何一种营养物质的呼吸商都可以根据它的氧化成终产物(CO_2 和 H_2O)化学反应式计算出来的。

糖的一般分子式为$(CH_2O)_n$,氧化时消耗的 O_2 和产生的 CO_2 分子数相等,呼吸商应该等于 1。

脂肪氧化时需要消耗更多的 O_2。在脂肪本身的分子结构中,O_2 的含量远少于 C 和 H。因此,另外提供的 O_2 不仅要用氧化脂肪分子中的 C,还要用来氧化其中的 H。所以脂肪的呼吸商将小于 1,如甘油三油酸酯呼吸商等于 0.71。

蛋白质的呼吸商较难测算,因为蛋白质在体内不能完全氧化,而且它氧化分解途径的细节,有些还不够清楚,所以只能通过蛋白质分子中的 C 和 H 被氧化时所需 O_2 量和 CO_2 产生量,间接算出蛋白质的呼吸商,其计算值为 0.80。

在日常生活中,营养物质不是单纯的,而是糖、脂肪和蛋白质混合而成的。所以,呼吸商常在 0.71 ~1.00 之间变动。人体在特定时间内的呼吸商要看哪种营养物质是当时的主要能量来源而定。若能源主要是糖类,则呼吸商接近于 1.00;若主要是脂肪,则呼吸商接近于 0.71。在长期病理性饥饿情况下,能源主要来自机体本身的蛋白质和脂肪,则呼吸商接近于 0.80。一般情况下,摄取混合食物时,呼吸商常为 0.85 左右。

在一般情况下,体内的主要供能物质是糖和脂肪,而动用的蛋白质极少,可以忽略不计。为计算方便,可以忽略蛋白质供能的情况下,测量一定时间内氧化糖和脂肪所产生的 CO_2 量与耗 O_2 量的比值,称为非蛋白呼吸商(Non - Protein Respiratory Quotient,NPRQ)。根据糖和脂肪按比例混合氧化时所产生的 CO_2 量与耗 O_2 量可计算出相应的 NPRQ 值,由 NPRQ 值可从附录 3 中查出氧化糖和脂肪的量以及相应的氧热价。通过这些数据即可计算出受试者的新陈代谢率。

生理学上,测定受试者的新陈代谢率,首先测定受试者一定时间内的耗 O_2 量和 CO_2 产生量,并将它们换算为标准状态下的数值。根据这些数据和查表计算人体的新陈代谢率。耗 O_2 量与 CO_2 产生量的测定方法有两种,即闭合式测定法和开放式测定法。

(1)闭合式测定法:在动物实验中,将受试动物置于一个密闭的能吸热的装置中。通过气泵,不断将定量的氧气送入装置。动物不断地摄取 O_2,可根据装置中 O_2 量的减少计算出该动物在单位时间内的耗 O_2 量。动物呼出的 CO_2 则由装在气体回路中的 CO_2 吸收剂吸收。然后根据实验前后 CO_2 吸收剂的重量差,算出单位时间内的 CO_2 产生量。由耗 O_2 量和 CO_2 产生量算出呼吸商。

(2)开放式测定法(气体分析法):它是在机体呼吸空气的条件下测定耗 O_2 量和 CO_2 产生量的方法,所以称为开放法。其原理是,采集受试者一定时间内的呼出气,测定呼出气量并分析呼出气中 O_2 和 CO_2 的容积百分比。由于吸入气就是空气,所以其中 O_2 和 CO_2 的容积百分比不必另测。根据吸入气和呼出气中 O_2 和 CO_2 的容积百分比的差数,可算出该时间内的耗 O_2 量和 CO_2 产生量。

气体分析方法很多,最简便而又广泛应用的方法,是将受试者在一定时间内呼出气采集于气袋中,通过气量计测定呼气量,然后用气体分析器分析呼出气的组成成分,进而计算耗 O_2 量和 CO_2 产生量,并算出呼吸商。

服装工效学研究中,测量受试者的新陈代谢率多采用开放式测定法,测量装置如图 3 – 7 所示。

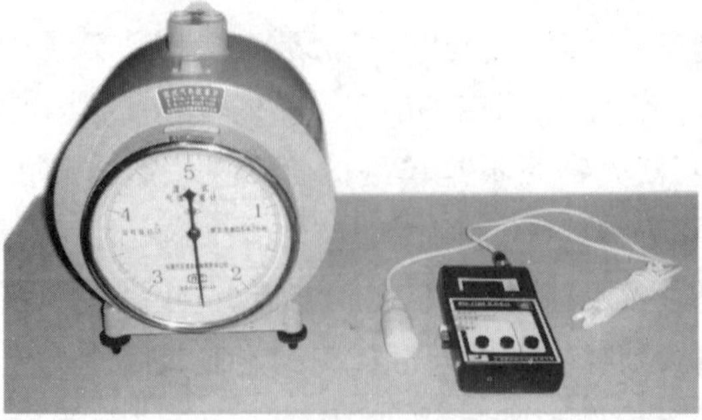

图 3 – 7　新陈代谢率测量装置

测量的基本步骤如下：

①受试者戴上呼吸面罩，收集 5～10min 呼出的气体于多氏袋中。

②用气体流量计测定单位时间呼出的气量，并按下式换算为标准状态下的干空气的体积流量：

$$V_0 = V_1 \cdot \frac{P-b}{760 \cdot (1+\beta \cdot t)} \tag{3-10}$$

式中：V_0——标准状态下的干空气的体积，L/min；

V_1——气体流量计测定的呼出气的体积，L/min；

P——实验环境下的大气压力，mmHg；

t——实验环境的温度，℃；

b——温度为 t（℃）时的饱和水蒸气压，mmHg；

β——温度系数，等于 1/273。

③测量呼出气体量的同时，利用气体分析仪，测定呼出气中 O_2 和 CO_2 的浓度。

④作“氮气校正”，分析出吸入气的体积，并计算出吸入的 O_2 量和产生的 CO_2 量。

由于吸入气中的氮气不被机体所吸收利用，所以呼出气中的 N_2 总量和吸入气中的 N_2 总量是相等的，即：

$$V_I \cdot N_{2I} = V_E \cdot N_{2E} \tag{3-11}$$

式中：V_I——吸入气的体积（标准状态下的），L/min；

N_{2I}——吸入气中的 N_2 含量，79.03%；

V_E——呼出气的体积（标准状态下的），L/min；

N_{2E}——呼出气中的 N_2 含量。

所以：

$$V_I = \frac{V_E \cdot N_{2E}}{N_{2I}} \tag{3-12}$$

求出受试者吸入的 O_2 量如下：

$$V_{IO_2} = (V_I \cdot F_{IO_2}) - (V_E \cdot F_{EO_2}) \tag{3-13}$$

式中：V_{IO_2}——受试者吸入的 O_2 量，L/min；

V_I——吸入气的体积（标准状态下的），L/min；

F_{IO_2}——吸入气中的 O_2 含量，20.94%；

V_E——呼出气的体积（标准状态下的），L/min；

F_{EO_2}——呼出气中的 O_2 含量。

求出受试者产生的 CO_2 量如下：

$$V_{ECO_2} = (V_E \cdot F_{ECO_2}) - (V_I \cdot F_{ICO_2}) \tag{3-14}$$

式中：V_{ECO_2}——产生的 CO_2 的体积，L/min；

V_I——吸入气的体积（标准状态下的），L/min；

V_E——呼出气的体积（标准状态下的），L/min；

F_{ICO_2}——吸入气中的 CO_2 含量，0.03%；

F_{ECO_2}——呼出气中的 CO_2 含量。

⑤计算非蛋白呼吸商。

$$NPRQ = \frac{V_{ECO_2}}{V_{IO_2}} \tag{3-15}$$

式中：*NPRQ*——非蛋白呼吸商。

⑥根据非蛋白呼吸商的值，查附录 3 得出 O_2 的热价 P，再根据吸入 O_2 的量，计算出受试者代谢产热量。

$$M = P \cdot V_{IO_2} \tag{3-16}$$

式中：M——代谢产热量，kJ/min；

P——氧的热价，kJ/L；

V_{IO_2}——受试者吸入的 O_2 量，L/min。

例：某健康成人受试者，安静状态下的呼出气体量为 5.2L/min（标准状态）。气体分析结果为：O_2 含量 16.23%，CO_2 含量 4.13%，N_2 含量 79.64%；吸入气分析结果为：O_2 含量 20.94%，N_2 含量 79.03%，CO_2 含量 0.03%。求受试者的新陈代谢率。

解：

①求受试者吸入的气体量：

$$V_I = \frac{V_E \cdot N_{2E}}{N_{2I}} = \frac{5.2 \times 79.64\%}{79.03\%} = 5.24\text{(L/min)}$$

②求受试者吸入的 O_2 量：

$$V_{IO_2} = (V_I \cdot F_{IO_2}) - (V_E \cdot F_{EO_2}) = (5.24 \times 20.94\%) - (5.2 \times 16.23\%) = 0.253\text{(L/min)}$$

③求受试者产生的 CO_2 量：

$$V_{ECO_2} = (V_E \cdot F_{ECO_2}) - (V_I \cdot F_{ICO_2}) = (5.2 \times 4.13\%) - (5.24 \times 0.03\%) = 0.213\text{(L/min)}$$

④计算非蛋白呼吸商：

$$NPRQ=\frac{V_{ECO_2}}{V_{IO_2}}=\frac{0.213}{0.253}=0.84$$

⑤根据非蛋白呼吸商的值，查附录 3 得出 O_2 的热价 P 为 4.86kcal/L 或 20.31kJ/L，计算受试者新陈代谢率 M：

$$M=P\cdot V_{IO_2}=20.31\times0.253=5.138(\text{kJ/min})=308.31(\text{kJ/h})=85.64(\text{W})$$

3. 简化测定法

无论使用直接测热法还是使用间接测热法，虽然测量精度高，但比较麻烦，间接测热法需要拥有可以测量三种气体的分析仪器，费用也比较高。所以一些学者通过多年的实验与研究，提出了一些简化的新陈代谢率测定法，仅需要测定受试者单位时间呼出的气体量及呼出气体中的 O_2 含量，即可估算出受试者的新陈代谢率。

(1)方法一：需要测定受试者单位时间呼出的气体量及呼出气体中的 O_2 含量，计算公式如下：

$$M=4.187V_E\cdot(1.05-5.015F_{EO_2})\tag{3-17}$$

式中：M——代谢产热量，kJ/min；

V_E——呼出气的体积（标准状态下），L/min；

F_{EO_2}——呼出气中的 O_2 含量，%。

本方法适用于轻、中和重的劳动负荷，经多年实验与使用，使用简化测定法与通过非蛋白呼吸商法测得的结果相差甚微，误差完全可以忽略不计。简化测定法的操作步骤如下：

①受试者戴上呼吸面罩，收集 5~10min 呼出的气体于多氏袋中。

②用气体流量计测定单位时间呼出的气量，并按前面讲述的公式换算为标准状态下的干空气的体积流量。

③测量呼出气体量的同时，利用气体分析仪，测定呼出气中 O_2 的浓度。

④计算受试者代谢产热量 M。

现举例说明如下（使用例中的数据）

$V_E=5.2$L/min，$F_{EO_2}=16.23\%$，代入公式求新陈代谢率如下：

$$M=4.187V_E\cdot(1.05-5.015F_{EO_2})=4.187\times5.2\times(1.05-5.015\times16.23\%)=5.14(\text{kJ/min})=308.38(\text{kJ/h})=85.66(\text{W})$$

(2)方法二：仅需要测定受试者单位时间呼出的气体量，计算公式如下：

$$M = 4.187 \times 12.6 V_E \tag{3-18}$$

式中：M——代谢产热量，kJ/h；

V_E——呼出气的体积（标准状态下），L/min。

本方法简单，使用仪器少，但计测结果误差稍大。该测定法的操作步骤如下：

①受试者戴上呼吸面罩，收集5～10min呼出的气体于多氏袋中。

②用气体流量计测定单位时间呼出的气量，并按前面讲述的公式换算为标准状态下的干空气的体积流量。

③计算受试者代谢产热量M。

现举例说明如下（使用例中的数据）

$V_E = 5.2$L/min，代入公式求代谢产热量如下：

$$M = 4.187 \times 12.6 V_E = 4.187 \times 12.6 \times 5.2 = 274.33(\text{kJ/h}) = 76.20(\text{W})$$

（三）新陈代谢的影响因素

影响人体新陈代谢率的因素主要包括肌肉活动、精神活动、食物的特殊动力作用和环境温度等。

1. 肌肉活动

骨骼肌的收缩与舒张是主要的耗能过程，对能量代谢的影响非常显著。机体任何轻微的活动都可提高代谢率。人在运动或劳动时耗量显著增加，因为肌肉活动需要补给能量，而能量则来自大量营养物质的氧化，导致机体耗氧量的增加。机体耗氧量的增加与肌肉活动的强度呈正比关系，肌肉活动时耗氧量最多可达安静时的10～20倍。因此可以用单位时间内机体的产热量，即新陈代谢率，作为评价肌肉活动强度的指标。从表3－13可以看出不活动形式时的新陈代谢率。

表3－13　不同活动形式时的新陈代谢率

活动形式	新陈代谢率		
	kcal/(m^2·h)	kJ/(m^2·h)	W/m^2
消化后，睡眠	36	150.7	41.9
消化后，安静躺着	40	167.5	46.5
消化后，安静坐着	50	209.4	58.2
站立	60	251.2	69.8
散步1.5mph	90	376.8	104.7
平地步行3mph	155	649.0	180.3

续表

活动形式	新陈代谢率		
	kcal/(m^2·h)	kJ/(m^2·h)	W/m^2
平地跑行 10mph	500	2093.5	581.5
用全速奔跑(仅能持续几秒钟)	2000	8374	2326.1
轻型工作	60~100	251.2~418.7	69.8~116.3
中等工作	100~180	418.7~753.7	116.3~209.4
重体力劳动	180~280	753.7~1172.4	209.4~325.7
强体力劳动	>380	>1591.1	>442.0

2. 精神活动

脑的重量只占体重的2.5%,但在安静状态下,却有15%左右的循环血量进入脑循环系统,说明脑组织的代谢水平很高。据测定,在安静状态下,100g脑组织的耗氧量为3.5mL/min(氧化的葡萄糖量为4.5mg/min),此值接近安静肌肉组织耗氧量的20倍。脑组织的代谢率虽然如此之高,但据测定,在睡眠中和在活跃的精神活动情况下,脑中葡萄糖的代谢率却几乎没有差异。可见,在精神活动中,中枢神经系统本身的代谢率即使有些增强,其程度也是不明显的。

人在安静地思考问题时,能量代谢受到的影响并不大,产热量的增加一般不超过4%。但在精神处于紧张状态,如烦恼、恐惧或强烈情绪激动时,由于随之出现的无意识的肌肉紧张以及刺激代谢的激素释放增多等原因,产热量可以显著增加。因此,在测定基础代谢率时,受试者必须摒除精神紧张的影响。

3. 食物的特殊动力作用

在安静状态下摄入食物后,人体释放的热量比摄入的食物本身氧化后所产生的热量要多。例如,摄入能产100kJ热量的蛋白质后,人体实际产热量为130kJ,额外多产生了30kJ热量,表明进食蛋白质后,机体产热量超过了蛋白质氧化后产热量的30%。食物能使机体产生“额外”热量的现象称为食物的特殊动力作用。糖类或脂肪的食物特殊动力作用为其产热量的4%~6%,即当进食能够产生100kJ热量的糖类或脂肪后,机体产热量为104~106kJ。而混合食物可使产热量增加10%左右。这种额外增加的热量不能被用来对外做功,只能用于维持体温。因此,为了补充体内额外的热量消耗,机体必须多进食一些食物补充这份多消耗的能量。

食物特殊动力作用的机制目前尚未完全了解。这种现象在进食后1h左右开始,并延续到7~8h。据研究人员推测,食后的“额外”热量可能来源于肝处理蛋白质分解产物时“额外”消耗的能量。因此,有人认为肝在接脱氨基反应中消耗能量可能是“额外”热量产生的原因。

4. 环境温度

人(裸体或只着轻薄服装)安静状态时的能量代谢以在20~30℃的环境中最为稳定。实验证明,当环境温度低于20℃时,代谢率开始有所增加,在10℃以下,代谢率会显著增加。环境温度低时代谢率增加,主要是由于寒冷刺激反射地引起寒战以及肌肉紧张所致。在20~30℃时,代谢率稳定,主要是肌肉松弛的结果。当环境温度为30~45℃时,代谢率又会逐渐增加。这可能是因为体内化学过程的反应速度有所增加的缘故,还有发汗功能旺盛及呼吸、循环功能增强等因素的作用。

三、人体表面积

在服装工效学领域中,在人体产热和散热、服装的隔热值等的计算中,为了避免人体体型所产生影响,热量单位用kJ/(m^2·h)或W/m^2表示,因此,必须了解人体的体表面积。事实上,生理学中的许多参数,如新陈代谢率、肺活量、心输出量、主动脉和气管横截面积等均与人体的体表面积呈一定的比例关系。目前,测量人体表面积的方法主要分为测量法和公式计算法两种。

(一)测量法

使用测量法测量人体表面积,受检者仅穿着薄内衣或紧身衣裤,并以薄塑料袋套头压紧头发,使头发成为与身体表面类似的状态。

1. 纸模法

纸模法测量人体表面积可通过两种方式进行。方法一是将柔软的无纺棉纤维纸用水润湿后,按照人体曲面大小或形态将纸片贴在皮肤表面上,待干燥后取下来,用剪子剪成小纸片,将剪好的纸片在平面上展开并用面积仪测量。方法二是将一定面积的无纺棉纤维纸事先测量面积(备用面积),而后裁成宽度1~10cm不等的长条,浸湿后敷于人体皮肤表面,完成之后,再将剩余的纸铺于平板上,计算其面积(剩余面积),以备用面积减去剩余面积即可得到人体表面积。纸模法需要将湿纸片直接贴在皮肤表面,所以测定所需要的时间长,会使被测者在精神上、身体上感到疲劳。

此外,除用纸之外,也有些研究人员采用胶布进行人体表面积的测量,其原理与纸模法相同。

2. 石膏绷带法

石膏绷带法是一种在立体状态下测量人体表面积的方法,并且还能得到原型平面图。测量前,先在被测者的身体表面画基准线或基准点,然后抹橄榄油或凡士林,再在上面贴石膏绷带。预先用温水粘湿石膏绷带,然后轻轻拧一下,以人体为轴按对角线方向贴下去。贴三层以上，然后用化妆棉吸石膏绷带表面的余水，然后用吹风机吹干。没有贴石膏部分的皮肤可以用毛巾保护。

等石膏凝固成一定程度时，从被测者的身体表面取下，然后在通风好的地方干燥。干燥的石膏内侧贴无纺棉纤维纸，按测定线描画出的内表面形状，然后展开进行测量。

（二）公式计算法

采用纸模法、石膏绷带法测量人体表面积，方法比较烦琐，不易推广使用。一些学者通过测量一定数量的人体表面积，并利用数理统计学的方法，分析人体表面积与人的身高和体重之间的关系，得出利用身高和体重求解人体表面积的公式。

1. Do Bois 公式

Do Bois 公式在欧美许多国家被普遍使用，但该公式不太适合亚洲人的体表面积的计算。Do Bois 公式如下：

$$A_s = 0.007184 \cdot W^{0.425} \cdot H^{0.725} \tag{3-19}$$

式中：A_s——人体表面积，m^2；

W——体重，kg；

H——身高，cm。

2. Stevenson 公式

1937 年 Paul H. Stevenson 在《中国生理学杂志》上撰文，称其应用修正的 Du Bios 公式，并测量 100 名中国人体表面积及身高、体重值，得出多元回归方程式的相关数据，并提出了计算人体表面积的 Stevenson 公式，并沿用至今。Stevenson 公式如下：

$$A_s = 0.0061H + 0.00128W - 0.1529 \tag{3-20}$$

式中：A_s——人体表面积，m^2；

W——体重，kg；

H——身高，cm。

为了使用方便，人体表面积还可以从 Stevenson 体表面积检索图直接读出，即根据受试者的身高和体重在相应两条线上的两点连成一直线，此直线与中间体表面积线的交点即为受试者的体表面积。Stevenson 体表面积检索图如图 3-8 所示。

3. 其他公式

几十年来，极少有人验证过 Stevenson 体表面积公式的适用性，特别是对女

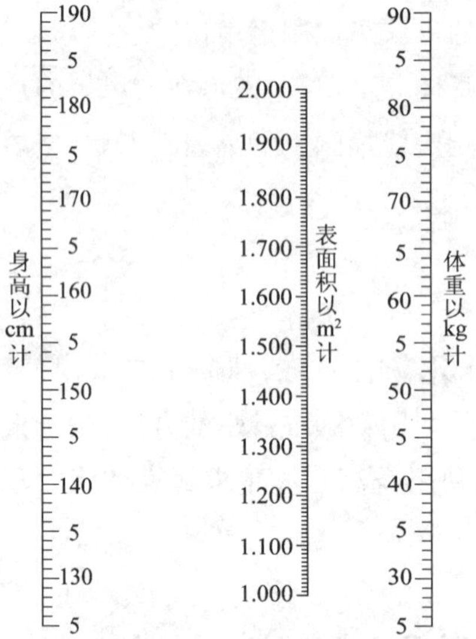

图 3-8 体表面积检索图

性体表面积计算的适用性。尤其是近几十年来中国人营养状况发生了极大改善，体型也发生了不小的变化，有必要对Stevenson 公式进行重新检测。

(1)1984 年我国学者赵松山对 Stevenson 公式进行修改，提出一个相对更适合中国人的体表面积公式，赵氏公式如下：

$$A_s = 0.00659H + 0.00126W - 0.1603 \quad (3-21)$$

式中：A_s——人体表面积，m^2；

W——体重，kg；

H——身高，cm。

(2)胡咏梅、武晓洛等选用 100 名受试者，其中男女各 50 名，采用纸模法进行人体表面积研究，得出了适用于中国人的通用公式及分别适用于中国男性、女性的人体表面积计算公式，其公式如下：

①通用公式： $A_s = 0.0061H + 0.00124W - 0.0099$ (3-22)

②男性公式： $A_s = 0.0057H + 0.00121W - 0.0882$ (3-23)

③女性公式： $A_s = 0.0073H + 0.00127W - 0.2106$ (3-24)

式中：A_s——人体表面积，m^2；

W——体重，kg；

H——身高，cm。

四、体重丧失量

(一)体重丧失量

人在工作期间的体重丧失量，可以有以下三个原因：

①皮肤表面蒸发和流失掉的汗液量；

②通过呼吸道蒸发掉的水分；

③呼出 CO_2 和吸入 O_2 之间的差。

在温暖的条件下，②、③两项可被忽略不计，可利用此期间的体重丧失量去估算因蒸发而丧失的热量以及此期间的热紧张程度。但是只有当汗完全在皮肤表面被蒸发掉时，这种方法才是正确的。在很热的条件下，情况会有所不同。体重丧失量包括两个主要部分：一是蒸发掉的汗液量；二是从皮肤表面流失掉的汗液量。那么，在这种情况下的体重丧失量被认为是热紧张的一个指标。在舒适或较冷的条件下，出汗量下降，体重丧失量才能代表汗液蒸发量。

确定在一段时间内体重丧失量的方法是测量这段时间开始时和结束时体重的差。理想的状态是裸体称重，以避免由于汗液在服装上的积累而引起的误差。同时，应加上这段时间吞下的食物饮料量，并应减去排泄物的量。所使用的人体秤的灵敏度应该准确到 10 ~ 50g。称量吞咽食物饮料和排泄物的秤应该更加灵敏，称量范围是 0 ~ 5kg。

（二）不显汗蒸发和出汗

蒸发散热是指当皮肤表面的水分蒸发时，由液体转变为气体时将带走热量，从而使皮肤表面变冷。蒸发 1g 水可散失 0.58kcal 的热量，因此，蒸发散热是机体散热的重要方式。蒸发主要通过皮肤和呼吸道两条途径进行。由蒸发散失的水量取决于环境条件，尤其是环境的温度和湿度。当空气的湿度达到饱和时，皮肤的蒸发就不再进行了，而呼吸道的蒸发仍可进行。因为空气进行入肺内可被加温至体核温度。当它被呼出时，由于温度升高，同样量的空气可带走更多的水分。在高气温条件下，蒸发散热显得更重要。当气温为 30℃ 时，蒸发散热量约为人体总散热量的 25%；当气温高于 30℃ 时，蒸发散热量随着温度升高呈线性增加，以补偿辐射和对流散热的减少。当气温与皮肤温度相等时，由于人体与环境之间的温差等于零，不能以辐射、传导和对流方式来散失热量，因此，蒸发成了唯一的散热方式。

皮肤的蒸发可分为两种形式，即不显汗蒸发和出汗。不显汗蒸发是指体内水分直接透出皮肤和黏膜（主要是呼吸道黏膜）表面，并在未形成明显的水滴之前就蒸发掉的一种散热方式，所以又称之为不感蒸发。身体所有的体表都以相同的速率持续地进行不显汗蒸发，而且不受环境条件的影响。人体每天以不显汗蒸发散失的体液量约为 1000mL。其中通过皮肤蒸发的约为 600 ~ 800mL，而通过呼吸蒸发的约为 200 ~ 400mL。

1. 不显汗蒸发的测量方法

（1）称重法：是用精确度较高的人体天平或电子秤，测量一定时间内体重的变化。计算方法如下：

①时间短，无需喝水进食时：

$$\text{不显汗蒸发量} = \text{开始裸体体重} - \text{最后裸体体重} \qquad (3-25)$$

②进行较长，中途喝水、进食、排便时：

不显汗蒸发量 =（开始裸体体重 + 食物量 + 饮水量 + 吸 O_2 量）-

（最后裸体体重 + 尿量 + 大便量 + CO_2 排出量）　　(3 - 26)

(2)水平衡法:此方法可以消除氮负平衡的影响,适合长时间实验观察。但是这种方法比较复杂,除了需要称量体重、记录尿量和大便量以外,还要测量尿液比重及血液生化分析,计算方法有两种,公式如下:

不显汗蒸发量 =（饮水量 + 食物水量 + 食物氧化产生的水量 + 食物中含水量）-（尿量 + 大便含水量）　　(3 - 27)

不显汗蒸发量 =（开始体内含水量 + 饮水量 + 食物水量 + 食物氧化产生的水量）-（最后体内含水量 + 尿量 + 大便含水量）　　(3 - 28)

(3)测湿量:在某些特殊环境中,穿着特殊保护服装(高空密闭飞行服和航天服等)时,服装内必须进行人工强迫对流通风,测量通风出口和入口空气的含湿量变化,可以计算出不显汗蒸发量。计算公式为:

$$不显汗蒸发量 = Q_V(W_{ex} - W_{in}) \quad (3-29)$$

式中:Q_V——通风量,kg/h;

W_{ex}——出口通风空气湿度,g/kg 干空气;

W_{in}——进口通风空气湿度,g/kg 干空气。

2. 出汗量

人体出汗的定量分析方法主要有两种,全身总出汗量的测定主要是采用称重法;局部出汗量可以采用过滤纸浸湿法。

在裸体情况下,环境温度和湿度适宜时,汗液可以全部蒸发,出汗量等于蒸发量。在着装条件下,出汗量与蒸发量是不相等的,要依具体情况决定。当出汗不多、环境温度和风速适宜、服装的透湿性能良好时,蒸发率可以接近100%,可认为出汗量等于蒸发量;如果出汗较多,受环境或服装某种因素的影响,蒸发速度慢,服装上有汗水浸湿的情况,则出汗量不等于蒸发量。在这种情况下,不仅要称裸体重量的变化,还需要称服装重量的变化。计算方法如下:

出汗量 = 开始裸体重量 - 最后裸体重量　　(3 - 30)

汗蒸发量 =（开始裸体重量 - 最后裸体重量）-

（最后裸体重量 - 开始裸体重量）　　(3 - 31)

汗蒸发率 = 汗蒸发量/出汗量　　(3 - 32)

五、心率

1. 心率的概念与测量

心率是指单位时间内的心脏跳动的次数。最简单的测量心率方法是在颈动脉或桡动脉记数心跳的次数。测量受试者心率，也可以使用 ECG 电极，通过遥测仪或记录仪直接将 ECG 的信号传给数字记录仪，并且通过计算机可以连续描绘出受试者的心率曲线。此外，目前的一些运动商品，也提供了测量心率的功能，使用十分方便，如跑步机、健身车等，受试者只需将测头夹在手指或耳朵上，就可以测量出自己的心率。

为了满足在室内外运动条件下长时间连续地测量心率的要求，北京服装学院与地平线科贸公司开发了生理参数测试仪（图 3－4）。受试者随身携带一个微型数据采集装置，该装置在单片机的控制之下，首先将受试者的心电信息实时地变换成数字信号，再按规定的数据格式贮存在半导体存储器中，实验完成后，将全部数据传送到计算机进行处理。

2. 心率与热紧张

在某一时间间隔里的心率可认为是几个分量的总和：

$$Hrt = Hrt_0 + Hrt_m + Hrt_s + Hrt_t + Hrt_n + Hrt_b \tag{3-33}$$

式中：Hrt——受试者的心率；

Hrt_0——受试者坐式安静休息时的平均心率，此时的受试者的代谢率为 $58.2\mathrm{W/m^2}$；

Hrt_m——受试者由于工作引起的心率增高量；

Hrt_s——受试者由于静态功所引起的心率增高量；

Hrt_t——受试者由于热紧张所产生的心率增高量；

Hrt_n——受试者由于情绪波动所产生的心率增高量（当受试者处于安静状态时经常看到此分量，做功时趋向消失）；

Hrt_b——与受试者呼吸节律、生理节奏的节律等有关的剩余分量。当计算 30s 或更长时间里的心率时，在很大程度上，呼吸分量消失，同时生理节奏分量在此也可不计。

当工作一停止，心率开始迅速下降。几分钟后，由于工作所引起的分量 Hrt_m 和 Hrt_s 实际上就消失了，只剩下因受热作用而引起的分量 Hrt_t。于是，心率减速的趋向经一定的恢复时间后停顿了，工作期间的末尾的热分量可估算如下：

$$Hrt_t = Hrt - Hrt_0 \tag{3-34}$$

式中：Hrt_t——受试者由于热紧张所产生的心率增高量；

Hrt——受试者心率在恢复期减速趋向停顿时的心率；

Hrt_0——受试者在热的实验环境中安静休息时的心率。

恢复时间平均约为4min。如果在行前的工作期间代谢率很高的话，则恢复时间可以更长。因此，在恢复的最初几分钟，必须第30s测量一次心率或通过仪器直接观察受试者心率减速趋向的停顿点。

热紧张心率的增大，即 Hrt_t，与体核温度的升高有直接的关系。将体核温度升高1℃时，心率增大的数称为心脏的热反映性，并表示为bpm/℃。热反应性的个体间变化是很重要的。即使对于同样的受试者来说，由于活动类型的不同，使用不同的肌群，又由于热刺激的差异，这种热刺激无论是由于内因（主要是代谢）或是外因（环境条件）所引起的热反应性都在变化。

体核温度每升高1℃，由于热紧张所引起的心率增大量平均是33bmp。依照上述这个极限值，确定由热紧张引起的分量 Hrt_t 的极限大约是30次/℃是可能的。Hrt_t 与体核温度之间的关系因个体不同而有很大的差异。因此，在热紧张可能很高的情况下，同时跟踪测量受试者的体核温度是十分必要的。

复习与作业

1. 简述人体测量学的主要研究内容。
2. 简述服装工效学人体测量的主要生理学指标。
3. 简述体核温度的测量方法。
4. 简述平均皮肤温度的测量方法。
5. 简述人体新陈代谢的测量方法。
6. 简述影响人体新陈代谢的主要因素。
7. 简述人体表面积的测量方法。
8. 名词解释：呼吸商、非蛋白质呼吸商、体核温度、平均皮肤温度。

专业知识与实验方法——

与服装工效学有关的服装材料学概论

课题名称： 与服装工效学有关的服装材料学概论

课题内容： 1.织物的透气性

2.织物的透湿性

3.织物的保温性

课题时间： 4课时

教学提示： 讲述与服装工效学有关的服装材料学领域的基础知识，主要介绍服装材料的保温性、透气性、透湿性等的定义、测量方法及主要影响因素，并对织物在润湿状态下的透气性、保温性的研究进行比较详细介绍。

指导同学复习第三章及对作业进行交流和讲评，并布置本章作业。

教学要求： 1.使学生了解织物透气性的影响因素及测量方法。

2.使学生了解织物透湿性的影响因素及测量方法。

3.使学生了解织物保温性的影响因素及测量方法。

4.使学生了解润湿状态下织物透气性与保温性的变化。

课前准备： 了解服装材料学相关知识。

第四章　与服装工效学有关的服装材料学概论

服装具有防护、装饰、遮羞等多种功能，而其最基本的功能则是保持人体与周围环境之间的能量交换的平衡。当人所处的环境条件发生变化时，通过增减服装来调节人体产热与散热的平衡，保持人体体温的恒定。在这方面，服装起着防寒、防暑的作用。绝大多数服装都是由织物构成的，它在“人体—服装—环境系统”中起着重要的调节作用。服装在这方面的性能很大程度上取决于构成服装的面料性能。人体与环境之间能量交换的平衡主要体现在热和湿两个方面。为了研究织物这两方面的特性，就需要测量织物的透通性。所谓织物的透通性就是指热、湿（液相、气相）、空气等通过织物的性能。人体是一个有机体，不断进行着新陈代谢，来维持皮肤表面温度恒定。此时，人体皮肤表面不断向环境散发热量和水汽。其中，水汽包括两种情况，一种情况是在人体静止条件下的不感蒸发；另一种情况情况是人体在运动条件下，显性出汗后汗水的蒸发。对服装的用途和功能要求不同，对织物的透通性要求也会有所不同。服装需要根据穿着的季节、人体体质以及个人爱好等选用适合的织物。例如，内衣应选用吸湿透湿性好，且具有适当保温性的织物；而外衣则应选用透气性稍差，具有适当透湿性的织物；雨衣材料则要求具有很好的防水性能。因此，为了确保服装在穿着时的舒适性能，服装材料应该具有适当的通透性。为了能够正确评价与判断材料的这方面的性能，就需要测定织物的透气性、透湿性、保温性等。本章将分别从基本概念、测量方法、影响因素等方面，对上述指标加以讨论。

第一节　织物的透气性

一、透气性的概念

织物的透气性（air permeability）是指气体分子通过织物的性能，是织物透通性能中最基本的性能。织物的透气性能直接影响织物服装的舒适性。夏季服装所用的织物应该具有较好的透气性；而冬天穿着的外衣所用织物透气性应该稍差，以保证服装具有良好的防风性能，防止热量的大量散发。对于国防及工业上某些用途的织物来说,织物的透气性具有十分重要的意义。织物透气性决定于织物中经、纬纱线间以及纤维间空隙的数量与大小,即与织物的经纬纱线密度、经纬纱线号数、纱线捻度等因素有关,此外还与纤维性质、纱线结构、织物厚度和体积、重量等因素有关。服装材料根据其透气性能,可分为以下三类。

(1)易透气材料:大多数服装面料都属于此类,如针织物以及绝大多数机织物等。

(2)难透气材料:通常是紧度较高的织物,如帆布、皮革制品也属于此类。

(3)不透气材料:涂层织物、塑料制品、橡胶制品。

二、织物透气性的测量方法

人们很早就开始重视测定织物透气性的方法,并通过适当的方法进行测试。但随着人们对服装性能要求的提高以及现代测试手段的出现,无论在测试方法上和对结果评定上更趋于完善,不同性质的材料透气性的测量方法也有所差异。目前透气性的测量原理有以下三种。

(1)在织物两侧保持一定的压力差条件下,测量单位时间、单位面积通过织物的空气量。

(2)在织物两侧保持一定的压力差条件下,测量单位体积的空气通过单位面积的织物所需要的时间。

(3)测量一定速度的空气通过单位面积的织物时,织物两侧所产生的压力差。

在纺织领域,织物透气性的测量是采用原理(1),常用的仪器是织物中压透气仪。织物透气性的测量原理如图4-1所示,织物中压透气仪如图4-2所示。设织物两侧空气压力分别为P_1和P_2,且$P_1>P_2$,则空气从高压向低压处流动,即自左向右透过织物流动。通过织物空气流量大小,与织物两侧压力差(P_1-P_2)和织物的透气性有关。若使织物两侧压力差保持恒定,则通过织物的空气流量就仅由织物本身的透气性决定。织物透气性越好,单位时间通过的空气量就越多;织物透气性越差,所通过的空气量就越少。因此,在保持织物两侧压力差为一定的条件下,测定单位时间通过织物的空气流量,便可以得到织物的透气性。

织物两侧压力差(P_1-P_2)可以使用一个斜管压力计进行测量。通过织物的空气流量用一个锐孔流量计来测量,其原理如图4-1所示,为此透过织物的空气,还要流过一只特制的锐孔R,空气通过锐孔时要收缩,然后再扩散,流过锐孔后的空气压力为P_3。当锐孔直径为一定时,压力差(P_2-P_3)的大小与流过锐孔的空气流量大小有关。单位时间流过锐孔的空气流量越大,压力差也越大,因

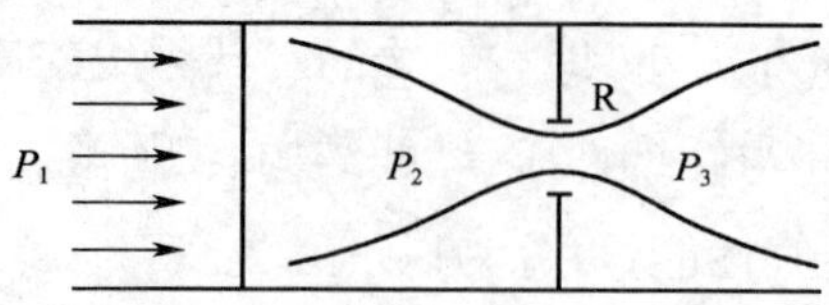

图4－1 织物透气性测量原理图

此，不同的差值(P_2-P_3)实际上就对应不同的流量，测得压力差(P_2-P_3)的大小，就可推算出单位时间通过锐孔的空气流量，也就是通过织物的空气流量。

孔径大小不同的锐孔，压力差(P_2-P_3)相同，所对应的空气流量也不同，锐孔孔径越大，同样压力差(P_2-P_3)下所对应的空气流量越大。为了适应测定不同透气性大小的织物的要求，仪器备有一套孔径大小不同的锐孔，供选择使用。

三、织物透气性的影响因素

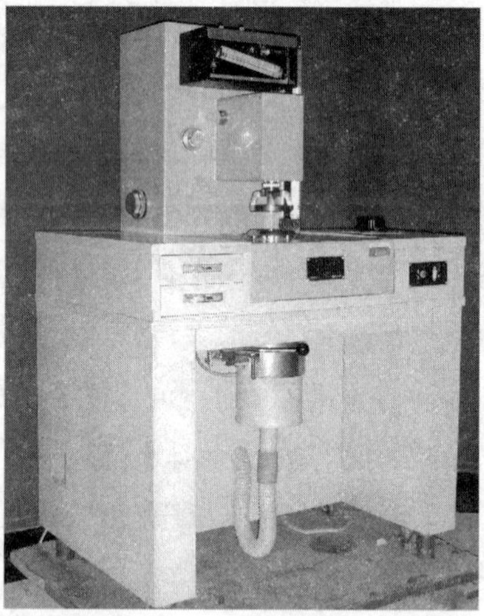

图4－2 织物中压透气仪

织物的透气性与服装材料与织物内的直通气孔及气孔的形态有直接关系，而与织物本身的含气量没有简单的比例关系。影响织物直通气孔的因素均会影响织物的透气性能，如纤维、纱线、织物组织、后整理等。

1. 纤维因素

纤维的表面形状和截面形态，一方面会影响纤维的表面积的大小；另一方面也会使织物中纤维和纤维之间的空隙发生变化，从而影响织物的透气性。大多数异型纤维织物比圆形截面纤维织物的透气性要好。纤维越短，刚性越大，产生毛羽的概率越大，形成的阻挡和通道变化越多，故透气性越差。纤维的回潮率对透气性也有明显影响。例如，毛织物随回潮率的增加，透气性显著下降，这主要是由于纤维径向膨胀的结果。

2. 纱线因素

纱线的结构越致密，纱线内的通透性越差，而纱线间的通透性越好。纱线越光洁，对通透性越有利。在相同的织物紧度条件下，构成织物的纱线纱支越细，透气性越差。在一定范围内，纱线的捻度增加，纱线直径和织物紧度减小，则织物的透气性增强。

3. 织物组织结构因素

从织物的基本组织来看，纱线在相同排列密度和紧度的条件下，透气性由弱至强的排序为：平纹组织＜斜纹组织＜缎纹组织＜多孔组织。体积分数越大的织物,透气性越差。当经纬纱线密度不变而排列密度增加时,织物的透气性变差。若织物的紧度保持不变,织物的透气性随着经纬纱线排列密度增加或纱线密度增大而降低。

另外,织物结构不同,其孔隙也不同。当织物孔隙分布变异较大时,织物的透气性更多地取决于大孔径孔数的多少,而不取决于小孔径孔数的多少。只有当织物孔隙分布均匀时,其透气性才取决于平均孔径,也就是取决于纱线间的孔隙大小。

4. 后整理因素

织物经过后整理,一般透气性会有所降低,结构越疏松的织物,后整理对透气性的影响越大。一些特种功能服装材料,经过涂层整理后,透气性几乎为零。

5. 其他影响因素

当温度一定时,织物透气性随空气相对湿度的增加而呈现降低的趋势。这是由于织物吸收水分后,纤维膨胀、收缩,使织物内部的孔隙减少,再加上附着水分将织物中空隙阻塞,导致织物透气性下降。因此,吸湿性强的,尤其是吸湿膨胀大的纤维制品,相对湿度越高,对织物的透气性影响越大。例如,在空气相对湿度为50% ~80%时,羊毛织物透气量约降低2% ~3%;棉织物水分子容易进入膨胀纤维中,此时透气量降低可达4% ~5%;不吸湿或吸湿性很差的纯合成纤维织物,在相对湿度为50% ~70%时,透气量降幅小于0. 66%;相对湿度在70%以上,纯合成纤维虽然不吸湿,但水分开始凝聚形成纤维间的毛细水,阻塞了织物空隙,致使透气量下降速度增快。这种情况同样发生在吸湿性强的纤维制品中。

在相对湿度一定时,织物透气量随环境温度升高而下降。因为当温度升高,一方面,使气体分子的热运动加剧,导致分子扩散、透通能力增强;另一方面,虽织物有热膨胀,但因水分不易吸收,只黏附于纤维表面,故不能产生湿膨胀及阻塞,所以织物的透通性得到改善。

四、织物在润湿状态下的透气性能研究

目前,织物透气性的测量方法通常要求将待测织物在标准环境下放置24h,然后再进行透气性的测量。实际服装的穿着过程中,尤其是环境温度较高或体力劳动状态下,服装往往会被人体的汗水润湿,此时,不仅服装内微气候温、湿度会发生变化,织物的透气性、热阻、湿阻也会发生明显的变化。在这些基础指标的变化情况尚未研究清楚以前,综合性评价的研究将会受到很大的限制。本小节主要介绍织物润湿量对织物透气性能的影响。

（一）实验方法

透气性测试依据 GB/T 5453—1997《纺织品　织物透气性的测定》进行。实验中取一定尺寸的试样，置于去离子水中浸泡 1h，充分润湿后，平铺自然蒸发至所需润湿量，然后迅速进行实验。尽可能地减少测试过程中由于水分蒸发所造成的误差。由于织物质地比较柔软，测试时为了防止织物吸水后由于重量增加而呈现下凹状，在中压透气量仪的测试孔上用涤纶长丝相互垂直交叉成“井”字绷紧。织物干态实验在室温条件下 24h 预平衡后进行测试，环境条件：温度 22℃，相对湿度 60%。本研究中，润湿量定义如下：

$$\text{润湿量} = \frac{G_1 - G_0}{G_0} \times 100\% \tag{4-1}$$

式中：G_0——24h 预平衡后织物的重量，g；

G_1——润湿后织物的重量，g。

（二）实验材料

为了使研究更具有普遍性，从市场上选取了 5 种机织物和 4 种针织物，同一类型的织物的组织结构相同，各种织物的规格见表 4－1。

表 4－1　试样规格

编号	织物	组织结构	厚度（mm）	克重（g/m^2）	体积重量（g/cm^3）
1	纯棉	$\frac{2}{2}$斜纹机织物	0.4138	128	0.3093
2	羊毛	$\frac{2}{2}$斜纹机织物	0.5132	208	0.4053
3	涤纶	$\frac{2}{2}$斜纹机织物	0.5810	253	0.4354
4	涤/毛	$\frac{2}{2}$斜纹机织物	0.4094	176	0.4298
5	涤/黏	$\frac{2}{2}$斜纹机织物	0.3744	137	0.3659
6	纯棉	双罗纹针织物	1.1846	246	0.2077
7	棉/超细丙纶	双罗纹交并纱针织物	1.1562	263	0.2275
8	涤/超细丙纶	双罗纹交并纱针织物	0.7454	189	0.2535
9	涤/棉	双罗纹交并纱针织物	0.9734	218	0.2239

(三)实验结果与讨论

1. 润湿量对机织物透气性能的影响

机织物透气量随润湿量的变化曲线如图4－3所示。

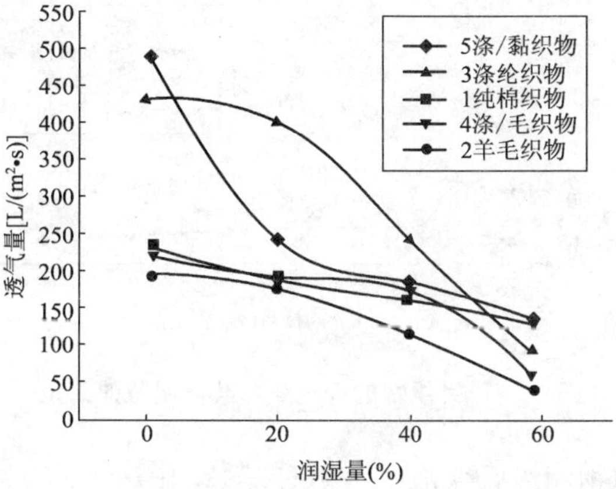

图4－3　机织物的透气量与其润湿量的关系

由图4－3可以看出,随着润湿量的增加,织物的透气量明显下降。机织物通过经纱和纬纱互相垂直交织而成,机织物吸收水分后,纤维的长度和横截面积都发生了膨胀,而这种膨胀表现了明显的各向异性,纤维吸湿后在长度方向的膨胀很小,而在直径方向膨胀很大。导致了织物中纱线的弯曲程度增大,同时相互挤紧,纱线与纱线之间的空隙减小,织物收缩;再加上附着水分,使织物中空隙进一步被阻塞,导致织物透气量明显下降。

织物的透气量变化曲线会因不同原料和结构等因素而不同。一些资料指出,纤维在充分润湿以后横截面积的增长率:棉为45%～50%,羊毛为30%～70%,黏胶纤维为50%～100%;而在长度方面,棉和羊毛的增长率一般只有0.1%～1.7%,黏胶纤维为3.7%～4.8%。例如,织物5黏胶纤维和涤纶混纺织物,润湿量较小的情况下,透气量变化很大,说明黏胶纤维的膨胀对透气性能有明显影响。而涤纶吸湿性能很差,纤维中没有亲水基团,分子堆砌紧密,如涤纶织物,润湿量较小的情况下,透气量变化不大,随后透气量下降明显,说明水分大量占据了透气孔道。综上所述,一般市场成品机织物由于密度较大,所以曲线总是单调下降。

2. 润湿量对针织物透气性能的影响

针织物透气量随润湿量的变化曲线如图4－4所示。

由图4－4可以看出,针织物的透气量随着润湿量的增加先增大而后减少。在透气过程中,气体通过织物有孔隙和纱线中纤维间缝隙两条途径,一般以孔隙

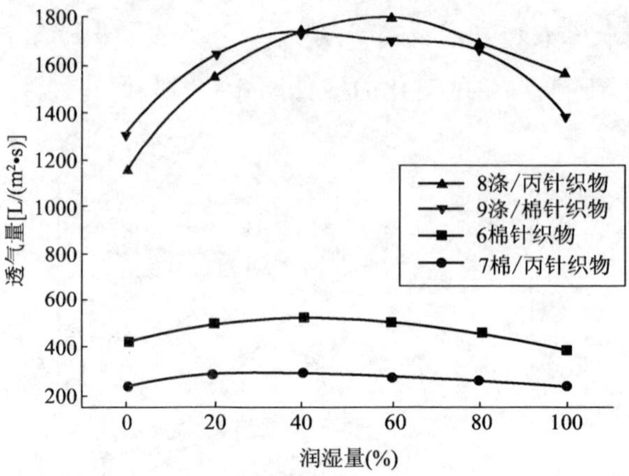

图4-4 针织物的透气量与其润湿量的关系

为主要途径。针织物润湿后纤维发生膨胀，但是由于针织物是通过形成线圈编织而成，结构比较松散，纱线的活动空间比较大，不至于使纱线间的孔隙有明显较小；相反，针织物润湿后表面毛羽倒伏，织物厚度减小，使织物中透气管道的长度减小，且透气孔径增大。根据哈根—伯肃叶方程可知，透气量增大，即润湿织物的透气量增大。随着润湿量的进一步增大，水主要以自由水的形式存在，占据了针织物的孔隙，且易于在纤维间形成连续的水膜，透气量随之减小。

此外织物属于多孔介质的一种，其孔隙率一般为70%～80%，织物中孔隙形态各异，尺寸不同，种类繁多。纱线内纤维间的缝隙孔洞横向尺寸大部分为1～60μm，纱线间的缝隙孔洞横向尺寸一般为20～1000μm。由于目前对于微细管道内流体阻力的研究还处于初始阶段，相关理论还不完善。许多学者对微细管道内气体流动阻力进行了研究：粗糙度对流动阻力的影响显著，微细管道中的粗糙度分布密集，即使较小的相对粗糙度也会产生较大的流动阻力。可能由于水的存在使得透气孔洞内壁的粗糙度降低，从而反映在透气量的增大，这方面的假设还有待相关学者进一步的研究。

3. 机织物与针织物透气性能比较

为了进一步研究机织物和针织物润湿后透气量的不同变化趋势，采用SL7900全自动机织打样机在同一经密条件下设定多个纬密段，织造出经密相同、纬密不同的多块试样。打样机织物规格及性能特征见表4-2。

由于市售的机织物的结构一般比较紧密，且难以控制孔隙大小。通过打样机织造的织物，其孔隙大小有一个梯度。织物的透气量和织物的结构疏松程度有密切的关系，织物结构越稀疏，透气量越大。同时，水分对透气量的影响程度会有所减小。透气量与其润湿量的关系如图4-5所示。从织物A曲线看出，润

表 4-2　打样机织物规格及性能特征

编号	材质	经密×纬密(根/10cm)	厚度(mm)	克重(g/m^2)	体积重量(g/cm^3)
A	涤纶短纤维	203×216	0.5520	137	0.2482
B	涤纶短纤维	203×170	0.5384	119	0.2210
C	涤纶短纤维	203×148	0.5194	111	0.2137
D	涤纶短纤维	203×131	0.5248	103	0.1963

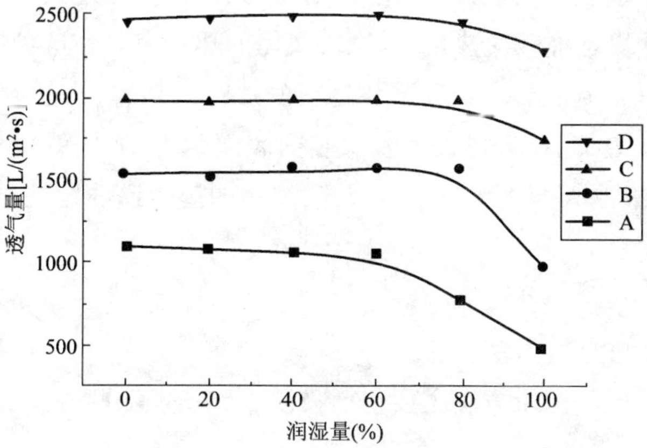

图 4-5　打样机织物的透气量与其润湿量的关系

湿量增加，织物透气量减少；而织物 B、C 和 D 的透气量会稍微上升，变化趋势类似于针织物，这主要还是和纱线间的孔隙大小有关。从 A 到 B、C、D，在这个过程中纱线间孔隙逐渐增大，也导致了变化趋势的转变，因此这其中存在一个临界孔径，但对于这个临界孔径还有待进一步的研究。此外机织物的这种变化幅度远不及针织物，主要源于机织物和针织物的结构不同，针织物的线圈构造使其纱线之间的活动较为容易，且织物的质地柔软。

(四)总结

在润湿状态下，一些常规的机织物和针织物的透气性出现不同的变化规律，主要取决于两者不同的组织结构和表面状况。针织物在润湿量较小时，纱线表面毛羽倒伏导致织物孔隙增大，加之可能由于水的存在使得透气孔洞内壁的粗糙度降低，从而致使透气量的增大；润湿量较大时，织物内的孔隙被水占据，透气量逐渐下降。而常规的机织物结构比较紧密，且表面毛羽较少，透气量随润湿量的增加单调减小，主要由于润湿后纤维膨胀和水分堵塞透气孔隙造成。研究同时发现机织物在一定的孔隙条件下，也会出现透气量随着润湿量的增加先增大后减小的现象，这主要取决于织物内孔隙大小。绝大多数的机织物，透气量随润湿量的升高而下降。

第二节　织物的透湿性

一、透湿性的概念

织物的透湿性（moisture permeability）是指湿汽透过织物的性能。当人处于高温环境下或从事强度比较大的体力活动时，人体需要通过大量出汗，以蒸发方式帮助人体向外界环境散失热量，以维持人体的热平衡。在这种情况下，服装材料的透湿性显得尤为重要。如果服装材料的透湿性较差，人体产生的大量汗液不能及时蒸发散失掉，在人体表面及服装内表面积聚，人体就会感到热、闷、黏，很不舒适，从而影响人的工作效率。因此，织物的湿传递性能是服装热湿舒适性研究中的重要内容。

二、织物透湿性的测量方法

织物的透湿性的测量方法主要包括吸湿法和蒸发法两种方法。

1. 吸湿法

吸湿法又称干燥剂法，是将织物试样覆盖在装有吸湿剂（如无水碳酸钙、氯化钙等）的容器口上，覆盖的接缝处必须用石蜡密封，放在一定温度和湿度的实验室内或恒温恒湿箱内约0.5～1h后，测定吸湿剂的增重量以及试样的面积，即可计算出织物透湿量，见下式：

$$U=\frac{24G}{t\cdot A} \tag{4-2}$$

式中：U——织物的透湿量，$g/(m^2\cdot 24h)$；

G——吸湿剂的增重量，g；

t——试样的测量时间，h；

A——水的有效蒸发面积，m^2。

2. 蒸发法

将试样覆盖在盛有蒸馏水的容器上端，在一定温度、湿度（如温度为38℃，相对湿度为2%）的环境内或在恒温恒湿箱中放置一定时间。根据容器内蒸馏水减少的质量和试样的有效透湿面积，计算出织物的透湿量或透湿率。织物透湿率的计算方法见下式：

$$B=\frac{G}{G_0}\times 100\% \tag{4-3}$$

式中：B——织物的透湿率；

G——覆盖试样的容器单位时间水的蒸发量，g；

G_0——未覆盖试样的容器单位时间水的蒸发量，g。

根据水汽扩散定律，透湿量直接受材料两边湿度差的影响。应用蒸发法测定织物透湿性时，随着水的表面到试样间距离的减小，测量的水蒸发量将会增大，同时，蒸发法中水不断透过织物向外扩散，使液面下降，这都会使被测织物两面的水蒸气压差发生变化，因此应设法保持面料与液面的距离不变，并小于1cm。

蒸发法是从液态水表面所产生的气态水透过织物进入气态水压力较低的外界大气层。在单位时间内透过单位面积织物的气态水量被看做气态水的传递量。吸湿法即周围大气中的气态水透过织物被干燥剂吸收，在密封的杯子里，织物和干燥剂相接触。

这两种方法有各自的优点和缺点。蒸发法的优点是方法简单，并能在静态条件下定量比较织物的透湿性；缺点是杯中水位的高低影响杯中气态水饱和程度，只有当水位非常接近织物时，可以认为杯中的气态水达到饱和状态，否则杯中的空气层也会引起对湿传递的阻抗，这种静止空气的阻抗导致了透湿量的显著下降。吸湿法的优点是测试时间比较短，一般在2h内可得到实验结果。以上两种方法只要采取一些适当措施可以提高实验精度，如尽量增加水位高度、每2h后更换干燥剂，只要运用得当，一般实验效果是比较理想的。

三、费克方程

利用透湿量或透湿率来表示织物的透湿性能有一定的局限性，特别是在不同的测试条件下所测得织物的透湿量无法进行正确的比较。利用费克（Fick）方程可以将织物的透湿阻力以等效空气层厚度来表示。这样，多层织物的测量结果是可以通过相加的方式求得。费克方程见下式：

$$R = \frac{D \cdot (\Delta C) \cdot A \cdot t}{Q} \qquad (4-4)$$

式中：R——织物的透湿阻力，cm；

D——传递系数，对于温度介于0～50℃时，$D = 0.22 + 0.00147 \cdot t_a$，其中$t_a$为实验环境的温度，℃；

ΔC——织物两侧的水汽密度差，g/cm^3；

A——实验杯口的面积，cm^2；

t——时间，s；

Q——水汽传递量，g。

织物两侧的水汽密度差 ΔC 可由织物两侧的相对湿度、温度、水汽压求出：

$$\Delta C = \frac{2.89 \times 10^{-4} \times \Delta P}{t_I} = \frac{2.89 \times 10^{-4} \times P_s \cdot \Delta RH\%}{t_I}$$

式中：ΔP——织物两侧的实际水汽压差，mmHg；

t_I——织物两侧的温度，K；

P_s——环境温度下饱和水汽压，mmHg；

$\Delta RH\%$——织物两侧的相对湿度差。

四、织物透湿性的影响因素

1. 织物的透气性

一般来说，水汽通过织物主要有三种传递途径。一是水汽通过织物中微孔的扩散；二是纤维自身吸湿，并从织物水汽压较低的一侧散失；三是在水汽压已饱和时，在纤维表面会凝结成露，并可以通过毛细管作用沿纤维表面进行扩散，并在水汽压低的一侧蒸发散失。由此可知，影响织物透气性的因素都会影响织物的透湿性能，有关透气性的影响因素请参见本章第一节。

2. 纤维的吸湿性

由于服装材料具有吸湿性能，所以织物可以在高湿的一侧吸湿，传递到低湿的一侧放湿，从而起到透湿作用。服装材料的吸湿性是由纤维的性质决定，吸湿性好且放湿快的织物透湿性能好，如亚麻。羊毛织物虽然具有很好的吸湿性，可以吸收大量水汽，但由于羊毛织物放湿过程缓慢，所以透湿性能不如亚麻和棉纤维制品。Hollies 对经亲水性处理的涤纶和普通涤纶织物的对比实验发现，在高湿条件下，特别是在织物中出现液态水时，经过亲水处理的涤纶织物的透湿性明显优于普通涤纶织物；但在低湿条件下，两者差异不明显。

第三节　织物的保温性

一、保温性的概念

人体穿着服装的目的之一就是保持人体体温的恒定，尤其是在比较寒冷的环境下，服装材料应具备一定的保温性。保温性在严格意义上讲，是指服装材料导热性的大小，导热性差的材料保温性好。

导热性是指材料本身传递热的性质，导热性的大小可用导热系数表示。导热系数是指 1m 厚的物体两侧温差 1℃ 情况下，单位时间单位面积通过的热流量。

常用纺织纤维的导热系数见表4－3。由表中数据可知,在所列出的材料中,空气的传热系数最小,纤维本身的传热系数也很小。纤维制品传热系数的大小主要由其自身的含气量来控制。因为服装材料的内部含有很多空气,所以服装材料的传热系数不是由纤维的品种决定,而是由纺纱方法和纺织加工方法决定。

羊毛织物的导热系数比其他材料小,这是因为羊毛纤维具有很多的天然卷曲,所以用羊毛加工成的织物含气量较大。另外,经卷曲加工的化纤短纤维具有后天赋予的卷曲性能,其织物比未经卷曲加工的化纤短纤维织物手感柔软、传热系数小,所以保温性良好。

表4－3　纺织纤维及空气和水的导热系数(室温20℃环境)

材　料	导热系数[W/(m·℃)]	材　料	导热系数[W/(m·℃)]
棉	0.071～0.073	涤纶	0.084
羊毛	0.052～0.055	腈纶	0.051
蚕丝	0.050～0.055	丙纶	0.221～0.302
黏胶纤维	0.055～0.071	氯纶	0.042
醋酯纤维	0.05	空气	0.027
锦纶	0.244～0.337	水	0.697

织物的保温性随着穿着次数、洗涤次数的增加而下降。尤其是棉绒布、法兰绒及其他起毛面料,使用初期含气量都很大,保温效果好,而在使用过程中绒毛逐渐磨掉,气孔缩小,保温能力下降。可以通过重新磨毛、剪毛,恢复织物原来的性能。对于毛织物来说,用蒸汽蒸或在阳光下晒,表面状态就能恢复原样或蓬松起来,给人一种暖和的感觉,因为经过这种处理后含气量增加了,随之提高了保温性能。内衣类织物一旦被汗或污物弄脏,织物的导热性就增加,人就会感到冰凉。这是因为污物堵住气孔,降低了含气量,由此可见,内衣的洗涤对保温性很重要。

二、织物保温性的测量方法

1. 恒温法

恒温法可以对织物的保温性能进行定量分析。恒温法通常是在平板式保温仪上进行的,织物平板式保温仪由实验板、铜板、保护板、加热装置、温度传感器、恒温控制器等构成。实验板由与人体皮肤黑度接近的薄皮革制成,实验散热面为25cm×25cm。测量时用织物将试验板盖住,保持铜板的温度恒定在某一特定温度，如33℃或36℃，记录并计算单位时间通过实验板的热量，即可得到织物的保温性能。保持铜板温度恒定所需的加热功率越大，说明织物的保温性越差。利用在平板式保温仪可以测得织物的保温率、导热系数、热阻等指标。其中，保温率计算公式如下：

$$保温率 = \frac{W_1 - W_2}{W_1} \times 100\% \tag{4-5}$$

式中：W_1——空白实验通过实验板所散失的热量，W；

W_2——覆盖织物后，通过实验板所散失的热量，W。

现在的自动平板式保温仪已无需计算，在测试完成后，仪器会自动计算并显示实验结果，如导热系数、保温率、热阻。如图4-6所示为一种智能型平板式保温仪，该仪器与计算机相连，可以通过计算机控制整个测试过程，测试速度快、精度高，且操作方便。

除平板式保温仪之外，还有圆筒式保温仪。该仪器的圆筒由紫铜板制作，内部安装电阻丝，维持圆筒的温度恒定。圆筒的尺寸可以根据需要而设计，用来模拟人体的上肢、下肢甚至全身。测量时，待测织物不松不紧地“穿”在圆筒上，然后开启仪器，记录保持圆筒表面温度恒定所消耗的功率。

恒温法实验还可以得到另一个织物保温性的重要指标，即热阻，关于热阻的定义及计算方法等，本书将在第五章内容中详细介绍。

2. 冷却法

冷却法用试样布包裹一定温度的热源体，并将其放置在低温环境中冷却，并测定热源体从某一温度冷却到另一温度所需的时间；或者测定在一定时间内，热源体冷却前后的温度差，然后和热源体裸露时的情况作比较。冷却法可以比较服装材料的隔热性能，但不能精确测定隔热值，只能做定性分析。冷却法比较常用的是卡他温度计冷却法。该方法在测量时，取两块50mm×50mm的试样，用线缝合成袋状。将卡他温度计酒精球部用45℃的温水浸泡，使酒精上升至顶端中空处，从温水中取出酒精球，擦去酒精球上的水，将缝好的织物袋套在卡他温度计的酒精球体上，记录卡他温度计从38℃下降至35℃所需的时间。然后以同样的方法测定酒精球未“穿着”织物情况下的冷却时间，可以按下式计

图4-6 平板式保温仪

算材料的隔热指数。

$$隔热指数 = \left(1 - \frac{a}{b}\right) \times 100\% \qquad (4-6)$$

式中：a——“未穿着”试样情况下的冷却时间，s；

b——“穿着”试样情况下的冷却时间，s。

隔热指数值在0～1之间，1代表绝热，0代表热超导。

三、织物保温性的影响因素

1. 纤维的导热系数

织物是由纤维构成的，因此，纤维的导热系数会直接影响织物的保温性。表4－3列出了大多数纺织纤维导热系数，理论上，由导热系数小的纤维构成织物的保温性也会好。织物是纤维和空气的混合体，其中都含有的一定的静止空气甚至死腔空气，它对织物保温性的贡献要远远大于纤维材料本身，因此，在织物规格相同的情况下，不同的纤维会对织物的保温性产生一定的影响，但影响并不大。

2. 织物的含气量及所含空气的状态

织物的纤维与纤维之间充满了空气，由于空气的导热系数远小于纤维材料的导热系数，所以织物的保温性的绝大部分是由织物中所含的静止空气贡献的。要想提高服装材料的保温性能，最重要的就是要提高织物中的空气含量。织物的含气量越大，尤其是包含大量静止空气、死腔空气，则织物的保温性就会越好，如羽绒制品、羊毛制品。织物的含气量受纱线细度、纱线捻度、织物组织、织物紧度等参数的影响。普通织物含气量大约为60%～80%，含气量高的可达90%以上，如蓬松的保温絮片。

3. 织物的厚度

织物的厚度主要由纱线细度、织物组织、织物密度等决定。一般来说，织物厚，则保温性能好。大多数的面料的热阻满足1.6clo/cm的规律。其中，clo是服装及面料保温性能的单位。关于clo的定义本书将在下一章“服装的干热传递与热阻”中详细介绍。

4. 织物的表面状况

在织物表面有一薄层静止空气，即边界层空气。织物的表面状况影响着边界层空气的厚度。一般来说，表面粗糙、毛羽丰富或起毛织物，其边界层空气的厚度要比表面光洁的织物厚，织物整体的保温性能也会好。

5. 织物的含水及污染

由于水的传热性能非常好，所以织物含水量高时，保温性就会下降。另外，织物污染后，会使织物的含气量降低，保温性也会下降。

四、织物在润湿状态下的保温性研究

目前，织物保温性的测量方法通常要求将待测织物在标准环境下放置24h，然后再进行保温性的测量。实际服装的穿着过程中，尤其是环境温度较高或体力劳动状态下，服装往往会被人体的汗水润湿，此时，织物的保温性将会发生明显的变化。

由于织物纤维本身的结构、化学组成不同，它们与水分子作用力各异，加上织物结构不同，所以水在织物中的三种存在方式——结合水、中间水和自由水所占的比率也不同。结合水是纤维分子键合的水分子，它们靠氢键或分子间力紧密结合在纤维分子上，这部分水在与大分子结合时放热从而进入一个稳定的状态，它们在冰点不结晶，也不会在沸点蒸发汽化；中间水是由于结合水分子之间存在氢键作用而被吸附在结合水之外的水，它们的沸点和冰点也分别要高于100℃和低于0℃，当织物与热体接触时，它们会从皮肤吸热而脱离织物，并按照中间水—结合水、水—皮肤的相互作用力不同而重新分配；中间水之外的水称自由水，由于浸泡、淋湿等原因，它们会暂时地被吸附于织物上，分布在中间水之外，但由于它们与织物间的作用力非常微弱，故称之自由水，它们在热力学上与普通水有相同的相变点。由于这三种水分子的热力学性质不同，当它们以不同比率存在与整个织物体系中时，会导致该体系中水的有效导热系数的不同。

此外，由于纤维在吸湿后会发生膨胀，特别是在直径方向膨胀较多，纤维的吸湿膨胀会使织物变厚，而织物厚度是影响织物热阻的一个重要因素，通常织物的厚度与热阻成良好的线形关系，因此本小节通过直接测量整个润湿体系的总热阻来研究吸湿膨胀和水分存在对织物热阻的共同影响。

(一)实验原理与方法

由于每块织物的测量时间大约为30min，为了防止在测量过程中水分蒸发，将所测试样用复印胶片覆盖，根据化工原理中多层平壁的热传导理论，若层与层之间接触良好，即相接触表面温度相同，在稳定导热时通过各层的导热速率相等，对于n层平壁，其导热速率方程可以表示为：

$$Q=\frac{\sum \Delta t_i}{\sum R_i} \tag{4-7}$$

式中：Q——单位时间通过n层平壁的热流量，W/m^2；

Δt_i——第 i 层材料两侧的温差,℃;

R_i——第 i 层材料的热阻,℃ · m^2/W。

可见多层平壁的总热阻为各层热阻之和,所以在复印胶片与织物贴合良好的情况下,总的热阻减去胶片的热阻即可得到局部润湿织物的热阻。

首先将待测织物完全润湿后贴合在一张复印胶片上,将织物与胶片间的空气完全排出,并盖上另一张胶片,用重物紧压 1h 后,拿掉覆盖在上面的胶片,将织物自然晾干至所需要的润湿量,再覆盖上胶片放置 8h 以上,使织物吸湿均匀,观察织物在各吸湿量时的表观状态。然后测量覆盖有胶片的织物热阻。

(二)实验材料

由于黏胶纤维的吸湿膨胀最大,而涤纶基本可以认为不存在吸湿膨胀现象,所以选择黏胶美丽绸和涤纶的斜纹织物作为两个极端的特例,另外选择棉、毛、涤毛混纺三种斜纹织物作为比较。根据实验热板的尺寸将待测织物裁剪成 28cm × 28cm 的正方形,将织物熨烫平整后在测试环境下放置 24h 以上进行平衡。

对于覆盖用材料的选择,对复印胶片和保鲜膜进行了比较,结果发现复印胶片比保鲜膜平整,能更好地与织物贴合,能较好地排除覆盖材料与织物之间空气层的影响。虽然复印胶片较保鲜膜厚,但其与作为纤维、空气结合体的织物相比,由于胶片内部不含任何空气,所以其热阻值远远小于织物的热阻,所以不会对结果造成太大的影响。

(三)实验结果与讨论

1. 润湿量对织物热阻的影响

本研究所测量的织物润湿状态下的热阻变化曲线如图 4 - 7 ~ 图 4 - 11 所示。

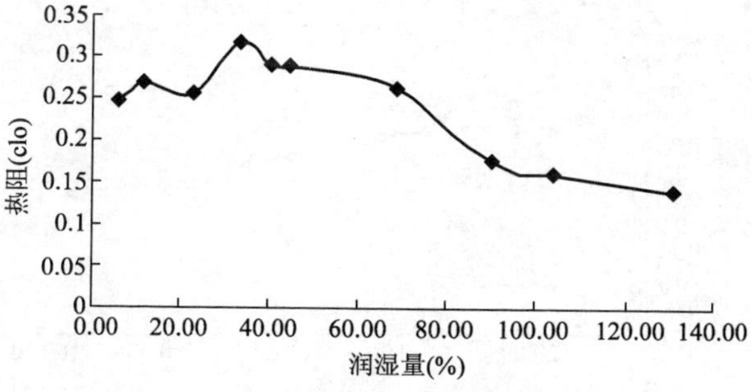

图 4 - 7　黏胶织物热阻随润湿量的变化曲线

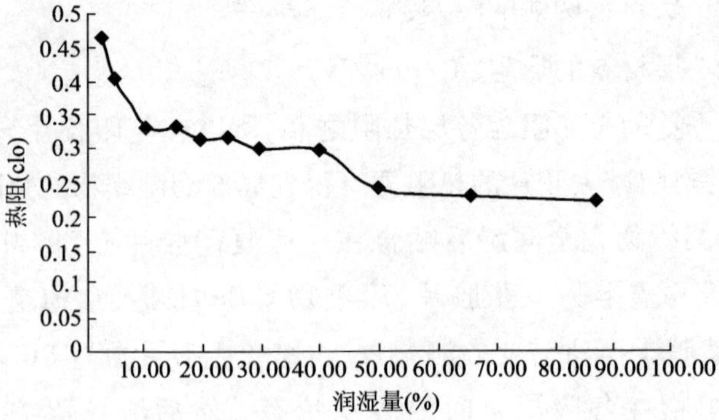

图4-8　涤纶织物热阻随润湿量的变化曲线

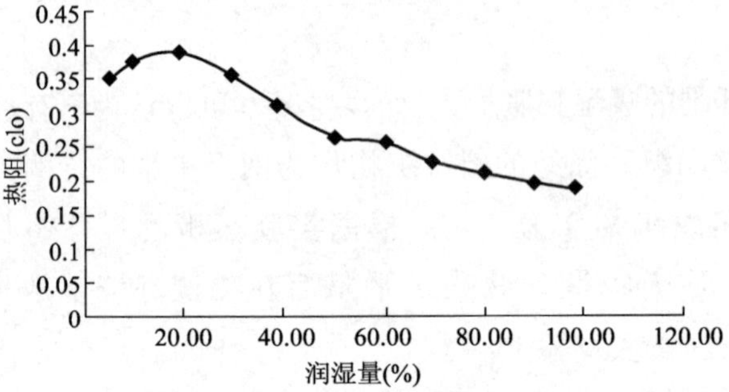

图4-9　纯棉织物热阻随润湿量的变化曲线

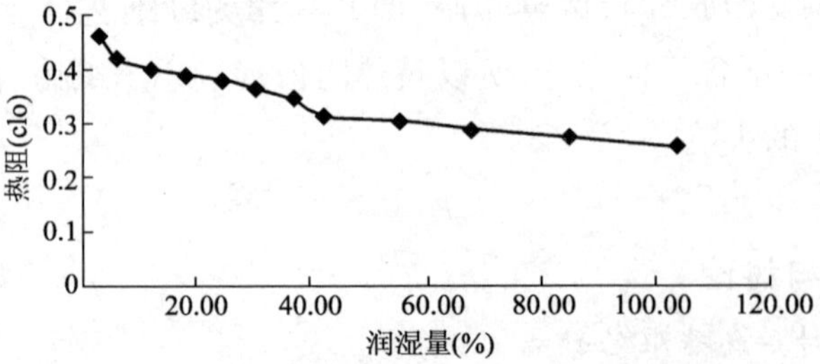

图4-10　毛织物热阻随润湿量的变化曲线

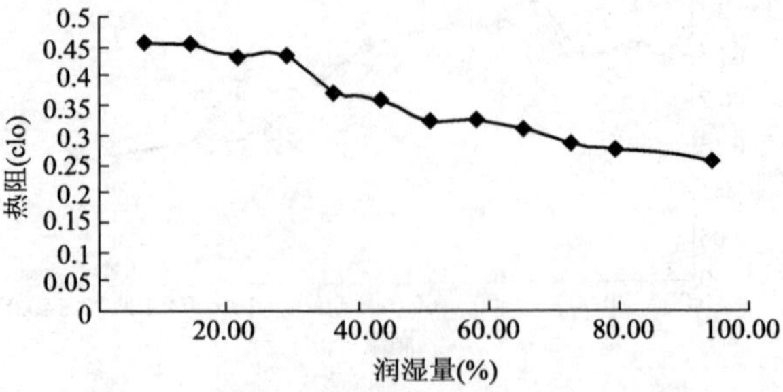

图4-11　毛/涤织物热阻随润湿量的变化曲线

从以上曲线图中可以看出,对于涤纶、毛及毛涤混纺织物,其热阻随吸湿量的增加而呈单调递减的趋势,而黏胶和纯棉织物的热阻却出现了随吸湿量增加而先有所上升后再下降的趋势。通过对织物吸湿后表观状态的观察,黏胶织物吸湿 80% 以上时能从外观上明显看出织物被润湿,织物有非常明显的湿触感;45% ~65% 时为潮感,外观上与未润湿织物差别不大;30% 以下时无论从外观还是湿感都与未润湿的织物基本相同,只是吸湿接近 30% 的织物手感略凉。棉织物吸湿 50% 以上时能从外观上明显看出织物被润湿,织物有非常明显的湿触感;20% ~40% 时为潮感,外观上与未润湿织物差别不大;10% 以下时无论从外观还是湿感都与未润湿的织物基本相同。

一些学者研究发现,纤维在充分润湿后截面积的增长率:棉为 45% ~50%,羊毛为 30% ~37%,黏胶纤维为 50% ~100%。涤纶织物由于不存在吸湿基团,水分只吸附在纤维表面而不进入纤维内部,所以可以认为其吸湿膨胀为零,所以其吸湿后热阻随润湿量的增加而减少;毛及毛涤混纺织物虽然有一定的吸湿膨胀,但相对于黏胶和棉织物,其吸湿膨胀较小,因此虽然吸湿后厚度增加较小,对热阻的影响也比较小,所以其热阻也随吸湿量的增加而单调递减;而棉和黏胶织物其吸湿膨胀率较大,吸湿后织物变厚,在吸湿量较少的情况下,出现热阻随吸湿量增加而增加的现象,从图 4 -7 和图 4 -9 中可以看出,黏胶织物吸湿约 40% 时热阻最大,棉织物吸湿约 20% 时热阻最大,根据吸湿后表观现象的观察,此时织物为略潮状态,水分子主要以结合水和中间水状态存在,随着吸湿量的进一步增加,水分子对热阻的影响逐渐占主导作用,热阻开始呈明显下降趋势。

2. 少量润湿对织物热阻的影响

为了进一步验证以上实验结论,对黏胶、棉、毛、毛涤混纺四种有润湿膨胀现象的织物进行了少量润湿情况下热阻变化的研究。各织物热阻随润湿量的变化曲线如图 4 -12 ~图 4 -15 所示。

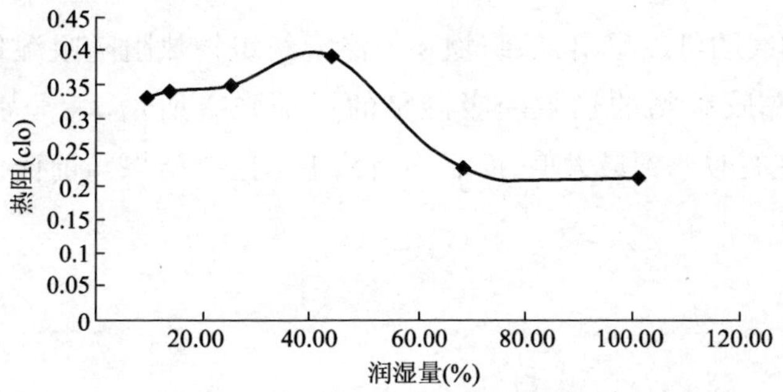

图 4 -12　黏胶织物少量润湿的热阻变化曲线

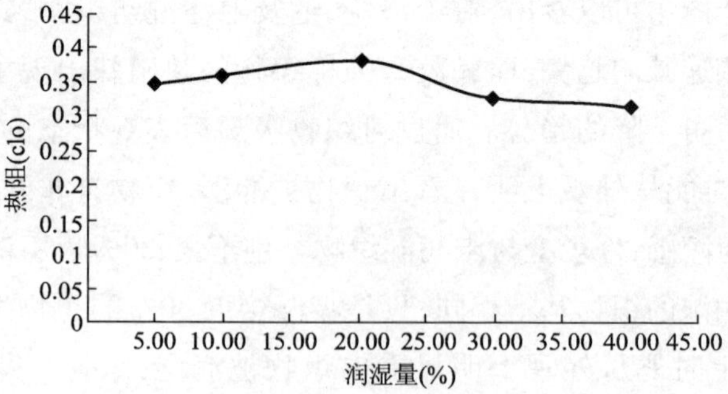

图 4－13　棉织物少量润湿的热阻变化曲线

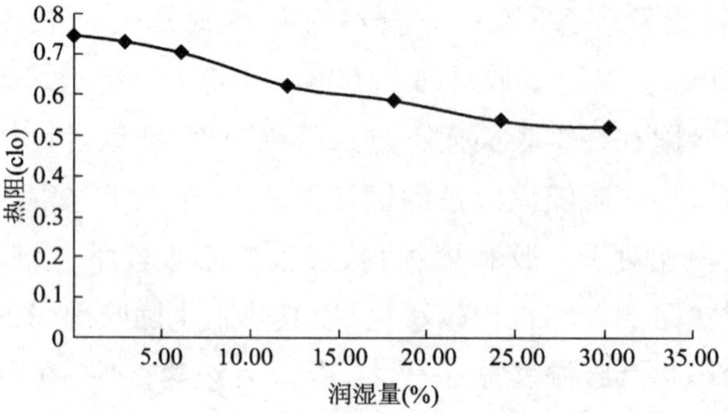

图 4－14　毛织物少量润湿的热阻变化曲线

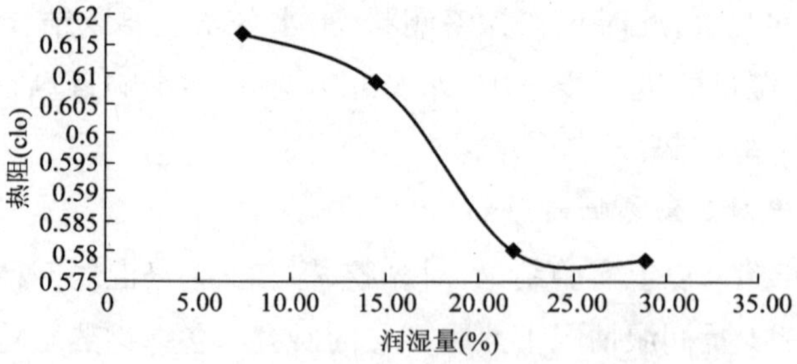

图 4－15　毛/涤织物少量润湿的热阻变化曲线

由以上曲线图可以看出，毛织物和毛涤混纺织物热阻随吸湿量的增加而减少，棉织物和黏胶织物的热阻随吸湿量的增加先有所增大，分别在吸湿量为20%和40%左右时达到最大值，而后逐渐减小。这个结果与前面研究结果的结论是一致的。

（四）总结

通过上述研究可知，棉和黏胶织物的吸湿膨胀率较大，在出现潮湿感之前，其热阻会随润湿量的增加而有所增大，而后随着吸湿量的进一步增加，自由水所占的比例加大，其热阻呈下降趋势。涤纶等拒水性纤维的织物无吸湿膨胀现象，吸湿后热阻随润湿量的增加而单调递减。毛和毛涤混纺织物，虽然存在吸湿膨胀现象，但吸湿膨胀较小，水分的增加对织物热阻的影响起主导作用，其热阻随润湿量的增加单调递减。

复习与作业

1. 简述织物透气性的概念。
2. 叙述织物透气性的影响因素。
3. 简述织物透气性的测量方法。
4. 简述织物透湿性的概念。
5. 简述织物透湿性的影响因素。
6. 简述织物透湿性的测量方法。
7. 简述织物保温性的概念。
8. 叙述织物保温性的影响因素。
9. 简述织物保温性的测量方法。

专业知识与实验方法——

服装的干热传递与热阻

课题名称： 服装的干热传递与热阻

课题内容： 1.辐射散热

2.对流散热

3.传导散热

4.服装的传热原理与热阻

课题时间： 6课时

教学提示： 讲述服装的干热传递，如辐射散热、对流散热、传导散热。本章重点介绍服装热阻的定义、单位、测量方法以及服装热阻的影响因素。

指导同学复习第四章及对作业进行交流和讲评，并布置本章作业。

教学要求： 1.使学生理解服装干热传递的方式。

2.使学生了解辐射散热的概念、计算方法及影响因素。

3.使学生了解对流散热的概念、计算方法及影响因素。

4.使学生掌握clo的定义。

5.使学生掌握服装热阻的测量方法。

6.使学生了解服装热阻的影响因素。

课前准备： 服装材料学相关知识。

第五章　服装的干热传递与热阻

服装的舒适性是服装工效学研究的一个重要方面。人体着装感觉舒适的必要条件之一就是热平衡，即人体的代谢产热量应等于人体向周围环境的散热量，从而使人体体温保持恒定。人体与环境之间的热量交换有四种形式，即辐射（radiation）、对流（convection）、传导（conduction）和蒸发（evaporation）。其中，前三种传热方式是由于人体表面与环境之间的“温度差”所引起的热量交换，被称为显热（sensible heat）；蒸发散热是由于人体表面与环境之间的水蒸气压差所引起的热量交换，被称为潜热（latent heat）。本章主要介绍由于温度差所引起的热量传递过程，即服装的干热传递。

在一般的环境条件下，尤其是室内温度低于人体体温，人体处在比较安静、不显汗的状态下，人体总散热量的97%是通过传导、对流、辐射和蒸发这四种方式散失的；而其余3%的热量随着呼吸、排泄等生理过程散失，见表5－1。

表5－1　人体散热方式及其散热量百分比

散热方式	散热量（kJ/24h）	百分比（%）
辐射、对流和传导	8820	70
皮肤和呼吸道蒸发	3402	27
吸入空气加温	252	2
尿和大便	126	1
总　计	12600	100

第一节　辐射散热

一、辐射散热的概念

辐射散热是一种非接触传热方式，不需要任何物质作为媒介，以电磁波的形式传递热能。辐射作为热交换的基本形式之一，它不依赖于任何介质且持续不断地进行着。辐射的电磁波波长 λ 介于0.1～100μm之间，包括全部可见光（0.38～0.76μm）、红外线和部分紫外线，其中红外线所占份额最大。所有的物体都向周围辐射散热,其辐射散热量大小只取决于物体的表面温度和黑度。比周围物体温度高的人体皮肤表面或服装表面也向外界辐射散热。同时,身体或服装也接受周围温度更高的物体的辐射热。人体各个部位的皮肤温度通常为15~35℃,皮肤所发射的红外线的波长大约90%以上位于6~42μm 范围内,属于中红外和远红外区间。

一般认为,洁净的空气既没有辐射能力,也没有吸收能力。当辐射线穿过空气时,基本上仍保持其原有的热能。至于三原子气体,如水蒸气和 CO_2 对红外线具有一定的吸收能力。但是,多原子气体在空气中的含量很少,而且它们各自只能选择性地吸收几种波长的红外线。在一般环境条件下,人体辐射热与人体周围空气的物理特性(如风、气压、相对湿度等)无关。

任何物体(包括人体)辐射的散热量大小只决定于其表面温度和黑度。除了光洁度很高(反射率接近于1)的金属表面以外,一般物体表面都能够辐射相当多的红外线。也就是说,黑度大且表面粗糙的物体吸收率高,辐射本领也大,而反射率却低。

人类的皮肤表面虽然颜色不同,有白种人、黑种人和黄种人,但是皮肤辐射散热本领的大小,并不决定于色素的多少,而主要决定于皮肤表面的形状和血流情况。人体的皮肤表面有纹、皱、毛、汗腺管和毛孔,比较粗糙。此外,皮肤内含有75%左右的水分(组织液和血液),而水的黑度是接近于1的。

实验证明,人类皮肤(无论白种人还是黑种人)的反射率比较低,除了在可见光和近、中红外区的波段有小部分反射之外,对远红外波段几乎没有反射能力,如图5-1所示。人手和实验性黑体在相同的温度条件下黑度变化曲线几乎是一致的,所以人类皮肤的黑度接近黑体,通常不考虑皮肤的颜色,都可以按照0.99计算。在服装单薄和裸露部位,人体表面的辐射温度,通常以平均皮肤温度表示。

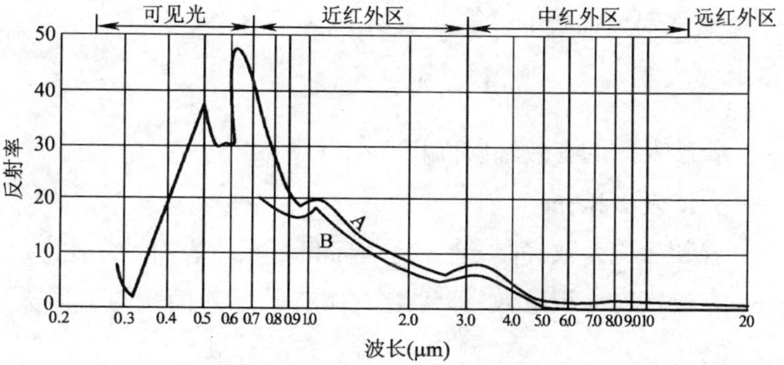

图5-1　白种人和黑人皮肤的反射率

A—白种人皮肤　B—黑人皮肤

二、辐射散热的计算

人体着装条件下，与周围环境之间的辐射热交换量可用下式计算：

$$Q_R = \alpha \cdot \varepsilon_1 \cdot A_{eff} \cdot [(t_{cl}+273)^4 - (t_{mrt}+273)^4] \tag{5-1}$$

式中：Q_R——辐射散热量，W；

α——斯蒂芬—玻耳兹曼常量，取值为 5.6697×10^{-8} W/($m^2\cdot K^4$)；

ε_1——服装外表面的黑度；

A_{eff}——着装人体有效辐射面积，m^2；

t_{cl}——服装外表面温度，℃；

t_{mrt}——环境的平均辐射温度，℃。

在某环境条件下，一定姿态、穿着一定服装的人与环境之间的辐射热交换量与处于一个温度均匀的黑体环境下的辐射热交换量相等时，则黑体环境的温度就是该环境的平均辐射温度。

着装人体的辐射散热量决定于其外表面黑度、外表面温度、环境的平均辐射温度及有效辐射面积。人体皮肤的黑度接近于1，除了黑色服装外，其他颜色服装的黑度均小于皮肤的黑度，可取0.98。服装外表面黑度与服装外表面的状态有关，不同服装材料的黑度是不相同的，需要通过仪器精确测量。

人体在不同着装及不同的姿态情况下，着装人体有效辐射面积是不相同的。然而，由于人体肢体的突起和凹陷引起身体轮廓的不规则，加上人体之间存在着一定的个体差异，因此研究身体与环境之间辐射热交换的几何学问题有一定的难度。由于人体并不是每一部分都是突出的，所以人体某些各部分之间会产生内部热辐射，而减少了与环境之间进行辐射热交换的体表面积。人体的某些部位间属于相互辐射，并不全部与外界进行辐射热交换，如腋下、臀股沟间等，所以着装人体有效辐射面积总是小于着装人体的外表面积。

着装条件下的有效辐射面积与服装外表面积、人体的姿势及活动状态有关。着装条件下的有效辐射面积的计算公式如下：

$$A_{eff} = A_s \cdot f_{cl} \cdot f_{eff} \tag{5-2}$$

式中：A_{eff}——着装人体的有效辐射面积，m^2；

A_s——人体表面积，m^2；

f_{cl}——着装面积系数，即着装人体表面积与裸体表面积之比。

f_{eff}——有效辐射面积系数，即着装人体有效辐射面积与着装人体表面积之比。

人体表面积的求法在第三章中已有比较详细的介绍，着装面积系数按下式计算：

$$f_{cl}=\begin{cases}1.00+0.2\cdot R_{cl},\text{当 }R_{cl}\leqslant 0.5\text{clo}\\1.05+0.1\cdot R_{cl},\text{当 }R_{cl}>0.5\text{clo}\end{cases}\qquad(5-3)$$

式中：R_{cl}——服装的热阻，clo。

有效辐射面积系数与人的姿态有关，人在站立时约为 0.725，坐时约为 0.696，这些数值不依赖于性别、体重、身高、人体表面积及身体的结构。因为两种体位所测得的数值相差比较小，因此在大多数计算人体与环境的辐射热交换量中可以采用其平均值 0.71。

因为人体皮肤的黑度接近于 1.0，绝大多数种类服装的黑度约是 0.98，建议着装人体的外表面黑度取 0.984。对于低温辐射，皮肤和服装的黑度并不依赖于颜色。人体着装条件下，着装人体与周围环境之间的辐射热交换量的计算公式可以简化为：

$$Q_R=3.96\times10^{-8}\cdot A_s\cdot f_{cl}\cdot[(t_{cl}+273)^4-(t_{mrt}+273)^4]\qquad(5-4)$$

式中：Q_R——辐射散热量，W；

A_s——人体表面积，m^2；

f_{cl}——着装面积系数；

t_{cl}——服装外表面温度，℃；

t_{mrt}——环境的平均辐射温度，℃。

三、辐射散热的影响因素

1. 人体及服装材料的黑度

人体皮肤的黑度接近于 1，这主要决定于皮肤表面的形状和血流情况，而与人的肤色无关。服装面料的黑度决定着面料在光线照射情况下，其对入射光线的吸收量以及以远红外线的形式向外界环境发射的情况。构成服装的面料颜色多种多样，在可见光范围内具有不同的反射率和吸收率，但绝大多数服装材料黑度约为 0.98。

2. 服装的表面温度

由于服装在人体与环境之间起隔热作用，所以服装外表面温度与环境温度及服装的保温性有关。当环境温度低于人体皮肤温度时，服装外表面温度比皮肤温度低，而比环境温度高；当环境温度高于人体皮肤温度时，服装外表面温度可能高于人体皮肤温度。

3. 着装条件下的有效辐射面积

服装的外表面积比人体皮肤面积大，其大小取决于服装的款式。生理学家和卫生学家通常以服装的热阻值来计算服装的外表面积。服装的外表面积大，则以辐射方式与环境的热交换量就会增大。此外，着装人体在不同的姿态下，服装外表面与环境之间以辐射形式进行热交换的有效辐射面积是不同的。一般来说，人在站姿情况下的有效辐射面积比坐姿及卧姿时要大，从而与环境之间的辐射热交换量也会相应增大。

4. 平均辐射温度

根据辐射散热的原理，房间居住者除了与其周围空气进行对流换热外，还与周围墙面、天花板、地面、窗面进行辐射换热，后者是一种复杂的辐射换热。为了简化起见，人们就用一种辐射换热相等、壁面温度均匀的黑体环境代替，此黑体环境的壁面温度即称为平均辐射温度。

平均辐射温度与周围墙面的温度以及人相对于墙面的角系数有关，对一般居住房间，考虑到太阳直射、散热与温差传热的影响，平均辐射温度（t_{mrt}）夏季取 t_a（环境温度）+4，冬季取 t_a。平均辐射温度也可以通过仪器测量、计算得到，如可采用黑球温度计。

第二节　对流散热

一、对流散热的概念

对流散热是一种接触式的传热，它与传导散热的主要区别在于传热物质发生了位移。例如，血液流动把体内的热量带至体表，空气分子在人体周围不停地运动，从人体表面获得热量的空气温度升高，密度变小，运动速度加快，离人体而去。未经加热的冷空气流向人体表面，这样就产生了冷热空气的交流，这两种传热方式都属于对流散热。

实际上，对流散热同时包括传导和对流两个过程，单纯的对流散热是不存在的。同样如果没有对流运动，热能也不会从一个地方跑到另一个地方。单纯的空气分子的导热是微不足道的。传导和对流同时存在，就其散热量的大小而言，对流是主要的。对流散热分为自然对流和强迫对流两种形式。

1. 自然对流

自然对流是指在没有外力作用情况下，由于流体（气体或液体）的温度不均而造成流体移动。一般来说，人体与周围环境以对流方式进行热量传递时，在自然对流条件下，空气的运动速度小于 0.1m/s。

沿着人体表面直线流动的气体，越靠近人体表面流速越小，贴近皮肤及服装表面的空气几乎是静止的，似乎被人体表面吸附，形成一层静止空气薄膜，成为边界层，在边界层内空气分子位移属于自然对流。靠近皮肤及服装表面的静止空气的温度较高，从人体向环境温度递降。离开人体表面一定距离后，空气温度将等于环境气温。所以，边界层和周围空气温度梯度最大，离开人体表面越远，温度梯度越小。

2. 强迫对流

强迫对流是指由于外力作用造成流体（气体或液体）移动进行热量传递。在空气中，产生运动速度大于自然对流的气流运动，即风，这就是强迫对流。当人体处于风中或走动时，气流的速度大于自然对流的速度，边界层遭到破坏，就会形成强迫对流。例如，电风扇能够使空气运动就属于强迫对流；着装人体因步行等连续的动作，在某些类型的服装的下摆开口处产生类似风箱一样的换气现象，也属于强迫对流。

二、对流散热的计算

根据传热学定律，着装人体对流散热量可以利用下式计算：

$$Q_{cv} = h_c \cdot A_s \cdot f_{cl} \cdot (t_{cl} - t_a) \tag{5-5}$$

式中：Q_{cv}——对流散热量，W；

h_c——对流散热系数，W/(m^2·℃)；

A_s——人体表面积，m^2；

f_{cl}——着装面积系数；

t_{cl}——服装外表面温度，℃；

t_a——环境温度，℃。

对流散热系数的数值，取决于对流的类型。对于低风速（静止空气）以自由对流的方式产生热交换，此时的对流散热系数是温差（$t_{cl} - t_a$）的函数，见式（5-6）：

$$h_c = 2.38 \cdot (t_{cl} - t_a)^{0.25} \tag{5-6}$$

式中：h_c——对流散热系数，W/(m^2·℃)；

t_{cl}——服装外表面温度，℃；

t_a——环境温度，℃。

在高风速（强迫对流）条件下，对流散热系数是风速函数，见式（5-7）：

$$h_c = 12.1 \cdot \sqrt{v} \tag{5-7}$$

式中：h_c——对流散热系数，W/(m^2·℃)；

v——环境风速，m/s。

三、对流散热的影响因素

1. 服装材料的性能

服装材料的透气性直接会影响着装人体的对流散热量，当面料的透气量较大时，尤其是在有风的情况下，风在一定程度上可以吹透服装，一部分风力可以直接作用于人体表面，使人体的对流散热增加，这方面在自然对流的情况下影响不明显。服装的保温性也会影响对流散热量。在低温环境下，当服装的保暖比较差时，服装的外表面温度会比较高，使得它与环境的温度增加，从而提高了与环境之间的对流散热量。

2. 服装的款式

在强迫对流的情况下，服装款式的影响会比较明显。某些类型的服装，如裙子、非常宽松的上衣等，服装的下摆开口处在有风或人走动的情况下，会产生类似风箱一样的换气现象，即风箱效应(bellows effect)，从而以强迫对流方式使人体与环境发生对流散热。

3. 人体的姿态及活动

人体的某些姿态会影响对流散热面积。在寒冷的环境中，人可以通过蜷缩身体，减少对流散热面积。人体的活动会产生相对风速，其影响与风速的影响相似。

4. 环境条件

在描述环境的物理量中，直接影响对流散热量的指标就是风及环境温度。此外，环境湿度也有一定的影响。在比较低的温度环境下，当空气湿度比较高时，空气由于含湿量的增加而使其导热系统数提高，从而提高了对流散热量。

第三节　传导散热

一、传导散热的概念

传导散热是一种接触式的散热方式，传导散热时物质不发生移动。当两个温度不同的物体相接触时，高温物体就会以传导方式向低温物体传导热量。当人体与服装内表面接触或当人体倚靠在一个高温或低温物体时，会发生传导散热。此外，当服装内外表面存在温度差时，在服装材料中所发生的热量传递方式也以传导为主。传导散热与材料的导热系数、温度场及温度梯度有关。对于一个存在传导散热的物体，可以在某时刻找出其温度相等的各个面，称为等温面。用等温面集合起来表征物体温度的分布状况，称为温度场。温度梯度是指等温面之间的温度差，但温度梯度是个矢量，其方向指向温度高的物体。

二、传导散热的计算

物体传导散热的计算公式如下：

$$Q_{cd} = \frac{\lambda \cdot A_{cl} \cdot (t_1 - t_2)}{L} \tag{5-8}$$

式中：Q_{cd}——服装材料的传导散热量，W；

λ——服装材料的导热系数，W/(m^2·℃)；

A_{cl}——导热面积，m^2；

t_1，t_2——服装材料两侧的温度，℃；

L——材料的厚度，m。

有些情况下，温度场内各等温面的位置是不固定的，随时间而发生变动。这种温度场随时间而改变的传热过程，称为非稳定态传热。与之相对，温度场基本不随时间而改变的传热状态，称为稳定态传热。对于着装的人体，当人体姿态相对稳定、体温及环境温度比较稳定时，人体向服装及环境的散热才是一种稳定态传热。

传导散热与材料的热阻有直接关系，将在下一节内容进行比较详细的介绍。

第四节　服装的传热原理与热阻

一、服装的传热原理

从皮肤到服装外表面的传热过程很复杂，包括服装材料本身的导热以及服装外表面的辐射散热、对流散热、服装开口处的对流散热。人体被服装所覆盖的部分的理想状态的传热模型如图5-2、图5-3所示。模型1建立在服装与人体之间以及各层服装之间紧密贴伏，没有空气层，相当于人体穿着紧身服装的情况。模型2假设内层服装与人体之间、服装各层之间有空隙但没有空气的流动，

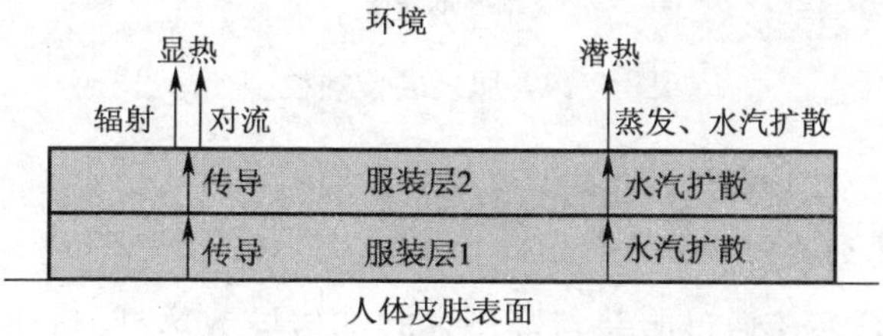

图5-2　服装的传热模型1

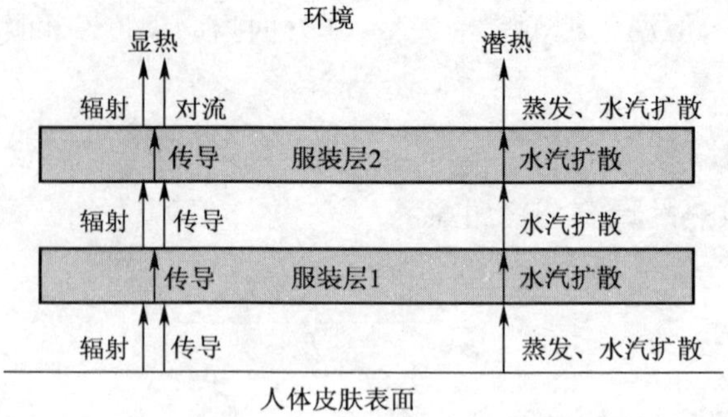

图5-3 服装的传热模型2

只有传导散热和辐射散热；并且汗液在人体表面蒸发后，水汽以扩散的方式通过各层服装，最后散失到环境中。为了研究方便，许多有关服装热、湿传递方面的研究结果就是建立在这些假设的前提下。

实际上，人体穿着服装的散热过程会更复杂些，如图5-4所示。当人体处于运动状态、环境风速比较快或服装较宽松时，人体与服装内表面之间、服装各层之间除了存在辐射、传导散热外，还存在有对流散热。并且人体与服装之间、服装各层之间与周围环境也存在对流散热现象。如果服装材料比较蓬松，如蓬松棉，服装材料内部也存在相当比例的辐射散热现象。在潜热方面，当服装较宽松时，同样也存在蒸发及水汽的扩散。由此可见，通过服装从人体皮肤表面到服装外表面及周围环境的热湿传递相当复杂，为了反映服装的综合传热特性，方便对服装的热湿性能进行科学的评价与研究，相关学者们提出了热阻概念。本章则主要介绍服装及其材料的热阻。

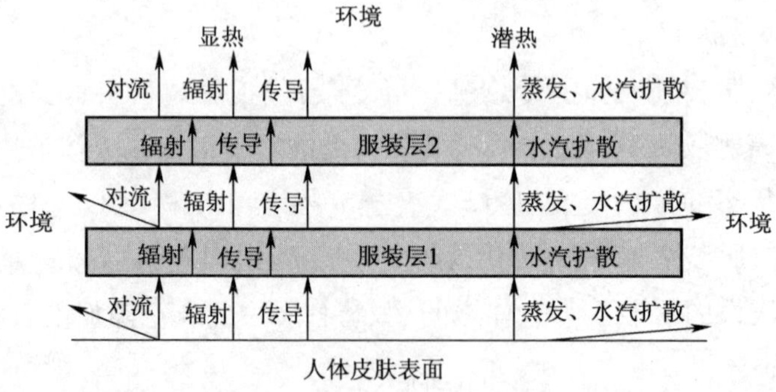

图5-4 服装的传热模型3

二、服装的热阻

1. 服装热阻的定义

单位时间内，人体通过服装与环境之间的传导散热量，与人体与服装外表面的温度差、散热面积成正比，而与服装的厚度成反比，见式(5-9)：

$$Q=\frac{\lambda\cdot A_{cl}\cdot(t_s-t_{cl})}{L} \qquad (5-9)$$

式中：Q——通过服装的传导散热量，W；

λ——服装材料的导热系数，W/(m·℃)；

A_{cl}——服装的面积，m^2；

t_s——人体的平均皮肤温度，℃；

t_{cl}——服装外表面的温度，℃；

L——服装的厚度，mm。

实际应用中，传导散热量往往以单位时间、单位面积通过的热流量形式表示，用 g 表示，则可以将上式变为：

$$g=\frac{Q}{A_{cl}}=\frac{\lambda\cdot(t_s-t_{cl})}{L}=\frac{t_s-t_{cl}}{\frac{L}{\lambda}} \qquad (5-10)$$

由上式可以看出，其与物理学中的欧姆定律完全相似，式中热流量 g 相当于通过材料的电流，t_s-t_{cl} 相当于材料两端的电压，$\frac{L}{\lambda}$ 则相当于材料电阻。因此，将 $\frac{L}{\lambda}$ 定义为服装的热阻，用 R_{cl} 表示，其单位是℃·m^2/W。热阻决定了在服装两侧具有一定温差的情况下，单位时间通过的热流量。

2. 多层服装的热阻

在实际生活中，人们所穿的服装在大多数情况下是多层的。多层服装的传热过程很复杂，受很多因素的影响。假设多层服装彼此相互贴紧，衣下空气与周围环境没有直接的热交换，这时多层服装的传热主要还是服装材料本身的热传导。如图 5－5 所示为三层服装之间的传导传热过程。图中，R_{cl1}、R_{cl2}、R_{cl3}、R_a 分别代表第一、二、三层服装的热阻以及边界空气的热阻；t_s、t_1、t_2、t_3、t_a 分别代表人体平均皮肤温度、各层服装外表面的温度以及环境空气的温度；g_1、g_2、g_3、g_4 分别代表通过各层服装及边界层空气的热流量；Q 代表从人体皮肤表面通过各层服装向环境散失的干热量。通过各层服装的导热量可以通过以下各式求得。

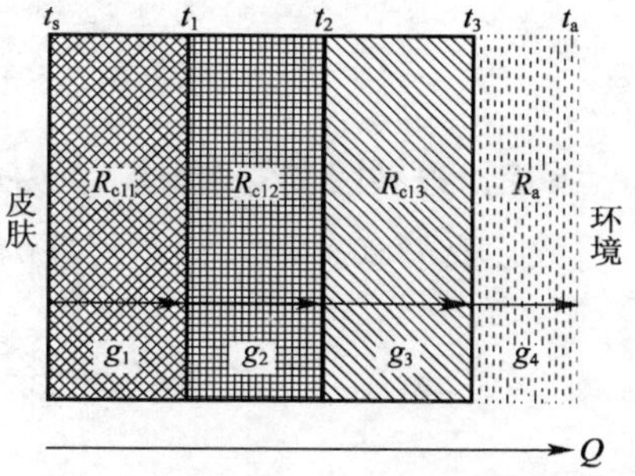

图 5－5　三层服装间的传热模型

$$g_1=\frac{t_s-t_1}{R_{cl1}},\ g_2=\frac{t_1-t_2}{R_{cl2}},\ g_3=\frac{t_2-t_3}{R_{cl3}},\ g_4=\frac{t_3-t_a}{R_a}$$

即：$g_1 \cdot R_{cl1} = t_s - t_1$，$g_2 \cdot R_{cl2} = t_1 - t_2$，$g_3 \cdot R_{cl3} = t_2 - t_3$，$g_4 \cdot R_a = t_3 - t_a$

根据传热学原理，在稳定传热状态下，通过各层服装的热流量相等，并等于人体皮肤表面通过各层服装向环境散失的干热量，即 $g_1 = g_2 = g_3 = g_4 = Q$。将上述各式相加，整理后得：

$$Q = \frac{t_s - t_a}{R_{cl1} + R_{cl2} + R_{cl3} + R_a} \quad (5-11)$$

用 R_{cl} 代替各层服装热阻之和，则得：

$$Q = \frac{t_s - t_a}{R_{cl} + R_a} \quad (5-12)$$

式中：Q——从皮肤表面通过服装向环境散失的干热量，W/m^2；

t_s——人体的平均皮肤温度，℃；

t_a——环境温度，℃；

R_{cl}——服装的热阻，℃·m^2/W；

R_a——边界层空气的热阻，℃·m^2/W。

3. 克罗的定义

通过以上服装热阻的推导可知，服装热阻的单位为℃·m^2/W。但是此单位既不方便记忆，也不方便大众理解热阻的大小，所以早在1941年，美国耶鲁大学约翰·皮尔斯实验的Gagge等提出了热阻单位，即克罗（clo）。克罗的定义为：一个健康、安静坐着的成年人，他的代谢产热量为50kcal/(m^2·h)，即58.15W/m^2，在室温21℃，室内相对湿度小于50%，风速不超过0.1m/s的环境中，感觉舒适时，他所穿服装的热阻值就为1clo。

一个安静坐着的人，通过皮肤和呼吸道的蒸发散热量占人体代谢产热量的25%，其余热量通过服装以干热形式向环境散失，即：

$$Q = 58.15 \times (1 - 25\%) = 43.61 W/m^2$$

服装和边界层空气的热分别为 R_{cl} 和 R_a，平均皮肤温度和环境温度分别为 t_s 和 t_a，处于安静状态的人感觉舒适时，其平均皮肤温度为33℃，则：

$$R_{cl} + R_a = \frac{33 - 21}{43.61} = 0.275℃ \cdot m^2/W$$

当环境风速≤0.1m/s时，服装外表面的边界空气层厚度约为6～10mm，边界层热阻 $R_a = 0.12$℃·m^2/W。此时，服装的热阻 $R_{cl} = 0.275 - 0.12 = 0.155$℃·$m^2/W$。因此，1clo = 0.155℃·$m^2/W$。

各种服装的热阻值见表5-2。

表5-2 各种服装的热阻值

服装		热阻值 clo(℃·m^2/W)	
男装	短裤	0.05(0.00775)	
	汗衫	0.06(0.0093)	
		薄	厚
	衬衣:短袖	0.14(0.0217)	0.25(0.03875)
	长袖	0.22(0.0341)	0.29(0.04495)
	运动衫:短袖	0.18(0.0279)	0.33(0.05115)
	长袖	0.20(0.031)	0.37(0.05735)
	毛线背心	0.15(0.02325)	0.29(0.04495)
	夹克上衣	0.22(0.0341)	0.49(0.07595)
	长裤	0.26(0.0403)	0.32(0.0496)
	袜子:短	0.04(0.0062)	
	长	0.10(0.00155)	
	鞋:凉鞋	0.02(0.0031)	
	便鞋	0.04(0.0062)	
女装	胸罩和短裤	0.05(0.00775)	
	裙:全身	0.19(0.02945)	
	半身	0.13(0.02015)	
		薄	厚
	短袖衬衣	0.10(0.0155)	0.22(0.0341)
	运动衫:短袖	0.15(0.02325)	0.33(0.05115)
	长袖	0.17(0.02635)	0.37(0.05735)
	毛线衣:短袖	0.20(0.031)	0.63(0.09765)
	长袖	0.22(0.0341)	0.69(0.10695)
	短罩衫	0.20(0.031)	0.29(0.04495)
	夹克上衣	0.17(0.02635)	0.37(0.05735)
	长裤	0.26(0.0403)	0.44(0.0682)
	袜子:短	0.01(0.00155)	
	长	0.02(0.0031)	
	鞋:凉鞋	0.02(0.0031)	
	便鞋	0.04(0.0062)	

三、服装热阻的影响因素

影响服装热阻的因素很多,以下内容将从服装材料、服装款式与结构、人体、环境条件四个方面加以介绍。

(一)服装材料

理论上,服装主要是由织物加工而成的,所以织物的导热性能会对服装的热阻值有一定的影响。有关织物保温性影响因素在本书第四章第三节已进行了详细介绍，本节不再重述。由于服装款式的多样性，服装在人体之间存在大量空气层，由于空气层的作用，使得织物热阻对服装热阻的影响非常小，两者之间没有明显关系。

（二）服装款式与结构

即使由相同材料制成的服装，由于服装的款式、结构甚至穿着方法的不同，服装的热阻也会有很大的不同，有时这方面的影响要大于服装材料本身。

1. 服装在人体的覆盖率

服装覆盖人体表面积的大小对服装的热阻的影响很大。增加服装的覆盖率比在人体的同一部位增加服装的厚度对减小人体的热损失具有更大的作用。服装在人体的覆盖率与服装热阻的关系曲线如图 5－6 所示。由图可见，服装在人体表面的覆盖率越高，服装的热阻值越大。

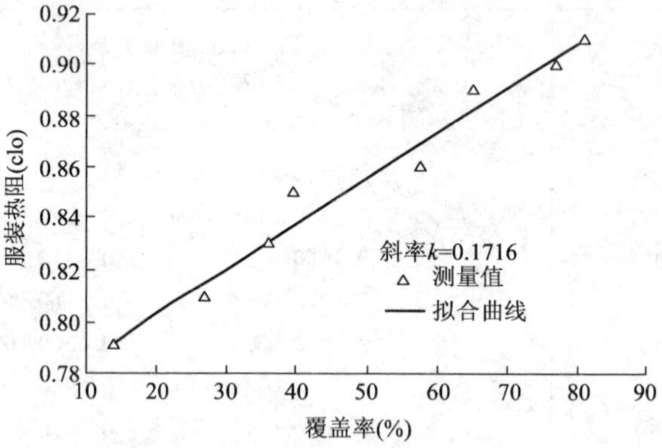

图 5－6　服装在人体的覆盖率与服装热阻的关系曲线

2. 服装的松度

服装内所包含的空气层的厚薄直接影响服装的热阻，宽松服装的保温性要优于紧身服装。服装宽松度与服装热阻的关系曲线如图 5－7 所示。由图可见，服装的热阻值随服装宽松度的增加而提高，但当服装过于宽松时，服装的散热面积过大，服装与人体之间的空气也会产生对流，所以热阻反而会有所降低。

3. 服装的开口

服装有很多开口，如下摆、袖口、领口，甚至敞开的门襟。在人活动的情况下，服装的开口会造成服装的风箱效应，使服装和人体之间以及各层服装之间的空气直接与环境进行热交换，从而降低了服装的热阻值。服装开口度与服装热阻的关系曲线如图 5－8 所示。由图可以看出，服装开口度与服装热阻之间存在

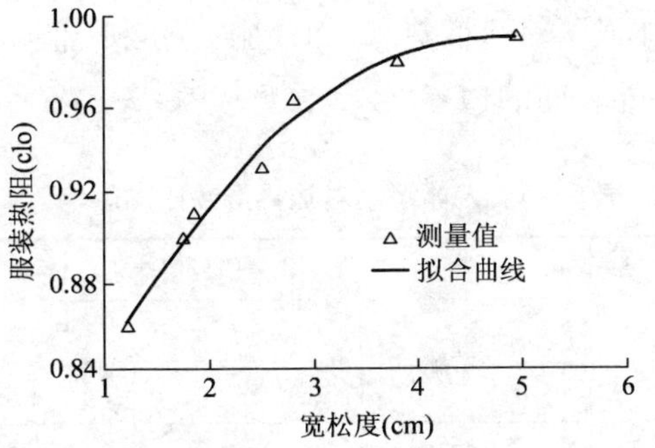

图5－7　服装宽松度与服装热阻的关系曲线

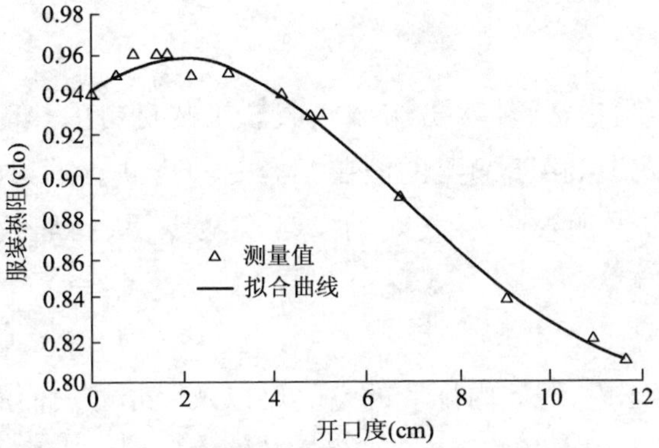

图5－8　服装开口度与服装热阻的关系曲线

一定的相关性。

4. 服装的层数

在总厚度相同的情况下，穿着多件服装比穿着单件厚的服装具有更大的热阻值，这是因为穿着多件服装，各层服装之间包含大量静止空气。但如果层数过多，各层服装之间会有压缩，而且当服装比较宽松时会增加散热的面积，从而降低了服装整体的保温性。

(三)人体

服装热阻值是用处于静止状态的暖体假人测量的，数据稳定，可重复性好。但当人穿着服装，尤其是从事某些活动时，服装所提供的保温性则会发生变化。人体对服装热阻的影响主要有以下三个方面。

1. 人体活动

实际上，人体的活动状态对服装热阻的影响与风的影响类似。因为人在从事体育活动或劳动时，身体与周围的空气之间会产生相对风速。例如，人在步行或跑步时，即使没有自然风，人也会感觉有风迎面吹过。同时，由于人体活动、衣内空气的风箱效应，加强了对流散热，从而使服装的热阻值明显下降。人体活动还会影响人体和服装外表面的边界层热阻，见表5－3。

表5－3　人体运动对边界层热阻的影响

环境条件	边界层热阻(clo)			
	人体静坐	步行		
		慢	中等	快
室内(v_a=0.6m/s)	0.78	0.37	0.33	0.29
室外(v_a=2.2m/s)	0.30	0.24	0.22	0.20
室外有风(v_a=8.9m/s)	0.19	0.18	0.17	0.16

2. 人体出汗

人体活动时容易出汗，汗水被服装吸收。服装材料的热阻随材料的含水量的增加而降低，另外，由于润湿的服装很容易与皮肤黏贴以及相互黏贴，使人体与服装之间以及服装各层之间的空气层减少，从而导致服装的热阻值降低。

3. 人体姿态

人体在不同姿态下，服装内环境的空气层以及服装外表面的边界层空气都会发生变化。而且人体在某些姿态下，会与环境物体发生直接的接触，如床、椅子等，从而使人体的散热量增加。具有关资料介绍，采用坐姿测量服装热阻值会比采用站姿测量结果大约低15%。

(四)环境条件

服装内及服装材料内包含大量的空气，它会受到环境条件变化的直接影响。环境条件对服装热阻的影响主要有以下三个方面。

1. 气温

环境气温对空气的比重有一定的影响。例如，在20℃条件下，空气的比重为1.205kg/m^3；当温度下降到－20℃时，空气的比重增加到1.369kg/m^3，因此，导热性能增加了。所以不同的温度条件下测量面料及服装的热阻值会有差异，环境温度越低，测得的热阻值也就越低。

2. 湿度

服装中含有两种水分，一种是由于纺织材料的吸湿性而从周围环境吸收的水蒸气，即吸湿水；另一种则是存在于纤维与纤维之间的液态水，即自由水。人体穿着服装，吸湿水是经常存在的，并且吸湿水对于以吸湿性好的纤维为主体的服装材料的热阻值有积极的影响。自由水一般在服装被汗水浸湿或环境湿度很高的情况下才存在，自由水会降低服装内环境及服装材料的含气量，使服装的热阻值大大降低。

3. 风速

环境风速对服装热阻的影响显著。当环境风速增加时，人和服装表面的空气层被扰乱了，使边界层空气变薄。此外，由于面料的透气性及服装的开口，加强了服装内环境与外界环境的空气对流，导致热阻值降低。边界层空气的热阻值与风速的关系曲线如图 5－9 所示。边界层空气的热阻值可按下式计算：

$$R_a = \frac{1}{0.61 \cdot \left(\frac{T_a}{298}\right)^3 + 0.19 \cdot \sqrt{v_a} \cdot \left(\frac{298}{T_a}\right)} \quad (5-13)$$

式中：R_a——边界层空气的热阻，clo；

T_a——环境温度，K；

v_a——环境风速，cm/s。

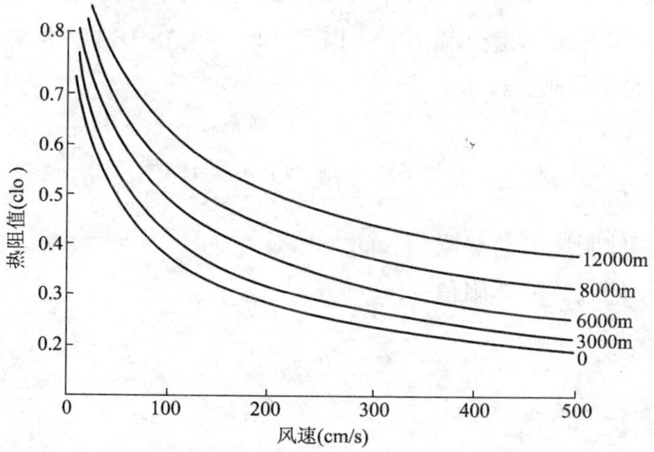

图 5－9　边界层空气的热阻值与风速的关系曲线

4. 大气压

环境大气压降低，空气密度减少，边界层空气的热阻值会有所增加。例如，风速 0.1m/s 时，在海平面，边界层空气的热阻 R_a = 0.8clo；在海拔 6000m 的高原上，边界层空气的热阻 R_a = 1.1clo。随着海拔高度的增加，大气压力降低，边界层空气的热阻值增大，如图 5－9 所示。

四、服装热阻的测量与计算

利用平板式保温仪测量构成服装的每一层面料的热阻，并不能代表服装的热阻。因为服装不是匀均覆盖人体,服装之间会有重叠,而且人体穿着服装后,服装与人体之间往往会有空气层。绝大多数情况下面料的热阻要远远小于用其所加工成的一整套服装(上衣和长裤)的热阻。所以为了精确合理地评价服装的保暖性,必须测量服装的热阻。测量服装的热阻需要使用与人体尺寸相当的暖体假人。

暖体假人测量的原理是将假人置于某一环境中,以一定功率加热假人,并通过控制系统使假人表面平均皮肤温度稳定在33℃,根据表面温度与环境温度的差以及保持假人表面温度恒定所需要的加热功率来计算服装的热阻值。

由于服装热阻受到很多因素的影响,为了便于研究,服装热阻的测量通常是在人工气候室进行,对于测量服装样品的准备、环境条件等均有严格的要求。具体内容请参见 GB/T 18398—2001《服装热阻测试方法　暖体假人法》。有关利用暖体假人测量并计算服装热阻方法将在本书第七章详细介绍。

如果每件服装都是均匀覆盖人体表面,那么人体所穿服装的总热阻就应该近似等于各件服装热阻值的总和。由于款式的多样性,服装部分相互重叠、压缩,服装热阻分布很不均匀,所以,穿着多件服装时的总热阻要小于各单件服装的热阻值的总和。美国供暖与制冷空调工程师学会(ASHRAE)推荐用下列公式计算多件服装的总热阻:

$$R_{cl} = 0.835 \cdot \sum_{i=1}^{i=n} R_{cli} + 0.161 \qquad (5-14)$$

式中:R_{cl}——多件服装的总热阻值,clo。

R_{cli}——单件服装的热阻值,clo。

复习与作业

1. 简述服装的传热途径。
2. 简述辐射散热的概念。
3. 简述辐射散热的影响因素。
4. 简述对流散热的概念。
5. 简述对流散热的影响因素。
6. 简述传导散热的概念。
7. 简述传导散热影响因素。
8. 简述热阻的定义。
9. 简述克罗的定义。
10. 详细叙述服装热阻的影响因素。
11. 简述服装热阻的测量方法。

专业知识与实验方法——

服装的湿热传递

课题名称： 服装的湿热传递

课题内容： 1.蒸发散热

2.服装蒸发散热的评价指标

3.服装蒸发散热的计算

课题时间： 4课时

教学提示： 讲述人体的蒸发散热、服装透湿性能的主要评价指标。本章重点介绍服装的透湿指数的推导、服装透湿指数的影响因素以及透湿指数的测量方法。并讲述服装透湿性能的其他表征指标，如透水指数、蒸发散热效能。指导同学复习第五章及对作业进行交流和讲评，并布置本章作业。

教学要求： 1.使学生理解人体的蒸发散热。

2.使学生了解透湿指数的基本概念。

3.使学生了解服装透湿指数的影响因素。

4.使学生了解服装透湿指数的测量方法。

第六章　服装的湿热传递

蒸发散热是人体散热的一种重要方式，尤其在温度比较高的环境条件下，蒸发散热显得十分重要。人体通过不显汗或出汗两种方式排出汗水。一方面，汗水可以通过裸露的皮肤蒸发出去，起到冷却作用；另一方面，汗水也可以通过服装，从服装内表面传递到服装外表面，然后通过蒸发散失到环境中。人体在着装状态下，服装的透湿性能直接影响着人体的蒸发散热能力。本章主要介绍服装的湿热传递及其评价指标。

第一节　蒸发散热

一、蒸发散热的概念

水由液态变为气态的物理过程叫蒸发。在人体的皮肤表面、呼吸道黏膜以及肺泡壁的表面都会发生水分的蒸发过程。在运动或比较炎热的环境条件下，汗水在皮肤表面蒸发，使皮肤表面温度逐渐降低，从而起到显著的散热作用。蒸发散热是人在炎热的环境中维持热平衡重要途径。单位质量的水蒸发所需要的热量称为潜热。0～45℃时水的蒸发潜热见表 6－1。

表 6－1　0～45℃时水的蒸发潜热

温度（℃）	蒸发潜热（kJ/kg）	温度（℃）	蒸发潜热（kJ/kg）
0	2490	25	2440
5	2480	30	2430
10	2470	35	2420
15	2460	40	2410
20	2450	45	2400

二、人体的出汗机理

人体的汗腺是分布于皮肤真皮内的一种分泌腺，有一根长的导管将分泌的汗液引向皮肤表面。我们的身体表皮大都有汗腺分布，腋窝、脚底、手掌以及额部尤其丰富。一般来说，健康的人在运动或高温环境中，都会增加汗腺的分泌，用于补偿单纯依靠温度差所不能完全实现的散热，从而保持人体体温的相对稳定和各组织器官的正常活动。出汗是由于外界气温或体内温度升高，引起汗腺分泌的一种反射性功能。

人体每时每刻都在产生热量、分泌汗液。人体的出汗可分为隐性出汗和显性出汗两种方式。当气温较低，即在20℃以下时，人处于静止状态，通过呼吸、皮肤孔隙扩散，每小时都从体内排出汗液，散发热量，这些汗液还没有凝结成汗液就已经蒸发出去了，人是感觉不出来的，故称为不感出汗，也称作不显性出汗。当环境气温较高时，如30℃，人体通过辐射、对流、不显汗蒸发三种方式所散失的热量往往低于人体所产生的并需要散失的热量，这时人体就要通过遍布全身的汗腺排出汗液以提高蒸发散热量。这种汗液以液体状态出现在人体皮肤的表面，人是可以感觉到的，故称为显性出汗。所以出汗是调节体温、使人体体温保持在一个相对稳定水平，使人处于较舒适的状态下，从而保持充沛精力和健康的重要机能。一个人每天所发生的不显性出汗大约为500～700mL。从事剧烈运动或在高温环境中工作的工人，每小时的排汗量可达1000～3000mL，这种情况就是显性出汗。

人体在处于运动状态时，常常会在短时间内集中大量出汗。例如，在气温为25～35℃的环境中进行4h长跑训练，出汗量平均约为4.51L±0.30L；在气温37.7℃、相对湿度为80%～100%时，进行70min的足球训练，排汗量可高达6.4L。可见人体在高温、高湿或剧烈运动的条件下，出汗量之大足以润湿服装。虽然说大量出汗主要原因是外界气温、热辐射强度、湿度以及人体的运动量，但是人体的着装情况也不能忽略，合适的着装能使人体在大量出汗下保持舒适的感觉，某些专业运动的服装甚至能提高运动员的竞技水平和成绩。

此外，人体交感神经损伤或异常的反应、甲状腺功能亢进、糖尿病等内分泌疾病引起的症状，服用感冒药物降热，都可能引起大量出汗。但这些方面不属于服装工效学的研究内容。

三、蒸发散热的影响因素

（一）环境条件

1. 环境温度

当环境温度上升至28～29℃以上时，安静状态的人也有明显的出汗。开始是四肢远端，其次是近心端，然后向躯干发展。在一定范围内，出汗量与气温之间存在着正比关系，环境温度越高，出汗量越多。在炎热的夏天，人体每小时出汗量达400～500g。

2. 环境湿度

在高温地区空气中湿度较大时，汗液不易蒸发，人体的蒸发散热受到阻碍。体热不能及时散失而蓄积于体内，于是刺激散热中枢，使汗液分泌量大大增加。而在干燥气候地区，如沙漠地区，空气中湿度很低，汗液蒸发比较快。

应当指出，在评价蒸发散热时，绝对湿度是一个重要指标，只有在已知温度的情况下，相对湿度才具有实际意义。例如，气温10℃、相对湿度50%时，水汽压为4.605mmHg，平均皮肤温度为33℃时，饱和水汽压为37.73mmHg，其生理饱和压差为37.73－4.605＝33.125mmHg。在这样的气候条件下，水分蒸发速度很快，会使人感觉干燥而不舒服。如果气温45℃、相对湿度50%时，水汽压为35.94mmHg，平均皮肤温度为35℃，饱和水汽压为42.18mmHg，生理饱和压差为42.18－35.94＝6.24mmHg。在这种气候条件下，汗液蒸发很慢，会使人汗流如柱，引起严重的热应激。

3. 风速

风速大可使衣内空气中的水汽扩散速度加快，有利于皮肤上的汗液蒸发。蒸发散热量增加使皮肤温度降低，人感觉凉爽，从而使出汗量减少。在风速较小的环境中，汗液不易蒸发，体热蓄积而使体温升高，刺激发汗中枢引起大量出汗。

4. 大气压力

在低气压环境，如高原地区，汗液蒸发速度比海平面快。气压越低，空气密度越小，蒸发速度越快。

（二）人体

1. 人体的代谢水平

从事体力劳动或体育锻炼时，人体的代谢产热量会成倍增加，血液温度上升，刺激散热中枢，引起皮肤血管扩张，全身汗液分泌量增加。活动强度越大，产热量就越高，则出汗量也就越大。

2. 习服

习服是指人在一种环境中待上一段时间后，产生对环境习惯性的适应。在热环境中长期工作的人，出汗机能加强，出汗量比未习服的人增多，大约可增加50%左右。此外，习服对人体的代谢产热也有一定的影响。

（三）服装

服装是影响人体汗液蒸发的重要影响因素之一，其影响程度决定于服装的透湿性能。影响服装透湿性能的因素都会影响人体的蒸发散热。当被服装遮盖的人体部位的衣内空气层湿度较高时，皮肤上汗液蒸发阻力增大，蒸发速度减慢。当服装被汗水浸湿后，自由水分占据了面料中的空隙，使面料失去了透气性能，服装粘贴在皮肤表面，严重影响舒适性。

第二节　服装蒸发散热的评价指标

一、透湿指数

(一)透湿指数的定义

透湿指数 i_m(moisture permeability index)是由美国服装科学专家伍德科克(A. H. Woodcock)于1962年提出的用以评价面料与服装透湿性能的一个重要指标。

服装的总散热量由显热和潜热两部分组成，前者以 H_d 表示，后者以 H_e 表示，根据服装的传热原理，可得以下两式：

$$H_d = \frac{t_s - t_a}{R_t} \tag{6-1}$$

式中：t_s——人体的平均皮肤温度，℃；

t_a——环境温度，℃；

R_t——服装和边界层空气的总热阻，℃ · m²/W。

$$H_e = \frac{P_s - P_a}{R_e} \tag{6-2}$$

式中：P_s——皮肤温度下的饱和水汽压，mmHg；

P_a——环境的水汽压，mmHg；

R_e——服装与边界层空气的总湿阻，mmHg · m²/W。

由此可得，人体在出汗情况条件下，通过服装的总散热量可以用下式表示：

$$H_d + H_e = \frac{t_s - t_a}{R_t} + \frac{P_s - P_a}{R_e} \tag{6-3}$$

式中，t_s 和 P_s 是两项生理指标；t_a 和 P_a 是两项环境参数；R_t 和 R_e 是由服装及边界层空气的特性决定的。可以将上式改写成以下形式：

$$H_d + H_e = \frac{1}{R_t} \cdot \left[(t_s - t_a) + \frac{R_t}{R_e} \cdot (P_s - P_a) \right] \tag{6-4}$$

从式(6-4)中可以看出，关键问题是要了解$\frac{R_t}{R_e}$的实质。伍德科克将湿球温度计湿球上纱布表面完全润湿，纱布外没有其他覆盖物。当湿球温度计的湿球在空气中迅速运动，产生3m/s以上的相对风速时，边界层空气的影响就微不足道了。此时，湿球达到热平衡，总散热量为零，即 $H_d + H_e = 0$，于是式(6-4)可以写成：

$$\frac{R'_t}{R'_e} = \frac{t_a - t_w}{P_w - P_a} \tag{6-5}$$

式中：R'_t——湿球上的湿纱布及边界层空气的总热阻，℃·m²/W；

R'_e——湿球的蒸发阻力，mmHg·m²/W；

t_a——环境温度，℃；

t_w——湿球温度，℃；

P_w——湿球温度下的饱和水汽压，mmHg；

P_a——环境的水汽压，mmHg。

实际上，$\frac{R'_t}{R'_e}$接近于常数，以 S 代表。在1个大气压条件下，$S = 2.2$℃/mmHg。

湿球温度计的表面除了润湿的纱布以外，没有其他覆盖物，这种情况下出汗的皮肤上穿着服装不同。潮湿的皮肤上穿着服装时，因为服装对水蒸气的屏障作用很大，所以实际服装的$\frac{R_t}{R_e}$总比$\frac{R'_t}{R'_e}$小。最多也只能是$\frac{R_t}{R_e} = \frac{R'_t}{R'_e}$，即人体没有穿着任何服装，而且人体周围具有较大的相对风速。伍德科克将透湿指数定义为两者的比值，即：

$$i_m = \frac{\frac{R_t}{R_e}}{\frac{R'_t}{R'_e}} = \frac{\frac{R_t}{R_e}}{S} \tag{6-6}$$

将式(6-6)代入式(6-4)可得：

$$H_d + H_e = \frac{1}{R_t} \cdot [(t_s - t_a) + i_m \cdot S \cdot (P_s - P_a)] \tag{6-7}$$

从而可以得到蒸发散热量的计算公式：

$$H_e = \frac{i_m \cdot S \cdot (P_s - P_a)}{R_t} \tag{6-8}$$

因为服装和边界层的热阻以 clo 单位表示，上式可以改写成以下公式：

$$H_e = \frac{6.45 \cdot i_m \cdot S \cdot (P_s - P_a)}{R_t} \tag{6-9}$$

式中：H_e——着装人体的蒸发散热量，W/m^2；

i_m——服装的透湿指数；

S——常数，2.2℃/mmHg；

P_s——人体皮肤温度下的饱和水汽压，mmHg；

P_a——环境的水汽压，mmHg；

R_t——服装及边界层空气的总热阻，即：$R_{cl}+R_a$，clo。

由上式可以引出透湿指数的计算公式：

$$i_m=\frac{H_e \cdot R_t}{6.45 \cdot S \cdot (P_s-P_a)} \tag{6-10}$$

理论上讲，透湿指数在0～1之间。透湿指数为0是可能的，如人体穿着完全不透气的橡胶防毒服，汗液不能蒸发；但在一般情况下，透湿指数为1是不可能的。即使人体不穿服装，在风速小于3m/s的环境中，透湿指数也不可能等于1；只有当风速大于3m/s时，边界层空气的蒸发阻力微不足道了，透湿指数才有可能接近于1。在一般无风的环境中，夏季服装透湿指数小于0.5。

（二）透湿指数的影响因素

1. 服装因素

服装因素中主要考虑服装的热阻，服装的透湿指数随着服装热阻的增大而减小。服装热阻的增加是有限的，并且服装热阻稍有增加，透湿性能就会减少很多，使蒸发散热量大大降低，从而使服装的透湿指数减小。

在服装款式方面，服装宽松、开口多，使服装的衣内空气层对流增加，有利于衣内水汽向环境中散失，使人体的蒸发散热量增加，服装的透湿指数较大。

另外，透湿性好的织物制成的服装透湿指数也会大。有关织物透湿性的影响因素请参见第四章第二节。

2. 人体活动

一方面，人体活动的影响与风的影响相似，因为人体活动时会产生相对风速，不同的活动状态产生不同的相对风速。另一方面，人体的活动也会使衣内空气层产生对流作用，将衣内空气层中的水汽散失到环境中，更有利于人体表面的蒸发散热。此外，人体活动时，由于代谢产热量的提高会引起人体的出汗，无论是局部还是全身，都会提高人体的蒸发散热量。因此，人体进行活动时，服装的透湿指数是增大的。

3. 环境条件

在诸多环境指标中，风速是影响透湿指数的一个重要因素。风可加速空气对流，将服装表面甚至皮肤表面的水汽带走，有利于蒸发散热。有关数据表明，随着风速的提高，服装的透湿指数增大。不同风速条件下的透湿指数见表6－2。

表6－2 不同风速条件下的透湿指数

风速(m/s)	0.25	0.35	0.50
透湿指数 i_m	0.63	0.68	0.70

环境湿度增大，人体表面与环境空气中水汽分压的差减小，使蒸发阻力增大，蒸发散热量显著降低，从而使服装透湿指数减小。反之，环境湿度降低可引起服装的透湿指数增大。

(三)透湿指数的测量

实际上，可以用织物平板式保温仪测量构成服装的每一层面料的透湿指数，但其值并不能代表服装的透湿指数。由于服装不是均匀覆盖人体表面，各层服装之间会有重叠，而且人体穿着服装后，服装—人体—环境湿传递比较复杂，所以为了精确合理地评价服装的透湿性能，必须测量服装的透湿指数。测量服装的透湿指数需要使用与人体尺寸相当的出汗暖体假人。

出汗暖体假人测量服装透湿指数原理是：首先测量服装和边界层空气的总热阻，并记录测量热阻测量过程中，保持假人表面温度恒定所需要加热的功率 H_d，使假人出汗，系统平衡后，测量此时保持假人表面温度恒定所需要加热的功率 H。此功率包括显热和潜热两部分，因此，通过服装的蒸发散热量 $H_e = H - H_d$。服装的透湿指数 i_m 计算公式如下：

$$i_m = \frac{H_e \cdot R_t}{6.45S \cdot (P_s - P_a)} \qquad (6-11)$$

式中：H_e——暖体假人的蒸发散热量，W/m^2；

R_t——服装和边界层空气的总热阻值，clo；

S——常数，2.2℃/mmHg；

P_s——暖体假人皮肤温度下的饱和水汽压，mmHg；

P_a——环境的水汽压，mmHg。

二、描述服装透湿性能的其他指标

1. 蒸发散热效能

由于透湿指数计算中包含有服装与边界层空气的热阻，所以透湿指数对于相同热阻的服装来说才具有可比性，而对于热阻不同的两件服装，即使透湿指数相等，它们所提供的蒸发散热量也不一定相同。所以为了能够更直观、方便地评价服装及材料的透湿性能,美国的陆军环境医学研究所的 Goldman 博士提出了蒸发散热效能指标,蒸发散热效能的计算公式如下:

$$蒸发散热效能=\frac{i_m}{R_t} \quad (6-12)$$

式中:R_t——服装和边界层空气的总热阻,clo;

i_m——服装的透湿指数。

表 6-3 为美军服装的蒸发散热效能值。

表 6-3 美军服装的蒸发散热效能值

服 装	R_t(clo)	i_m	蒸发散热效能
陆军标准制服	1.33	0.50	0.38
薄棉布连衣裤工作服	1.29	0.45	0.35
通用制服	1.40	0.43	0.31
坦克兵全套冬服	4.20	0.28	0.07
坦克兵夏服	1.35	0.31	0.23
府绸热带作战服	1.43	0.43	0.30
雨衣(T-66-8)	1.38	0.36	0.26
单层细线飞行服	1.40	0.52	0.37
双层细线飞行服	1.60	0.50	0.31
MK-3 防化服(英国研制)	1.68	0.64	0.38

蒸发散热效能是由透湿指数与服装的总热阻计算而得,所以,所有影响服装透湿指数的因素也同样会影响蒸发散热效能。

2. 透水指数

透水指数 i_w 是指通过服装的蒸发散热量或失水量与裸体时经皮肤的蒸发散热量或失水量之比,其表达式为:

$$i_w=\frac{E_{cl}}{E_{nu}} \quad (6-13)$$

式中:i_w——服装的透水指数;

E_{cl}——通过服装的蒸发散热量,W;

E_{nu}——裸体时经皮肤的蒸发散热量,W。

透水指数值在 0~1 之间,完全不透气的服装,透水指数为 0,裸体状态下,透水指数为 1。任何服装都有蒸发阻力,所以透水指数总是小于 1。透水指数的测量方法比较简单,它只需要分别测量受试者在裸体和着装条件下的蒸发失水量即可。透水指数和透湿指数都是评价服装蒸发散热性能的指标，所以，所有影响服装透湿指数的因素也会影响服装的透水指数。

第三节 服装蒸发散热的计算

在确定了服装的热阻及透湿指数后，就可以通过下式计算出服装在某条件下所能提供的最大潜热。

$$H_{e_{max}} = \frac{6.45 i_m \cdot S \cdot (P_s - P_a)}{R_t} \tag{6-14}$$

式中：$H_{e_{max}}$——服装的最大潜热，W/m^2；

i_m——服装的透湿指数；

S——常数，2.2℃/mmHg；

P_s——人体皮肤温度下的饱和水汽压，mmHg；

P_a——环境的水汽压，mmHg；

R_t——服装及边界层空气的总热阻值（$R_{cl}+R_a$），clo。

最大潜热是一项重要的生理卫生学参数，它可以预测穿服装的人在各种高温环境中的耐受时间，可作为劳动安全的指标。应该指出，通过暖体假人测得的服装的热阻和透湿指数与在自然条件下工作的人穿服装的热阻和透湿指数有一定的差别。因为通常情况下，测量服装的热阻和透湿指数时，暖体假人是固定不动的。而在实际工作中，服装的热阻和透湿指数随相对风速的变化而变化，而且有很多因素都会改变服装的热阻和透湿指数值。所以必须在人工气候室中进行生理实验，获得可靠的校正数据，以使测量的服装数据更加实用。

复习与作业

1. 简述服装湿传递性能的主要评价指标。
2. 透湿指数的推导。
3. 叙述服装透湿指数的影响因素。
4. 简述透湿指数的测量方法。
5. 简述最大潜热的意义。
6. 名词解释：透湿指数、透水指数、蒸发散热效能。

专业理论——

暖体假人和人工气候室

课题名称：暖体假人和人工气候室

课题内容：1.暖体假人

2.人工气候室

课题时间：2课时

教学提示：讲述暖体假人和人工气候室。重点介绍了国内外暖体假人的研制概况。

指导同学复习第六章及对作业进行交流和讲评，并布置本章作业。

教学要求：1.使学生了解暖体假人的设计要求和分类。

2.使学生了解暖体假人的研制概况。

3.使学生了解利用暖体假人测量服装热阻的方法。

课前准备：复习服装热阻的概论及测量方法。

第七章　暖体假人和人工气候室

第一节　暖体假人

一、暖体假人概述

暖体假人是用来测量人体与环境之间热、湿交换的设备，国内外已广泛使用暖体假人系统作为服装热学性能的研究手段。在军服、防护服以及航天服装的研发工作中，暖体假人的研究与使用是十分必要的。

最初的暖体假人是由铜制作的，所以又称为铜人。从 20 世纪 40 年代开始，许多国家相继建造了用于服装舒适性评价研究的暖体假人。迄今为止，全世界共开发了几十种暖体假人，其基本结构多是将假人本体分为若干段，选用某种材料制成如真人般的人体模型。

（一）暖体假人的设计要求

暖体假人的设计是建立在大量的人体生理学和解剖学的基础数据上，首先必须了解人体产热、散热、皮肤温度等方面的规律，才能通过计算机实现暖体假人的模拟与控制。关于暖体假人的设计要求可以概括为以下内容。

（1）外表要符合人的几何形状。

（2）体表面积接近国人平均个体的体表面积。

（3）分段控制温度。

（4）皮肤温度的分布应符合人的解剖学、生理学特点。

（5）大关节可以活动，便于模拟人的各种姿势。

（6）表面黑度与人皮肤的黑度相同。

（7）表面不应光滑，应近似皮肤的皱、纹、凸、凹等结构。

（8）最好能够模拟人体皮肤的出汗。

（9）使用计算机进行温度控制和数据处理。

（10）节段连接处可以拆卸，便于穿、脱服装和维修。

(二)暖体假人的名称

暖体假人种类繁多,名称也比较混乱,现文献中所出现的名称整理如下:

铜人(copper man,copper manikin);

加热铜人(heated copper manikin);

电加热铜人(electrically-heated copper man);

单段铜人(single circuit copper manikin);

多段铜人(sectional manikin);

电加热多段铜人(electrically-heated sectional copper man);

出汗铜人(sweating copper man);

出汗多段铜人(sweating sectional manikin);

铝人(aluminum man);

暖体假人(thermal manikin)。

(三)暖体假人的分类

1. 按材料分

暖体假人按其制作材料可分为铜制暖体假人、铝制暖体假人、玻璃钢暖体假人。

2. 按温控方式分

按照温控方式,暖体假人可分为恒温式、恒热式和变温式。

3. 按用途分

根据用途,暖体假人可分为干性暖体假人、出汗假人、可呼吸暖体假人和可浸水暖体假人。

(1)干性暖体假人:主要用于在干热状态下测量服装的热传递性能。其测量原理是将假人置于某一环境中,以一定的功率加热假人,并通过控制系统使假人皮肤表面的平均皮肤温度稳定在33℃左右,根据各段表面温度与环境温度的差以及保持假人各段表面温度恒定所需要的供热量来计算服装的热阻。其计算公式如下:

$$R_{cl} = \sum \left[\frac{(t_{si} - t_a) \times S_i}{0.155 H_i \times S} \right] - R_a \qquad (7-1)$$

式中:R_{cl}——服装热阻,clo;

t_{si}——暖体假人第 i 段的皮肤温度,℃;

t_a——暖体假人周围环境温度,℃;

S_i——暖体假人第 i 段表面积,m^2;

H_i——暖体假人第 i 段加热流率,$W/(m^2 \cdot ℃)$;

S——暖体假人表面积,m^2;

R_a——服装边界层空气的热阻值，clo。

暖体假人表面空气层热阻 R_a 随环境气温 t_a 变化略有变化，回归方程为：

$$R_a = 0.6530 - 0.0054t_a \quad (7-2)$$

由于干性暖体假人只能模拟人体的干热传递性能，不能模拟人体在高温及运动条件下的湿热传递，因此各国学者开始进行出汗暖体假人的研究。

(2)出汗假人：目前出汗假人的出汗方式主要有两种。一种是外部喷水法，即假人表面覆盖一层针织吸湿面料，然后喷上蒸馏水来模拟皮肤出汗。这种模拟方法简单，但不好控制，而且重复性较差。另一种是内部供水法，即在假人内部安装供水及控制装置，使假人皮肤在整个测试过程中保持湿润。利用出汗假人可以测量服装的透湿指数，其计算公式如下：

$$i_m = \frac{H_e \cdot R_t}{6.45S \cdot (P_s - P_a)} \quad (7-3)$$

式中：i_m——服装的透湿指数；

H_e——暖体假人的蒸发散热量，W/m^2；

R_t——服装及边界层空气的总热阻值，clo；

S——常数，2.2℃/mmHg；

P_s——暖体假人的皮肤温度下的饱和水汽压，mmHg；

P_a——环境的水汽压，mmHg。

1mmHg = 0.1333kPa

(3)可呼吸暖体假人：主要用于室内空气质量的评价，其结构与暖体假人基本相同，也包括加热和温控装置，此外假人内部增加了一个人工肺，并可通过假人的口腔和鼻孔呼吸，呼吸的频率及肺气量可以控制。

(4)可浸水暖体假人：是在暖体假人基础上，加上防水密装置，使假人具有防水功能。假人穿着待测服装并浸入水中，测试假人的加热功率或皮肤表面温度的变化，估计人体穿着待测服装在某种温度水中的耐受时间。

二、国外暖体假人的研制概况

(一)美国

美国是最先开展暖体假人研制的国家，早在1946年，美国军需气候研究室(Quartermaster Climatic Research Laboratory)的 Fitzgerald 就报道了铜人的研究。之后，多家研究机构研发了不同用途的暖体假人，进行大量的应用研究。

1. 陆军环境医学研究所(US Army Research Institute of Environmental Medicine)

美国陆军环境医学研究所、美国陆军材料指挥部、美国陆军军需研究和工程中心等机构早期使用单段铜人，后用多段铜人、出汗铜人对各种军服、防化服、抗浸服、水冷服、通风服、各种头盔、手套和防寒靴进行了大量的实验研究工作。然后，根据人体实验及部队试穿结果提出各种服装的保暖标准，用所得的实验结果指导军服的结构、工艺设计及新材料的研制。该假人用3.17mm厚的铜板制成，分为6个解剖区段和10个加热区（头、躯干、左右臂、左右手、左右腿、左右脚）；全身分布25个测温点，并有7个环境温、湿度测量点，测温元件是热电偶（thermocouples）。该假人采用恒温控制。研究者在多段暖体假人的基础上，又成功设计了世界上第一台出汗假人，该假人是在暖体假人身上，穿上一套吸湿性好、非常合体的针织内衣，并以垂直和水平两个方向在内衣上喷蒸馏水。这种加湿方法较麻烦，获得热平衡也较困难。美国陆军环境医学研究所等研究机构，在20世纪70年代使用该暖体假人、出汗假人进行了大量的实验和应用研究，其研究成果已装备到部队。

2. 美国宇航局（NASA）

1965～1966年，美国宇航局和A. P. L公司合作，由Gabron和McCullough负责研制成功了暖体假人，主要用于航天服的隔热性能、通风散热性能、耐受限度方面的实验研究。该假人用5mm厚的铸铝板制成，分为17个解剖区段，各区段之间隔热；假人可以保持一定姿势，关节部位能够自由活动；假人双臂可拆卸，便于穿脱服装；该假人采用内部加热丝进行加热，铂电阻测温，温度控制精度为0.3℃。

（二）德国

德国霍恩斯泰服装生理研究所（Garment Physiological Institute，Hohenstein）对服装的性能做了大量的研究工作，1967～1968年研究成功铜制暖体假人，取名“卡莱”（Charly）。该假人没有头、手和脚，分5个区段（躯干、上下臂、大小腿），髋、膝、肩关节可以活动，能模拟站、坐、躺等姿势，通过外部机械装置可以模拟走路或跑步动作；该假人用水循环加热，能模拟人体的体温调节，躯干温度保持在37.5℃，四肢温度最低可控制到15℃。暖体铜人卡莱可以自动出汗，当躯干温度超过37.5℃、四肢的温度接近于35℃时，出汗PID调节器就开始工作，水泵将水箱里的水经管道喷到卡莱的表面，水量是严格定量的；喷水部位和人体的汗腺分布大致相同。卡莱外穿一套吸水性强的针织内衣，能将喷嘴里的水均匀分布到一定面积上，并通过表面蒸发，使身体降温。当喷出的水量多于服装和外界气候所蒸发的水量时，说明朝“热”的一侧调节范围已达到最大限度，这就相当于人体流淌汗水。卡莱的出汗量可以从零调节至最大值，比较符合实际，其性能优于同期的出汗假人。

(三)苏联

苏联的卡尔德波夫早在20世纪50年代就利用暖体假人开展了服装卫生学方面的研究工作。铜人结构和温控部分都比较简单,铜人不分段,在胸腔内部有一个加热器和一个风扇,把已加热的热空气通过导管通向四肢,使全身受到加热。这种加热方法很不均匀,实验结果误差较大,这是暖体假人最初阶段所采用的一种加热方法。1977年,苏联医学—生物学问题研究所的戈卢什博提出一种新型的热人体模型专利。此暖体假人结构是软式的,由可充气的锦纶涂胶布制成,按径向顺序装了加热层、温度梯度层和吸收层,分别起模拟人体散热、体表热分布和出汗的作用。加热层是一组弹性带,在织物上安装由低温电阻材料制成的导电元件,并按人体局部散热分布分配;温度梯度层模拟人体体表热流的分布状况;在温度梯度层的表面是吸收层,该层上面放有聚氯乙烯软管,装有水或生理溶液,用以模拟人体的出汗状态。该暖体假人穿脱服装非常方便,所以可以进行潜水服、飞行服、航天服、防化服以及各种防护服的热学性能研究。

(四)英国

1964~1966年,英国皇家空军航空医学研究所(RAF Institute of Aviation Medicine)的Kerslaka等研制了暖体假人。该假人采用轻合金铝浇铸而成,分18个加热段(脚、大腿、小腿、手、前臂、上臂、腹、臀、胸、背、面、头皮),各区段之间用环氧树脂作为隔热材料。该暖体假人主要是对通风服的通风散热性能进行研究。

(五)加拿大

加拿大皇家航空医学研究所(Institute of Aviation Medicine Royal Canadian Air Force)在1957年成功研制了暖体假人。该假人为铜人,分14个加热区段(手、上臂、小臂、脚、小腿、大腿、躯干、头),其中头部可以取下,作为帽子和头盔的保暖性实验。该暖体假人各段通过关节连接,可模拟坐、站立等姿势。利用该暖体假人对飞行服及防护服的隔热性能进行了大量的研究工作。

(六)日本

1962~1966年,日本神户大学卫生系稻垣和子等研制了不分段的铜制暖体假人,其内部装上电热丝和温度调节系统,体内温度恒定为37℃,共有30点测温(体表22点、体内1点、衣下7点);并使用电位差仪和计时器测计热流量。

工业技术院制品科学研究所的三平和雄等于1977年研制成功了两种类型的暖体假人,即男型和女型。该假人用5mm厚的高纯铝板制成,分为17个加热区段(头、胸、背、腹、腰、手、上臂、前臂、脚、大腿、小腿),内部采用100Ω镍铬丝加热,体表温度用热敏电阻测量,各区段用胶木隔热,表面黑度约为0.90。暖体假人在各种不同的气温下,身体各部位皮肤温度分布同人体实验结果相类似。该暖体假人用于测量服装的热阻、测量室内温度分布情况等。

1978年,大阪大学的花田嘉代子、三平和雄等研制成功了能够改变姿势和动作的暖体假人。该假人用0.5mm厚的铜板制成,并分22个加热区段,躯干分6块,分别是胸、背、上腹前、上腹后、腹部、腰部;臂分成8块,分别是前后左右上臂前臂;腿分成8块,分别是前后左右大腿小腿。该假人利用骨架系统成型,关节部位能弯曲、旋转,通过外部力量可反复进行动作。

三、我国暖体假人的研制概况

我国从20世纪70年代后期开始暖体假人的研究,并利用暖体假人来研制开发特种服装和民用服装,其中最具代表性的是总后勤部军需装备研究所。在20世纪70年代后期,总后勤部军需装备研究所曹俊周等研制出了"78恒温暖体假人"。在此基础上,于20世纪80年代末又研制成功了"87变温暖体假人"。该假人为铜壳结构,分15个加热区段,各关节可活动;采用计算机多路巡回监测系统进行温度控制,可用变温、恒温和恒热三种方式进行动、静两种姿势实验,控温精度、重复精度较高。

东华大学(原中国纺织大学)服装学院张渭源教授等在20世纪80年代中期开始研制服装暖体假人,先后研制了三代暖体假人,其中,东华大学与航天医学工程研究所共同研制和开发的新型第三代姿态可调暖体出汗假人,是我国第一个用于研究舱内航天服的暖体出汗假人,其姿态及形态均以我国航天员的体型标准定制。

香港理工大学范金土和陈益松于2002年共同研制的暖体假人"Walter"是世界上第一台用水和特种织物制作的暖体出汗假人,被英国物理协会(Institute of Physics)作为重要成果荣誉推荐给各大媒体,曾获2004年度日内瓦发明展金奖。Walter用特种透气防水织物将整个水循环系统包含在其中,水循环系统模拟人体的血液循环系统,把躯干部分中心区域加热的水按一定比例分配给头部和四肢,以模拟人体的整个温度分布;该假人的皮肤由含有微孔结构的PTFE膜的Goretex织物制成。

第二节　人工气候室

人工气候室(man-made climatic chamber)是模拟自然界气候(如温度、湿度、风、太阳辐射、雨、雪等)的大型实验设备,已经被应用到工农业各领域中,也是进行服装主、客观测试评价理想的测试模拟环境。

一、人工气候室的结构原理

人工气候室的主体结构为分体式结构,实验箱分为箱体和机组。人工气候室主要有以下系统组成。

1. 加热系统

加热系统用于供给工作室热量,它主要有两个作用。工作室升温,使工作室温度升高并受控恒温;当制冷系统工作时(包括对工作室制冷和除湿降温),用于平衡工作室温度。

2. 供水、加湿系统

供水系统用于对加湿器和测湿水槽自动供水;加湿系统用于对工作室加湿,采用外部蒸汽加湿方式。

3. 制冷系统

制冷系统为双级压缩冷循环,系统由压缩机、冷凝器、干燥过滤器、电磁阀、膨胀阀及蒸发器组成。

4. 除湿系统

除湿系统的作用是对工作室除湿及降低工作室湿度。

5. 光照系统

光照系统是指采用多只金属卤素灯组成的一个约 1400mm × 1500mm 的照射面,通过反射形成直射。

6. 淋雨系统

淋雨系统采用垂直式淋雨,雨量分为大(3mm/min)、中(2mm/min)、小(1mm/min)三档,可通过降雨喷嘴来调节雨量大小。

7. 吹风系统

吹风系统由手动控制风速系统的开启,且风机转速可通过变频器调节。

8. 新风系统

实验箱工作室设有换气系统,可通过控制台面板上的旋钮进行调节。当有人在气候室中做实验时,需启动换气开关,新风就会连续进入实验箱内。

二、人工气候室的具体环境参数

人工气候室可以模拟不同的环境温度、湿度、降雨量、风速及日照。具体参数范围如下:

温度范围:-50 ~ +80℃;

湿度范围:30% ~98% RH;

雨量范围:大(3mm/min),中(2mm/min),小(1mm/min);

风速范围:中心点水平风速在0.5 ~5m/s之间。

三、实验类型

人工气候室可以根据实验要求,通过控制面板选择不同的实验类型。实验类型分为以下四种。

(1)恒温实验:设定固定的温度,进行恒定温度的实验。

(2)高低温实验:可通过控制面板设定不同的温度及在该温度下的实验时间。

(3)恒定湿热实验:设定固定的温度及湿度。

(4)交变湿热实验:可通过控制面板设定实验时间、温度、湿度及循环次数等条件参数。

复习与作业

1. 简述暖体假人的分类。

2. 简述利用暖体假人测量服装热阻的方法。

专业理论、应用理论与实验方法——

服装的舒适性及其评价方法

课题名称： 服装的舒适性及其评价方法

课题内容： 1.人体的感觉及舒适感

2.服装舒适性概论

3.服装工效学的评价方法

4.人体穿着实验方法

5.有效温度

6.等价温感

7.热平衡方程

8.热舒适图

9.预测平均票数（PMV）与不满意百分数（PPD）

课题时间： 6课时

教学提示： 讲述人体的感觉、服装舒适性的概念、分类及其影响因素、服装工效学的研究方法及服装舒适性的主要评价指标。重点讲述服装的舒适性、热平衡方程、PMV与PPD以及舒适图的应用方法。

指导同学复习第七章及对作业进行交流和讲评，并布置本章节作业。

教学要求： 1.使学生理解人体的感觉。

2.使学生了解服装舒适性的概念。

3.使学生了解服装工效学的评价方法。

4.使学生了解人体的热平衡及热平衡方程。

5.使学生了解热舒适图及其使用方法。

6.使学生理解PMV和PPD。

课前准备： 复习人体生理指标的表征与测量。

第八章　服装的舒适性及其评价方法

生理学研究表明，当人处于舒适状态时，其思维能力、观察能力、操作技能等都处于最佳状态，工作效率较非舒适状态高。服装工效学研究中，研究并提高服装的舒适性具有非常重要的意义。

由于社会的进步和人类文明的发展，导致人们的大部分时间（超过95%）生活在人为的气候中，对环境的舒适性也愈加关注。从20世纪20年代开始，工程学和建筑科学的学者们开始致力于定义舒适性的生理学和心理学指标，起初这些工作都是为建筑科学服务的。目前舒适这门技术已经深入到人们生活的方方面面，关于服装舒适性的研究也获得了蓬勃发展。从广义上来说，服装的舒适性是指着装者通过感觉（视觉、触觉、听觉、嗅觉、味觉）和知觉等对所穿着的服装的综合体验，包括生理的舒服感、心理的愉悦感和社会文化方面的自我实现、自我满足感等。从狭义上来说，服装舒适性就是指生理舒适性。

第一节　人体的感觉及舒适感

人体的感觉（senation）功能对于内环境稳态的维持和对外界不断变化的环境的适应是十分重要的。机体内、外环境中的各种刺激首先作用不同的感觉器或感觉器官，通过感觉器的换能作用，将各种刺激所含的能量转换为相应的神经冲动，并沿一定的神经传入通路到达大脑皮层的特定部位，经过中枢神经系统的整合，产生相应的感觉。由此可见，各种感觉都是通过特定的感受器或感觉器官传入神经和大脑皮层的共同活动而产生的。

一、感觉的一般概念

感觉是人们从外部世界，同时也可以从身体内部获取信息的第一步。感觉是人们的感官对各种不同刺激能量的觉察，并将它们转换成神经冲动传往大脑而产生的。例如，眼睛将光刺激转换成神经冲动，耳朵将声音刺激转换成神经冲动，传入到大脑的不同部位，就引起不同的感觉。

人类感觉根据所获取信息的来源不同，可以分为三类，即远距离感觉、近距离感觉和内部感觉。远距离感觉包括视觉和听觉,它们提供位于身体以外具有一定距离处的事物的信息,对于人类的生存有重要意义。近距离感觉提供位于身体表面或接近身体的有关信息,包括味觉、嗅觉和皮肤觉。皮肤觉又可细分为触觉、温度觉和痛觉。内部感觉的信息来自身体内部,包括机体觉、肌动觉和平衡觉。机体觉告诉我们内部各器官所处状态,如饥、渴、胃痛等;肌动觉感受身体运动与肌肉和关节的位置;平衡觉由位于内耳的感受器传达关于身体平衡和旋转的信息。

二、感觉的生理机制

感觉是通过觉察声、光、热、气味等各种不同形式的能量去收集外界的信息,如眼睛看光线、耳朵听声音等,任何感觉的作用都在于收集信息并提供给大脑去进行进一步的加工。虽然不同感觉收集的信息不同,产生的机构不同,但作为一个加工系统,它的活动基本上包括三个环节。第一环节是收集信息;第二环节是转换,即把进入的能量转换为神经冲动,这是产生感觉的关键环节,其机构称为感受器(receptor),不同感受器上的神经细胞是专门化的,它们只对某一种特定形式的能量发生反应;第三环节是将感受器传出的神经冲动经过传入神经的传导,将信息传到大脑皮层,并在复杂的神经网络的传递过程中,对传入的信息进行有选择的加工。最后,在大脑皮层的感觉中枢区域,被加工成为人体能够体验到的各种不同性质和强度的感觉。

三、感受性与感觉阈限

1. 感受性

感觉总是由外界物理量引起的,物理量的存在及其变化是感觉产生和发生变化的重要条件。研究物理量和心理量之间的关系的科学称为心理物理学,是早期心理学研究的一个重要领域。心理物理学所提出的一些规律,至今仍在实践领域中起很大作用。

心理量与物理量之间的关系是用感受性的大小来说明的。感受性是指人对刺激物的感觉能力,不同的人对刺激的感受性是不同的。检验感受性大小的基本指标称感觉阈限。感觉阈限(sensory threshold)是指人感到某个刺激存在或刺激发生变化所需刺激强度的临界值。感觉阈限与感受性的大小成反比例关系。阈限又分为绝对感觉阈限和差别感觉阈限。

2. 绝对感觉阈限

绝对感觉阈限是指最小可觉察的刺激量,即光、声、压力或其他物理量为了引起刚能觉察的感觉所需要的最小数量。感觉阈限越低,感受性越高。不同的人感觉能力不同，即感受性有很大差异，实践证明它能通过训练而改变。

绝对阈限是有50%机会被觉察的最小刺激量。表8-1显示了早期心理物理学家研究总结得出的一般人的各种感觉的绝对感觉阈限。

表8-1　人类各种感觉的绝对感觉阈限

感　觉	绝对感觉阈限
触觉	从1cm距离落到你脸上一个蜜蜂的翅膀
视觉	晴朗的黑夜中，48km外的一支烛光
听觉	安静的房间内，6m处的表的滴答声
味觉	9.09L水中，加一茶匙蔗糖可以辨出甜味

3. 差别感觉阈限

心理学家把刚刚能引起差别感觉的刺激的最小变化量称为差别感觉阈限。觉察刺激之间微弱差别的能力称为差别感受性，它在生活实践中有重要意义，可以通过实践锻炼而提高。差别感受性越高的人，引起差别感觉所需要的刺激差别越小，即差别感觉阈限越低。

研究发现，为了辨别一个刺激出现了差异所需差异大小与该刺激本身的大小有关。描述觉察刺激的微弱变化所需变化量与原有刺激之间的关系的规律，由19世纪德国生理学家韦伯发现，称韦伯定律（Weber's law）。韦伯定律指出，在一个刺激能量上发现一个最小可觉察的感觉差异所需要的刺激变化量与原有刺激量的大小有固定的比例关系。这个固定比例对不同感觉是不同的，用K表示，通常称为韦伯常数或韦伯比率，见表8-2。其中K值越小，表示该种感觉对差异越敏感。人体的感觉有许多种，其中与服装工效学关系比较密切的主要是温度感觉、触压感觉，甚至视觉。

表8-2　不同感觉的差别感觉阈限

感　觉	K（韦伯常数）	感　觉	K（韦伯常数）
皮肤压觉	0.140	重量	0.020
亮度	0.017	响度	0.100

四、温度感觉

人体皮肤上有专门感觉温度变化的温度感受器，即在皮肤上有专门的“热点”和“冷点”。刺激这些点能分别引起冷觉和热觉，合称温度感觉（thermal sensation）。人体皮肤上的冷点明显多于热点，以手部皮肤为例，冷点的密度为1～5个/cm^2，而热点只有0.4个/cm^2。使用40℃的温度刺激皮肤，可以找到皮肤的热点;用15℃的温度刺激皮肤,可找到冷点。在这些"热点"和"冷点"的部位存在有热感受器(warmth receptor)和冷感受器(cold receptor),分别感受皮肤上的热刺激和冷刺激。实验表明,热感受器只对热刺激发生反应,当皮肤温度升高到32~45℃时,才能激活热感受器,使感受器开始放电。在这个范围内,随着皮肤温度的逐步升高,热感受器的放电频率逐渐增加,所产生的热感觉也随之增强。皮肤温度一旦超过45℃,热感觉突然消失,代之出现热痛觉。这表明皮肤温度超过45℃时便成为伤害性热刺激。这时温度伤害性感受器开始兴奋,而热感受器的放电明显减少。这也说明,热感觉由温度感受器介导,而热痛觉则由伤害性感受器介导。冷感受器只选择性地对冷刺激发生反应,引起这类冷感受器放电的皮肤温度范围较广,在10~40℃之间,如果把皮肤温度逐步降低到30℃以下,冷感受器放电增加,冷感觉也逐渐增强。在正常情况下,冷感觉都是由皮肤温度降低所引起的。但在某种情况下,如有些化学物质作用于皮肤,也能引起冷的感觉。实验证明,薄荷能激活冷感觉器而引起冷的感觉。

皮肤的温度感觉受皮肤的基础温度、温度的变化速度以及被刺激皮肤的范围等因素影响。皮肤的原有温度影响温度感觉的一个实例是Weber的"三碗实验"(Weber three-bowl experiment)。首先,取三只碗,第一碗盛冷水,第二碗盛温水,第三碗盛热水。将一只手放入冷水碗中,另一只手放入热水碗中,然后将两只手同时放入温水碗中。这时在冷水碗浸过的手会有热的感觉,而在热水碗浸过的手则出现冷的感觉。

如果皮肤温度改变的速度很快,就很容易为人们的主观感觉所察觉。但如果皮肤温度的改变非常缓慢,皮肤的感觉阈值就会大大提高。例如,当以0.4℃/min的降温速率冷却皮肤时,可在开始冷却后11min、温度下降4.4℃以后才出现冷的感觉。实际上此时的皮肤温度已经很低,但主观上还没有感觉到。另外,被刺激皮肤的范围对温度感觉也有一定影响。在小范围皮肤上改变温度,其感觉阈值高于大范围皮肤的温度改变。

人的皮肤温度在32~34℃时通常不产生温度感觉,这就是皮肤温度的中间范围区。如果皮肤温度的改变超出这个中间范围区,即低于32℃或者高于34℃,就会分别引起冷和热的感觉。实验表明,大约要有50个热感受器同时被激活,才能达到热感觉的阈值,产生热的感觉。至于冷刺激,有人估算,单个冷感受器的兴奋,只要有传入纤维的放电频率达到50次/s,便能产生冷的感觉。

五、触压感觉

给皮肤施以触、压等机械刺激所引起的感觉,分别称为触觉(touch sensation)和压觉(pressure sensation)。由于两者在性质上类似,可以统称为触—压觉

(touch-pressure sensation)。人体皮肤上有许多触—压觉感受器。用不同性质的点状刺激检查人的皮肤感觉时发现,不同感觉的感受区在皮肤表面呈相互独立的点状分布。用纤细毛羽轻触皮肤表面时,只有当某些特殊的点被触及时才能引起触觉,这些点称为触点(touch point)。如果将两个点状刺激同时或相继触及皮肤时,人体能够分辨出这两个刺激点之间的最小距离,称为两点辨别阈值(threshold of two-point discrimination)。引起触—压觉的最小压陷深度,称为触觉阈值(tactile sensation threshold),该阈值随着受试者的不同和身体部位的不同而不同。一般来说,手指和舌的触觉阈值最低,躯体背部的触觉阈值最高。这与触觉感受器在皮肤的感觉野的大小以及皮肤中触觉感受器的密度有关。例如,鼻、口唇、指尖等处感觉器的密度最高,腹、胸部次之,手腕、足等处最低。与其相应,触—压觉的阈值也是在鼻、口唇和指尖处最低,腕、足部位最高。实验表明,人手指尖感受器的密度约为 2500 个/cm^2,其中大约有 1500 个是迈斯纳小体(Meissner's corpuscle),750 个是梅克尔触盘(Merkel's disk),75 个是环层小体(Pacinian corpuscle)和鲁菲尼终末(Ruffini's ending)。这些感受器与有髓鞘轴突(约 300 根/cm^2)相连。迈斯纳小体和梅克尔触盘的感受野较小,其直径为 3～4mm。沿着手臂向上,感觉野逐渐增大,神经支配的密度下降,所以触觉分辨的精确性也下降,躯干部的感觉野比指尖部的感觉野大将近 100 倍。

触—压觉感受器可以是游离神经末梢、毛囊感受器或带有附属结构的环层小体、迈斯纳小体、鲁菲尼终末和梅克尔触盘等。不同的附属结构可能决定它们对触、压刺激的敏感性或适应出现的快慢。触—压感受器的适宜刺激是机械刺激。机械刺激引起感觉神经末梢变形,导致机械门控 Na^+ 通道开放和 Na^+ 内流,产生感觉器电位。当感受器电位使神经纤维膜去极化并达到阈电位时,就产生动作电位。传入冲动到达大脑皮层感觉区,产生触—压觉。

六、人体的舒适感

舒适是人的一种感觉,这种舒服、适意的感觉——舒适感是人在与客观事物的相互联系中,由感觉器官感受,经大脑判断产生的主观体验。单纯的客观事物只是以自身的规律存在和发展的,无所谓舒适与否,只有当人与之发生联系时,才存在舒适的问题。舒适感是主体对客观事物与本人之间关系的评判,而不是对客观事物本身或客观事物与他人之间关系的评判。如果人与客观事物联系的物理特性符合了人的生理、心理需要,就产生舒适感,这时,人在生理、心理上均是处于满足状态。

一般舒适感的产生要经历物理环节、生理环节和心理环节。其中心理环节是产生舒适感的必要环节,代表着客观事物与主体之间联系特性的当前输入信息与以往同类经验中感到舒适的审视标准加以比较,如果相符合,则产生舒适感。存贮于大脑的审视标准是审美标准的一部分,它是以往经验的积累,据之所做出舒适与否的评判,实际上是进行一种特殊的审美判断。这一评判标准包括了人体生理要求和心理要求两方面的因素。如果心理环节判断中主要以生理因素为评判标准,且有完整的物理和生理环节,则这一类舒适感可称为生理舒适感;如果主要以心理因素为评判标准,且不一定具备物理和生理环节,则称为心理舒适感。但严格地说,任何舒适感都不同程度地包含这两方面的内容。

"舒适"是一个含意不清的词,是一个既模糊又复杂的概念,但一旦人们感觉到舒适,它就容易被接受。许多学者都试图用物理的语言来解释为一种状态,试图给"舒适感"下一明确的定义,但迄今为止,精确、科学地从正面定义舒适感仍然很难。不少研究人员进行过尝试,得出"愉快或舒适",即指出"比正常情况更愉快的状态"、"舒适感受穿着者生理反应的影响"等结论,这些仅从某一方面对"舒适"进行了评价。Slater 将舒适定义为人与环境间生理、心理及物理协调的一种愉悦状态,美国的 Hollies 等提出静止或休息时的舒适标准,从人体的生理要求出发,是比较全面的一种定义,但也存在着不足。因为"舒适感"还包括很多意义,例如,合身——活动是否方便,美感——心理上是否感到舒适等。Hollies 等总结了前人的研究结果,发现人类的舒适感包含热和非热的成分。

为了更好地评价、定义"舒适感",近年来人们进行了很多研究。在"舒适感"研究领域,研究比较早的是"热舒适"。1992 年,美国供暖、制冷与空调工程师协会标准(ASHRAE Standard 55—1992)中明确定义:热舒适是指对热环境表示满意的意识状态。Gagge 将热舒适定义为:一种对环境既不感到热也不感到冷的舒适状态,即人们在这种状态下会有"中性"的热感觉。

第二节　服装舒适性概论

一、服装舒适性的研究概况

人们对纺织品和服装的热湿舒适性能进行科学研究仅有几十年历史,在这几十年中,国内外许多学者在舒适性机理、测试仪器、实验方法、生理因素、心理因素、环境条件、纺织品性能和结构与舒适性的关系等方面做出了大量的研究工作,取得了大量的研究成果,确定了多种衡量服装热湿舒适性评价方法。

1923 年,Yaglow 提出了感觉温度指标,得到感觉温度图表。后来美国气象局的 J. F. Bosen 提出不快指数。20 世纪 40 ~ 50 年代,针对两次世界大战中士兵在寒冷环境中的防寒保暖问题,服装的隔热性能成为研究重点。1940 年,气候学家和生理学家 P. Siple 等到寒区考察，发表了论文“选择寒冷气候服装的原则”，在这篇论文中，总结了当时从生理学和气候学方面所得到的许多新知识，明确了服装防寒隔热的原理。1941 年，美国耶鲁大学的生理学家 Gagge 等提出了克罗（clo）这一服装热阻的单位，用来评价服装防寒隔热的性能。1949 年，美国出版了第一本服装生理学方面的专著 *Physiology of Heat Regulation and the Science of Clothing*，具有划时代的意义。1955 年，路顿出版了一本服装生理学方面的专著 *Man in a Cold Environment*。1962 年，A. H. Woodcock 提出用服装透湿指数（i_m）来描述织物、服装的湿传递性能，计算湿汽运动所引起的有效散热，并作为热气候条件下穿着舒适与否的评价标准。20 世纪 60 年代，美国陆军环境医学研究所著名服装生理学家 Goldman 将服装的热阻和透湿指数结合起来，进一步提出服装的蒸发散热效能指数，并建议用热阻、透湿指数和蒸发散热效能指数作为服装的热湿舒适性物理指标，来制订不同气候条件下的着装标准。60 年代末，丹麦的 Fanger 教授建立了综合人体、服装和环境三个方面六个要素的热舒适方程、舒适图和七点标尺系统。

1970 年，L. Fourt 和 N. R. S. Hollies 这两位长期从事服装舒适性研究的著名专家，在纽约出版了 *Clothing Comfort and Function*。进入 20 世纪 70 年代后，学者们逐步认识到人、服装、环境是一个不可分割的系统，单一指标的测试和评价存在片面性，必须从多个角度展开全面研究，从而使服装热湿舒适性的研究进一步活跃。许多研究机构相继研制了各种类型的模拟装置对服装热湿舒适性进行表征，如利用暖体假人研究服装的保暖性、透湿性等。此外，一些学者还提出了用计算机模拟服装热湿传递性能的研究方法。从 70 年代后期开始，关于服装的热湿传递性能以及热湿舒适性能的研究进一步活跃，除了生理学方法、人体穿着实验方法和仪器模拟实验方法外，对热湿舒适性以及冷暖感、湿感等进行了大量研究外，并采用计算机模拟技术，使人、服装、环境之间复杂的热湿交换过程得到了精确的计算。人们也开始认识到人体向外界的热湿传递往往是动态的。进入 80 年代，阐明人体热湿调节机理的热湿生理学方法开始应用在服装工效学研究领域，人工气候室的研究进一步发展。80 年代中期，国际标准化组织（ISO）的 TC159 研究组制定了一系列的标准，以评价工人在工作场所热负荷是否处于安全范围之内，包括非显汗条件下、高温高湿条件下和剧烈出汗条件下的标准。80 年代后期，研究动态的湿汽传递成为新的服装热湿舒适性的研究热点。美国学者 H. Yasuda 发表系列论文，利用所发明的实验装置，采取显汗和潜汗两种出汗模式，研究多层织物暴露在温湿度环境中，在短时间内温度的改变以及湿汽的流动。随着科技水平的不断提高，对服装热湿舒适性的研究还在不断深入。

与欧美等发达国家相比,我国对舒适性的研究起步较晚,最初仅在《军队卫生》、《军需装备研究》报道了相关研究。国内对服装热湿舒适性的研究始于20世纪60年代,60年代中期中国解放军总后军需装备研究所开始研究分段暖体假人。1978年上海纺织科研所研制了圆筒保温仪。80年代中期开始,国内关于服装舒适性研究方面的著作陆续出版,1984年曹俊周翻译了L. Fourt和N. R. S. Hollies的*Clothing Comfort and Function*一书,次年,欧阳骅编著了《服装卫生学》,以及庄司光的《服装卫生学》和P. O. Fanger的《舒适》等,这些书籍的引进和出版,对国内的热湿舒适性研究的展开起了推动作用。同时国内的一些高校和研究单位也在服装热湿舒适性领域开展了广泛的研究。1983年,西北纺织工学院研制出了织物微气候仪,同时还提出了用热阻、湿阻、当量热阻、热阻率、当量热阻率等指标作为织物热湿舒适性的物理指标。1985年,东华大学(原中国纺织大学)研制了织物传热透湿装置。总后军需装备研究所的研究人员对织物热湿传递性能的评价方法也做了大量研究,研制成功了衣内微气候测试仪,并提出了潜汗和显汗条件下织物热湿传递性能的评价指标。这些测试仪器的研究,为评价服装认识舒适性提供了先进的测试手段,解决了服装热湿舒适性评价定量化的问题。近几十年来,国内在热湿舒适性方面研究取得了较大的进展,目前主要研究范畴集中在暖体(出汗)假人和测试仪器的研制、吸湿排汗面料的开发和研究以及衣下微气候的研究等方面。2002年,香港理工大学纺织及制衣学系的范金土等人成功研制了世界上第一台用水和特种织物构成的出汗暖体假人,成功实现了全身出汗功能,并能够精确测量服装的热阻和湿阻。

二、服装舒适性的定义

服装的舒适性是一个多种性能复杂结合的概论,既有主观因素,也有客观物理因素。人们普遍认为,通过织物的热、湿和空气运动是影响舒适的主要因素,但一些主观因素,如尺寸、合身性、美学性能、柔软性、手感、悬垂性对服装显然也是十分重要的。此外,还有一些因素,如静电的产生、噪声的控制也不应忽视。在有关服装舒适性的大量文献中,以下三个学术思想是明确的。

(1)真正的舒适是存在于没有任何不舒适因素的条件下,存在于穿着者在生理上、心理上都感到满足的时候。舒适是无不舒适感觉的一种中性状态。

(2)服装的舒适性是服装本身的一种属性,对应于人体"舒适感"而提出来的,其中只有当人们穿着服装时,由生理、心理以及物理诸因素之间相互作用而对服装产生一种满足的时候才表现出来。

(3)服装舒适性不是服装的基本属性,如透气性、透湿性、合体性等,也不是各个属性的简单加合，而是若干基本属性的加权组合属性。

Goldman 博士提出了关于服装舒适性的 4F 理论，即 Fashion、Feel、Fit、Function。

1. Fashion——流行

流行是指可以通过调查研究与了解市场，不断创造出优秀的服装款式与风格，并使消费者相信这种款式、风格不仅会被大众接受，而且是必须的。此外，流行在使群体中的一员成为其潜在的接受者过程中起着十分重要的作用。流行在建立并保持团队意识及凝聚力方面起着关键性的作用。每位军人与他的团队紧密相连，警察和消防队员代表了他们的职业，这些是对舒适性的重要概括。

2. Feel——感觉

对于服装的感觉有两个截然不同的类型。一个是织物的手感，即当人用手指捏住织物时所感觉到的织物特性；另一个则是当人穿着服装，服装与人体接触所产生的感觉。织物的手感可以通过织物风格仪测量；而穿着者穿着服装的感觉中，只包括一小部分手感问题，同时还包括织物中水汽的作用及其在面料中的传递、皮肤与服装的接触面积及接触的点数以及当水汽在面料中聚集时与人体接触情况的变化。

3. Fit——合体性

穿着合体与流行是密不可分的。

4. Function——功能性

功能性包括以下五个方面：

（1）热阻（insulation）：与面料的厚度直接相关，几乎与纤维无关，进而与面料的设计以及面料的组织结构无关。

（2）透湿指数（moisture permeability index）：与纤维种类、织物组织结构以及后整理工艺有关。当人体出汗、需要通过汗水的蒸发起到降温作用时，透湿指数就变得十分关键了。

（3）芯吸效应（wicking）：与纤维的种类、织物组织结构和后整理工艺有关。

（4）吸水性（water uptake）：与纤维的种类、后整理工艺、织物组织结构以及设计有关。

（5）干燥时间（drying time）：是纤维和面料的一个性能指标，这一点在人体出汗时十分重要。

三、服装舒适性的分类

服装舒适性研究是一门综合性、交叉性的学科，涉及心理学、生理学、物理学及人类社会学等诸多学科，舒适性研究范围包括物理、生理、心理、神经等多个基本领域。具体来说，服装舒适性的分类如图 8－1 所示。

- 服装舒适性
  - 生理舒适性
    - 适穿舒适性（服装压力）
    - 触觉舒适性（肌肤感）
    - 热湿舒适性
  - 心理舒适性
    - 色彩
    - 款式
    - 对某种场合穿着的适合性

图 8－1　服装舒适性的分类

由图 8－1 可见，生理舒适性和心理舒适性是服装舒适性研究不可分割的两个方面。生理上的舒适包括适穿舒适性、触觉舒适性以及热湿舒适性。服装的适穿舒适性主要是服装及其结构设计人员研究的内容，包括服装穿着的合体性、对人体运动的影响以及服装的压力等问题，这方面主要由服装的款式结构和服装材料的力学性能决定。服装的触觉舒适性指服装与人体皮肤接触时所产生的各种神经感觉，包括由皮肤神经末梢感知的力学（机械）触觉舒适性，如柔软、刺痒等，由温度等感觉神经末梢感知的热湿接触舒适或瞬时接触冷暖感等方面。服装热湿舒适性是指在各种不同的环境条件下，人体穿着服装后，使人体的热、湿状态达到平衡，人体感到既不冷又不热、既不闷又不湿，满足人体生理状态的要求，使人体感觉舒适、满意的服装性能。服装的热湿舒适性与服装材料的热湿传递性能、服装的款式结构、人体所处的状态等有密切关系，同时，服装的热湿舒适性作为一种主观感觉，穿着舒适与否对人们日常生活、工作影响很大。服装心理舒适性包括色彩、款式和对某种场合穿着的适合性。服装生理舒适性和心理舒适性各有所重又相辅相成，它们对服装舒适性的贡献在不同的条件下也会有所不同。

在整个服装舒适性研究领域中，服装的热湿舒适性是最基本、最核心的问题，所以国内外学者们对热湿舒适性的研究也最为广泛。目前我们所谈到的服装舒适性，多数是指服装的热湿舒适性，服装的热湿舒适性研究一直是现代服装科技领域的前沿课题。

第三节　服装工效学的评价方法

无论从企业还是从消费角度，服装工效学需要科学的评价方法。目前国内外学者对于服装工效学的研究普遍通过以下五个阶段进行。

一、材料实验

材料实验是指利用仪器对织物的一系列物理性能进行检测，如热阻、透湿性、透气性、弹性、断裂强度等。对于某些特殊功能服装还有一些针对其功能的检测，如消防服，还需要测量面料的阻燃性能（极限氧指数、继燃时间、阴燃时间、损毁长度等)。通过面料实验,了解面料的性能是否能够满足功能和设计要求,同时为后续服装的加工和制造提供技术指标。

二、假人实验

通过材料实验的结果,确定服装材料并加工成服装。材料实验虽然可以精确地测量出服装材料的各种性能,其中有些指标并不能完全代表服装,如热阻、透湿指数等,主要原因如下。

(1)服装并非均匀覆盖人体表面,并且服装与服装之间会有部分重叠的现象。

(2)在绝大多数情况下,人体穿着服装后,在人体与服装之间以及各层服装之间存在空气层。

(3)由于重力的作用,服装的某些部位存在压缩现象。

(4)人体姿态不同,会使服装与人体之间的空气层厚度及流动状态发生变化,同时也会使服装局部的材料发生拉伸或压缩。

因此,材料实验之后必须进行暖体假人实验,进一步测量服装的热阻、透湿性能、穿着的外观效果等。此外,暖体假人可以经受任何环境条件,甚至一些极端条件,并且可以根据需要进行不间断的连续试验。暖体假人无精神因素的影响,所以数据结果稳定,误差较小,并且可以在真人无法实验的极端环境条件下,进行服装的性能测试。假人实验能够为服装设计、选材、工艺技术及服装生理卫生等提供基本数据。

三、人体穿着实验

为彻底了解服装在设计和功能方面是否真正符合实际需要,必须要通过人体穿着实验,这样才能得到真实的实验结果。人体穿着实验一般要求在人工气候室内进行。实验过程中,受试者模拟实验工作状态,测量受试者的主要生理参数,同时以问卷方式进行受试者的主观感觉实验。通过人体穿着实验,可以从生理和心理两方面对服装的设计与功能有比较精确的了解。

四、现场穿着实验

对于普通服装,现场穿着实验主要从消费者与市场需求、服装的总体感觉、服装号型等方面进行评价;对于特种功能服装,受试者需要穿着所设计的功能性服装在实际工作场所进行工作,对服装总体性能进行评价。现场穿着实验的测量也包括生理和心理两个方面。

五、大规模穿着实验

大规模穿着试验主要是针对功能性服装，一般类型的服装不需要此过程。通过以上四个阶段，对服装的总体性能已基本了解，并已确定服装达到功能的设计要求，符合人体的生理和心理特点。通过较长时间的大规模穿着实验，为服装产品的最终定形及最终应用提供保证。

第四节　人体穿着实验方法

使用暖体假人测量服装的热湿传递性能虽然具有许多优点，但它不能代完全代替真人，因为暖体假人没有体温调节机能、情感变化。所以，对于服装工效学的研究还需要在暖体假人试验的基础上，进行人体穿着试验。

人体穿着实验，一般要求在人工气候室内进行。通过人工气候室，模拟大气的各种工作环境，如温度、湿度、气流、雨、雪和日照等。进行人体穿着实验时，人体状态一般有三种，即静态（如静坐）、动态（如慢跑、踏车运动等）、静动态（静坐—慢跑—静坐）。

一、人体穿着实验及评价方法

人体穿着实验有以下几种实验及评价方法。

（1）用温、湿度传感器测试服装内微小气候的温、湿度，直接进行比较。这种方法较为简单、直观。

（2）测量受试者生理学的相关指标，如新陈代谢率、体核温度、平均皮肤温度、心率、出汗量、汗率发量、汗率发率、体表面积等。

（3）记录受试者的主观感觉。它是采用形容词表达出物理刺激强度的方法，一般把刺激强度分成五个等级，由被受试者描述穿着的感觉，如舒适感、冷暖感等。该方法的缺点是因人而异，并受人们经验的影响，不能进行定量分析，只能定性比较。

（4）根据人体、服装、环境的有关指标，计算受试者的热湿平衡状态，评价受试者的冷热等级。

（5）根据受试者的热湿平衡，计算服装的热阻、透湿指数等。

（6）测量服装的相关指标，如服装重量、吸湿量、服装表面积、服装表面温度等。

二、人体穿着实验的限度

人体穿着实验的限度是指人在接受实验时的有限程度。当实验条件严酷时，人的感觉会超出其限度，这时应该指出受试者的生理危险问题并及时停止实验，使受试者身体恢复原状，以免发生事故。在寒冷的气候中，一般是由于冻伤或冻僵而造成生理上的危险，观察面部表情是较为有效的方法。

（1）在低温大风速下，人的面色变得苍白或有白点出现，这时表明受试者开始冻僵，应该马上停止实验。

（2）通过受试者耳朵、手指尖和脚趾上的温度传感器，监测这些部位的温度变化。当某部位的温度达到5℃时，应该立即停止实验。实验过程中，如果受试者的面颊、耳朵、手指或脚趾感到疼痛，应及时报告，必要时应停止实验。人的耐受程度有三种标志，即手疼痛、脚疼痛或全身严重发抖。对于穿着北极服装的人在－27℃的环境中静态时进行观察，可以把受试者分成耐寒能力强、中等耐寒能力和耐寒能力差三种。耐寒能力差的一般在2h内会出现上述三种标志中的两种；而耐寒能力强的在3h内也没有任何两种标志的出现，而只有一种标志。在实验进行1.5h内未出现任何标志，这表明实验正常。

（3）在炎热的实验环境中，昏倒、热疲劳和热中风是主要危险。同寒冷环境下的实验一样，热环境的野外实验也是十分危险的。选择年轻健康的受试者，年轻人心脏的额外负担不像老年人那样危险，心率的变化从每分钟80次左右可提高到160～180次，当超出上述限度时应停止实验。

（4）直肠温度在炎热环境中将高于37℃。当直肠温度达到39.5℃时应停止实验，否则将会产生危险。

（5）一般不把受试者暴露在超过40℃的环境温度和饱和水汽压的条件下进行实验，因为这种实验环境超出了人的耐受限度。

总之，当人体穿着实验评价服装性能时，一定要严格控制实验限度和标准。受试者在实验前要进行严格挑选和训练，只有这样，实验结果才有实用价值。

三、主观感觉评价的方法

主观感觉评价是服装工效学研究中的一个必须经历的实验环节。虽然通过材料实验、假人实验后，对服装的性能已掌握了大量客观的数据，但由于服装最终是由真人来穿着的，服装舒适性不只是由服装及其材料的物理指标来决定的，还包括很多心理因素，这些心理因素同样会影响服装穿着时的感觉及工作效率。人和人之间往往存在着比较大的个体差异，所以仅通过服装的物理指标和受试者的生理指标并不能准确、客观地说明人对服装的所有感觉，人体实验过程中的主观感觉评价是必须的。

主观感觉评价是利用一系列形容词来表达人体对各种刺激强度产生的感觉

的方法，一般把刺激强度分成几个等级，由受试者描述穿着感觉。为了使人体实验方便，通常要求受试者圈选主观感觉评价表中的等级数字，或以询问方式，由实验工作人员来填写。主观感觉等级通常以奇数级为多，如三级、五级、七级。绝大多数受试者均能够准确地区分并回答三级感觉；对于七级感觉等级，则需要经过专业培训的人才能够准确地掌握；对于一般的受试者，如果采用五级感觉等级，实验前也要仔细解释清楚，确保实验结果的准确性。

最常见的七级感觉等级是：+3— +2— +1—0— -1— -2— -3，其中，数值0左右两边的数值分别表示相反的两种感觉。人的冷热感觉强度分级描述见表8-3。

表8-3　冷热感觉强度分级描述表

等级	+3	+2	+1	0	-1	-2	-3
感觉	热（hot）	暖（warm）	稍暖（slightly warm）	中性（neutral）	稍凉（slightly cool）	凉（cool）	冷（cold）

一般有两种描述五级感觉等级的方式，一种与七级感觉的分级理论相同，只是等级数量少些，如 +2— +1—0— -1— -2；另一种五级感觉等级则是针对某一个等级进行的，如热感 1—2—3—4—5，其中，1 表示完全没有，5 表示全部。以热感为例，热感觉五级强度描述见表8-4。

表8-4　热感觉五级强度描述表

等级	1	2	3	4	5
感觉	没有热的感觉	温暖	稍热	热	难以忍受的热

根据服装的功能和用途不同，选择的主观感觉指标也会有所变化。表8-5分类列出了服装工效学主观感觉评价指标，这些指标可以根据需要有选择地使用。

表8-5　服装工效学主观感觉评价指标表

评价类别	指标术语
热湿感觉指标	冷、暖、凉爽、热、闷、湿、潮、黏、爽、不吸汗、汗流淌感、滑腻等
触觉感觉指标	硬挺、柔软、刺扎感、痒、粗糙、光滑、紧贴、静电等
适穿感觉指标	宽松、紧身、轻、重、合体、束缚感等
综合指标	舒适感、合适、美观等

在进行阻燃防护服装的工效学研究中，所使用的主观感觉评价见表8-6。

表 8-6　主观感觉评价表

组别	项目	开始	运动过程中			结束
			10min	20min	30min	
适穿触感	合身感					
	宽松感					
	沉重感					
	轻感					
	柔软感					
	硬挺感					
热湿感	黏感					
	冷感					
	热感					
	闷感					
	湿感					
触感	刺扎感					
说　明		感觉等级 1—2—3—4—5 没有————————全部				

第五节　有效温度

有效温度（effective temperature）是常用的评价空气温度、相对湿度和风速三者对人体温度感觉综合作用的指标，用来表示温热感觉的舒适程度。它是美国的霍顿（Hougtan）等为研究空调建筑中温度对人舒适的影响而提出的。有效温度以受试者对环境的瞬时反应为基础，通过受试者对不同空气温度、相对湿度、风速的环境的主观感觉而得出的具有相同热感觉的综合指标。受试者从一个实验环境进入另一个实验环境时，如果热感觉没有明显变化，则认为这两个环境具有相同的有效温度，有效温度数值相当于热感觉相同的静止饱和空气环境的空气温度，即有效温度是在自然对流（风速≤0.1m/s）、相对湿度为100%的条件下的温度值，在任何微小气候条件下，受试者的温度感觉与在风速≤0.1m/s、相对湿度为100%的条件下的某一温度相同时，这个温度就是有效温度。例如：

（1）气温 17.7℃，相对湿度 100%，风速 0.1m/s；

（2）气温 22.4℃，相对湿度 70%，风速 0.5m/s；

(3)气温25℃,相对湿度20%,风速2.5m/s。

以上三种微小气候,虽然空气温度、相对湿度和风速都不相同,但受试者在这三个气候条件下产生的温度感觉是相同的,那么它们的有效温度是相等的。这个温度可以用17.7°ET表示。

有效温度图是用于求解任一环境条件下的有效温度值的曲线图。首先,受试者在两个人工气候室来回走动,并不断报告其温度感觉。在第一室内,保持湿度100%、风速≤0.1m/s和一定的气温;第二室内的气温、湿度和风速按一定的间隔时间改变,记录受试者在第二室温度感觉与第一室温度感觉相同时的各种气温、湿度和风速的数据。然后改变第一室的气温,继续进行实验。最后,根据所得实验数值即可编制成有效温度图。

有效温度图分为基本有效温度图(basic effective temperature)和常规有效温度图(normal effective temperature),如图8-2和图8-3所示。基本有效温度图是人体上半身不穿衣服的情况,适用于高温环境;常规有效温度图的受试者穿着普通服装,适用于在适中气温条件下处于安静状态或从事轻作业的人。

在有效温度实验中,有50%~70%的受试者感觉舒适的微小气候,称为舒适带;有98%的人感觉舒适的微小气候,称为舒适线。对于大多数人来说,舒适带为17.2~21.7°ET,舒适线为18.1~18.9°ET。

有效温度与皮肤温度、氧消耗量、蒸发失水量等生理指标有一定的相关性。在适中气温条件下,有效温度与额部皮肤温度的相关系数为0.80~0.96;有效温度与平均皮肤温度的相关系数在自然对流条件下为0.51,在有风条件下为0.72。

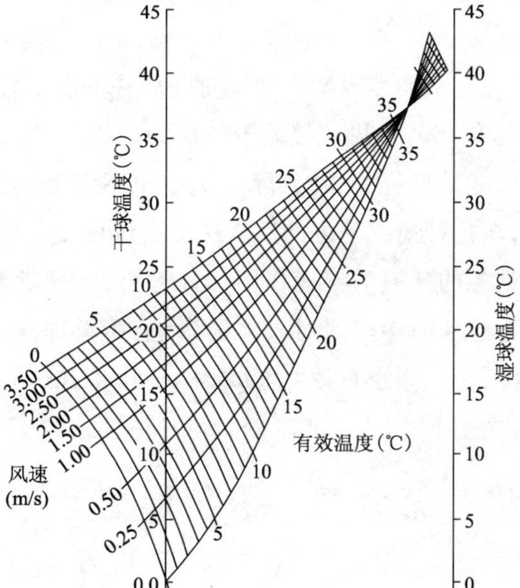

图8-2　基本有效温度图

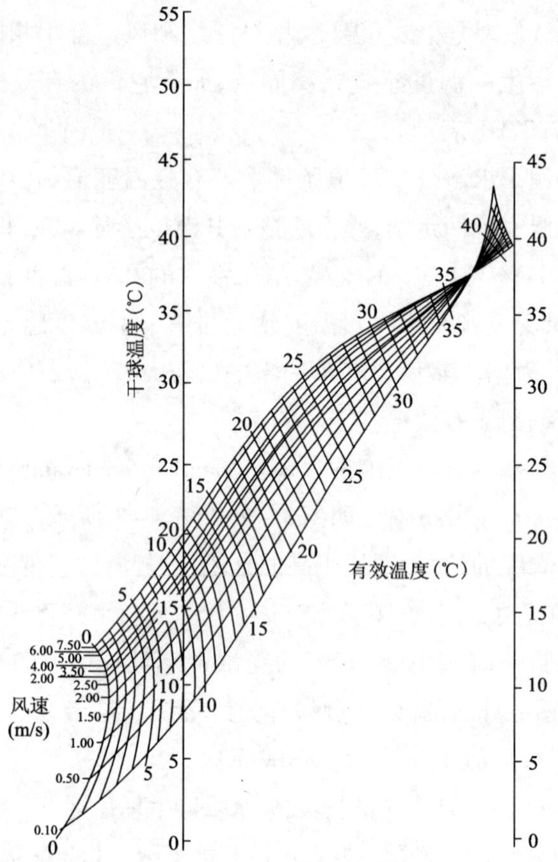

图 8-3　常规有效温度图

有效温度是根据受试者进入不同微小气候的人工气候室内,立即询问其主观感觉而制订的,因此它不能准确地反映长时间居住的温度感觉。而且,有效温度的测定是以相对湿度 100%、风速接近于 0 作为比较基础的,在这种微小气候环境中人的感觉不可能是良好的,在实际生活中也不常遇到。由于受试者在两室内停留时间短暂,在这种情况下人的温度感觉受湿度变化的影响较大。此外,该指标对舒适与感觉凉的环境的湿度作用估计偏高,对感觉温暖的环境的湿度作用估计偏低。为考虑环境中辐射对人体的影响,用黑球温度代替干球温度来修正原有效温度指标,称为修正有效温度(corrected effective temperature)。

第六节　等价温感

等价温感(equivalent temperature)是评价空气温度、相对湿度、风速和平均辐射温度对人体温度感觉综合作用的指标。它以相对湿度100%、风速小于0.1m/s、周围物体温度与空气温度相等作为标准条件，外环境的气温、湿度、风速和辐射作为不同的配合，所得温度感觉与标准条件相同时，均以标准条件的气温表示。

等价温感指数的舒适带为11.6～20.3℃(52.9～68.6℉)，在16℃(60.9℉)最舒适。通常可以用等价温感曲线图求得舒适温度，如图8－4所示。

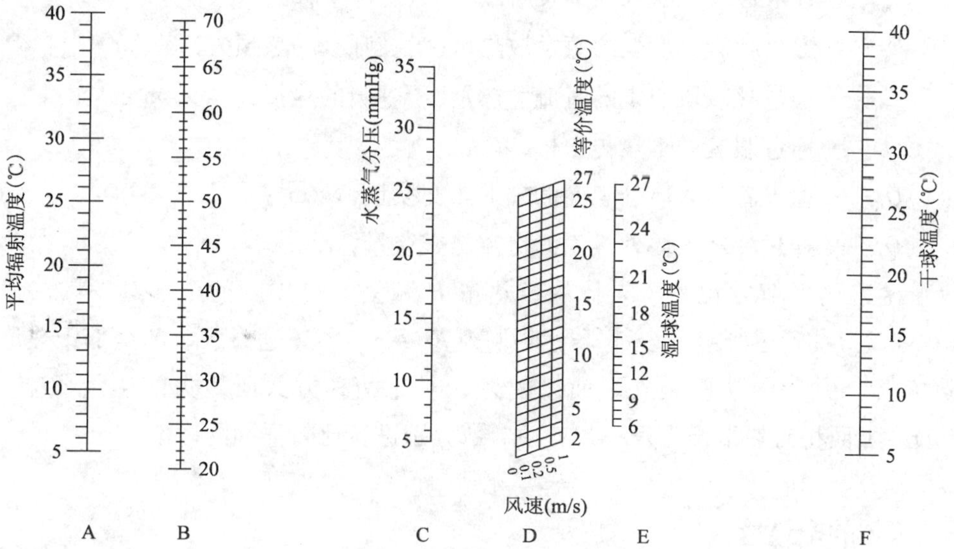

图8－4　等价温感图

第七节　热平衡方程

服装的热湿舒适性是服装工效学研究的重要内容之一，而人体达到热湿平衡是使人体取得热湿舒适性的前提条件。在任一环境条件下人体穿着服装后，由于服装的介入和调节作用，人体、服装、环境三者构成了一个复杂的热、湿产生、传递、散失系统。人生活或工作在某一环境条件下，人体感觉舒适的必要条件就是达到热平衡，即人体单位时间产生的热量等于单位时间所散失的热量，体内无明显的热蓄积或热债现象。通过人体的体温调节系统及人的行为调节作用，使人体的体温保持恒定。

通常人体与环境之间进行热交换是通过四种途径进行的，即对流、传导、辐射和蒸发。1967年，丹麦理工大学的Fanger(范格)教授以美国堪萨斯州立大学(Kansas State University)的研究数据为基础，提出了包含空气温度、平均辐射温度、风速、相对湿度、人体的活动水平、服装的热湿传递性能等参数的热平衡方程式，该方程式对研究人体热舒适性、研究人体最佳的热舒适条件具有非常重要的指导意义与应用价值。范格教授提出的热平衡方程式如下：

$$H - E_d - E_{sw} - E_{re} - E_b = Q = Q_R + Q_C \quad (8-1)$$

式中：H——人体的产热量，W/m^2；

E_d——通过皮肤表面的不显汗蒸发所散失的热量，W/m^2；

E_{sw}——汗液通过皮肤表面蒸发所散失的热量，W/m^2；

E_{re}——通过呼吸所产生的蒸发散热量（潜在呼吸的热损失），W/m^2；

E_b——通过呼吸所产生的对流散热量（干呼吸的热损失），W/m^2；

Q——通过服装的干热传递量，W/m^2；

Q_R——通过着装人体外表面的辐射热交换量，W/m^2；

Q_C——通过着装人体外表面的对流热交换量，W/m^2。

上述热平衡方程表示人体的产热量 H 减去通过皮肤的全部蒸发散热量（$E_d + E_{sw}$）和通过呼吸的全部干热散热量（$E_{re} + E_b$）等于通过服装的全部干热散热量（Q），并等于从服装外表面以辐射和对流两种方式所散失的热量（$Q_R + Q_C$）。下面将对热平衡方程中的各项参数分别进行比较详细的讨论。

一、人体的产热量

人体体内的氧化过程在单位时间内所释放的能量称为人体新陈代谢率（M）。有时，人体代谢率中的一部分能量会转化为外部的机械功（W），但绝大部分则转化为人体体内的热量（H），见下式：

$$H = M - W \quad (8-2)$$

式中：H——人体的产热量，W/m^2；

M——人体新陈代谢率，W/m^2；

W——人体对外做功，W/m^2。

或：

$$H = M \cdot (1 - \eta) \quad (8-3)$$

式中：H——人体的产热量，W/m^2；

M——人体新陈代谢率，W/m^2；

η——外部机械效率。

人体的新陈代谢率是随着人体的活动水平而变化的。在绝大多数条件下，人没有外部机械的作用，机械效率 $\eta = 0$。例如，人在水平步行时，外部机械功为零。当人从事某些的活动时，机械效率 η 可能达到 0.20～0.25，如步行上山或上楼梯、把举重物等。

二、通过皮肤表面的不显汗蒸发所散失的热量

通过人体皮肤表面的不显汗蒸发过程并不受人体的体温调节系统的控制。人体单位面积的不显汗蒸发量与人体皮肤温度下的饱和水汽压(P_s)与环境空气中水蒸气分压(P_a)之差成正比。人体皮肤的表皮角质层深层是人体不显汗的主要蒸发阻碍,在其中汗水的扩散阻力是很大的,与正常号型服装的扩散阻力相当。根据皮肤渗透系数的数值及皮肤温度下的饱和水汽压与皮肤温度(t_s)的相关性,Fanger 提出了通过皮肤表面的不显汗蒸发所散失的热量(E_d)的计算公式:

$$E_d = 3.05 \times 10^{-3} \cdot (256t_s - 3373 - P_a) \tag{8-4}$$

式中:E_d——通过皮肤表面不显汗蒸发所散失的热量,W/m^2;

t_s——平均皮肤温度,℃;

P_a——环境空气的水蒸气分压,Pa。

三、汗液通过皮肤表面蒸发所散失的热量

通过皮肤表面蒸发所散失的热量是指去除了人体不显汗蒸发散热量以及通过呼吸道的蒸发散热量之外的汗液蒸发散热量。当人体处于舒适状态时,人体的出汗量应该处于中等程度以下,并且人体所产生的汗液均能够及时地蒸发散失掉,不会在人体的皮肤表面大量蓄积。体表的汗腺分泌量是随着人体的活动水平、热积蓄强度的变化而变化的。当人体处于比较稳定状态时,感觉热舒适的首要条件就是人体达到热平衡。人体在一定的活动水平条件下,人体的皮肤温度及汗液的分泌量是影响热平衡的重要生理指标。对于在某一环境条件下、穿着一定服装从事一定工作的人来说,人体的体温调节系统是十分有效的,皮肤温度和汗液分泌量的一定组合,就可以满足热平衡方程的要求。人体借助自身的温热调节系统可以在较大幅度的环境变化中保持热平衡。但满足热平衡方程并不等于人体达到了热舒适,在保持热平衡的环境变动范围内,仅存在一个比较窄小的热舒适区域。与该区域相对应的是一个狭窄的平均皮肤温度和汗液分泌量的范围。也就是说,处于一定活动水平的人的热舒适,其平均皮肤温度和汗液蒸发量必须处在一定的限度之内,且该限度是随着人的活动水平以及不同人而改变。处于一定活动水平下、通过皮肤的蒸发散热量(E_{sw})与平均皮肤温度具有函数关系。

Fanger 通过美国大学生年龄段的男性受试者和女性受试者的实验,得到了

不同活动水平受试者的平均皮肤温度和汗液分泌量与热舒适的关系。处于热舒适状态下的人体平均皮肤温度与活动水平的关系如图8－5所示。由图可以看出，为了保持人体的热舒适，当活动水平提高时，平均皮肤温度应较低。

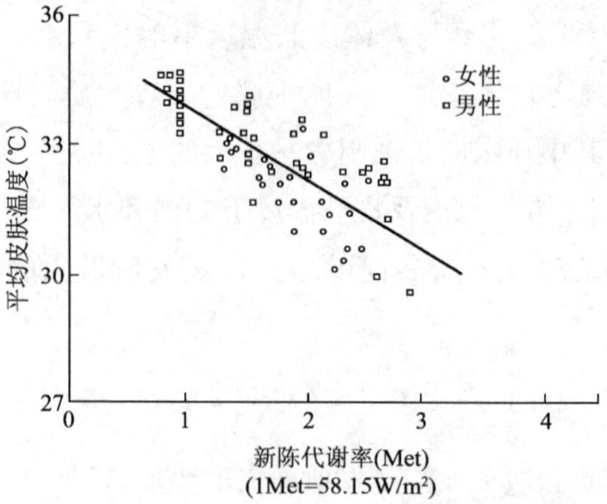

图8－5　处于热舒适状态下的人体平均皮肤温度与活动水平的关系

此外，Fanger还得到了不同活动水平受试者的蒸发散热与活动水平的关系，如图8－6所示。由图可以看出，为了保持人体的热舒适，当活动水平提高时，通过皮肤的蒸发散热量也要增加。

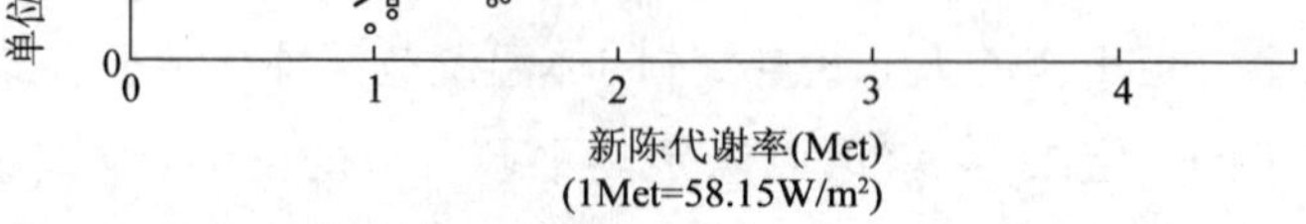

图8－6　蒸发散热与活动水平的关系

人体的皮肤温度与代谢产热量之间以及汗液分泌量和人体产热量之间均具有一定的相关性。Fanger通过对处于热舒适状态下的人体数据进行回归分析，得到人体的皮肤温度与人体产热量（活动水平）之间以及汗液分泌量与人体代谢产热量之间的函数关系。

$$t_s = 35.7 - 0.0275H \qquad (8-5)$$

式中：t_s——人体的平均皮肤温度，℃；

H——人体的产热量，W/m^2。

$$E_{sw} = 0.42 \cdot (H - 58.15) \quad (8-6)$$

式中：E_{sw}——汗液通过皮肤表面的蒸发散热量，W/m^2；

H——人体的产热量，W/m^2。

由此可见，为了保持人体的热舒适，平均皮肤温随着活动水平的提高而降低。例如，当人体的代谢产热量为58.15W/m^2［即50kcal/（h·m^2）］时，平均皮肤温度约为34℃；而当人体的代谢产热量为174.45W/m^2［即150kcal/（h·m^2）］时，平均皮肤温度应为30.9℃才可能感觉舒适。当人处于安静坐姿情况下，人体的产热量约为58.15W/m^2，感觉热舒适时的汗液分泌量为零；而当人从事较为剧烈的活动时，为保持热舒适，需要分泌适当的汗液才能保证足够的散热量，使人体达到热平衡。

四、通过呼吸所产生的蒸发散热量

通常情况下，人在呼吸过程中，空气流过人体的呼吸系统时，会同时发生对流和蒸发两种形式的热交换过程，并将热量和水蒸气传递到吸入的空气中。当到吸入空气达到肺泡时，处于身体的深层温度中，水蒸气达到饱和状态。虽然空气通过呼吸道向外运动时，一部分热量又被带回到体内，并冷凝成水分，但是由鼻腔呼出的气体仍然比舒适环境中的吸入空气含有较多的热量和水分，因此人的呼吸存在蒸发散热及对流散热过程。通过呼吸所产生的蒸发散热取决于肺气通量以及呼出、吸入气体中的水汽含量差，而肺气通量主要取决于人体的新陈代谢率（M）。通过呼吸所产生的蒸发散热最计算公式如下：

$$E_{re} = 1.72 \times 10^{-5} \cdot M \cdot (5867 - P_a) \quad (8-7)$$

式中：E_{re}——通过呼吸所产生的蒸发散热量，W/m^2；

M——人体的新陈代谢率，W/m^2；

P_a——空气中的水蒸气分压，Pa。

五、通过呼吸所产生的对流散热量

在一定条件下，人体呼出气体的温度与吸入气体的温度具有一定的相关性。然而，通过呼吸的对流散热量与热平衡方程的其他参数相比较小，所以对于呼出气体的温度可以取34℃这个平均数值已足够准确。通过呼吸所产生的对流散热量计算公式如下：

$$E_b = 0.0014M \cdot (34 - t_a) \quad (8-8)$$

式中：E_b——通过呼吸所产生的对流散热量，W/m^2；

M——人体的新陈代谢率，W/m^2；

t_a——空气的温度，℃。

六、通过服装的干热传递量

从人体皮肤到着装人体最外表面之间的干热传递是十分复杂的，它包括人体与服装之间、服装各层之间的对流和辐射过程，以及服装本身的热传递。服装的干热传递量可以通过服装的热阻计算，即：

$$Q = \frac{t_s - t_{cl}}{0.155R_{cl}} \tag{8-9}$$

式中：Q——通过服装的干热传递量，W/m^2；

t_s——平均皮肤温度，℃；

t_{cl}——服装外表面的温度，℃；

R_{cl}——服装的热阻，clo。

七、通过服装外表面的辐射热交换量

与物理学上两个物体之间的辐射热交换情况相同，辐射热交换同样发生在人体和周围环境之间。着装人体与环境之间的辐射热交换量的具体内容在本书服装的干热传递章节已进行了比较详细介绍，本节不再重述。着装人体外表面与周围环境之间以辐射方式进行的热交换量可用下式计算：

$$Q_R = 3.96 \times 10^{-8} \cdot f_{cl} \cdot [(t_{cl} + 273)^4 - (t_{mrt} + 273)^4] \tag{8-10}$$

式中：Q_R——通过服装外表面的辐射热交换量，W/m^2；

f_{cl}——人体着装面积系数；

t_{cl}——服装的外表面温度，℃；

t_{mrt}——环境的平均辐射温度，℃。

八、通过服装外表面的对流热交换量

着装人体外表以对流热方式与周围环境的热交换量可以通过下列方程式计算：

$$Q_c = h_c \cdot f_{cl} \cdot (t_{cl} - t_a) \tag{8-11}$$

式中：Q_c——通过服装外表面的对流热交换量，W/m^2；

h_c——对流散热系数，$W/(m^2 \cdot ℃)$；

f_{cl}——人体着装面积系数；

t_{cl}——服装的外表面温度，℃；

t_a——环境温度,℃。

九、热平衡方程式

将以上得到的所有热散失项目代入热平衡方程式(8-1)中,得下式:

$$M-W-3.05\cdot[5.73-0.007\cdot(M-W)-P_a]-0.42\cdot[(M-W)-58.15]-0.0173M\cdot(5.87-P_a)-0.0014M\cdot(34-t_a)$$
$$=\frac{35.7-0.0275\cdot(M-W)-t_{cl}}{0.155R_{cl}}=3.96\times10^{-8}\cdot f_{cl}\cdot[(t_{cl}+273)^4-(t_{mrt}+273)^4]+f_{cl}\cdot h_c(t_{cl}-t_a) \quad (8-12)$$

利用上式中的第一个等式可以求解出服装的外表面温度 t_{cl},见下式:

$$t_{cl}=35.7-0.0275\cdot(M-W)-0.155R_{cl}\{(M-W)-3.05\cdot[5.73-0.007\cdot(M-W)-P_a]-0.42\cdot[(M-W)-58.15]-0.0173M\cdot(5.87-P_a)-0.0014M\cdot(34-t_a)\} \quad (8-13)$$

第八节 热舒适图

虽然热平衡方程并不十分复杂,但用手工计算却是十分费力的,所以只能借助计算机求解有关变量。而实际应用则可直接使用热舒适图,如图 8-7 ~ 图 8-15 所示。热舒适图是根据热平衡方程描绘出的各种不同条件下的热舒适曲线。热舒适曲线上的各个点表示的是通过这些点(状态)而获得满意的舒适方程,即热舒适曲线上的各个点对应的横、纵坐标的参数值与其他参数组合条件下的热舒适环境。在这些图中,人的机械效率均设为零。热舒适图简化了热平衡方程的使用,可以直接用于实践中。

图 8-7 ~ 图 8-10 表示平均辐射温度等于空气温度的条件下,活动水平、克罗值、相对风速、湿度和环境温度的组合,以建立最优热舒适。在这些图中,标绘出 4 种不同的克罗值和 3 种不同活动水平的舒适线(纵坐标是湿球温度,横坐标是空气温度,曲线指标是相对风速),这些图非常适合研究湿度对人体舒适的影响。

如图 8-11 所示为 4 种不同热阻值服装的舒适曲线。其指标是以周围温度对相对风速当参数的活动水平的舒适线。与图 8-7 ~ 图 8-10 一样,平均辐射温度等于空气温度,但此时的相对湿度保持恒定为 50%。图 8-11 特别适合评价相对风速和活动水平对人体舒适的影响。

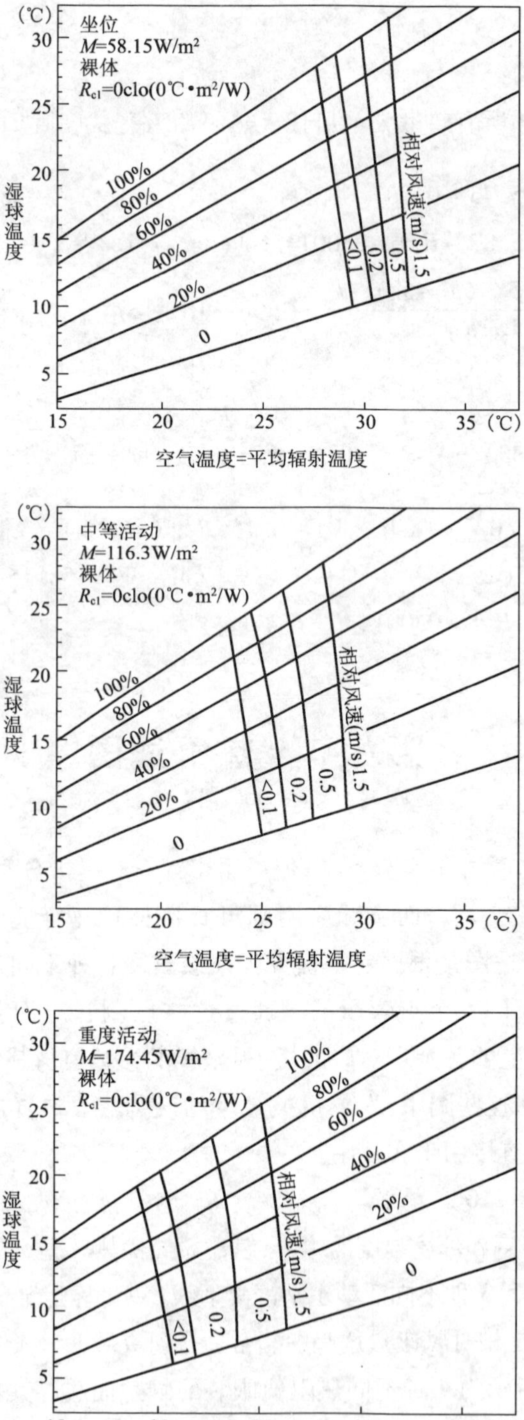

图 8－7　三种不同活动水平，裸体人的舒适曲线

[R_{cl} = 0clo(0℃ · m²/W), f_{cl} = 1.0]

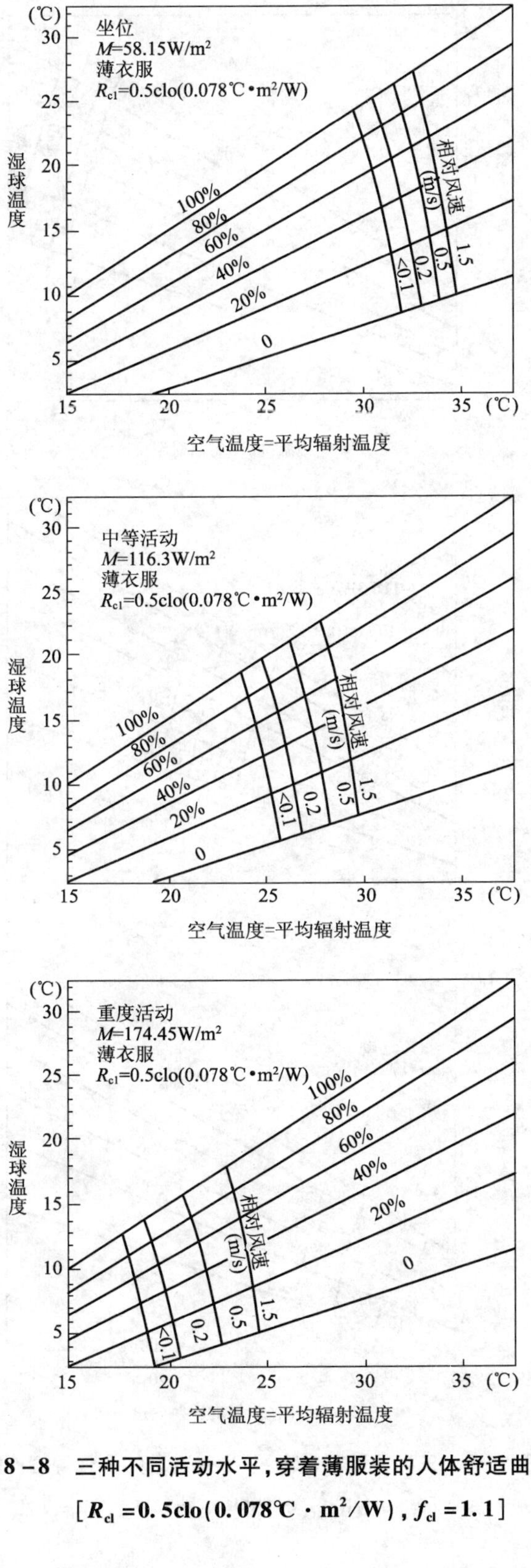

图 8-8　三种不同活动水平，穿着薄服装的人体舒适曲线

[R_{cl} = 0.5clo（0.078℃ · m^2/W），f_{cl} = 1.1]

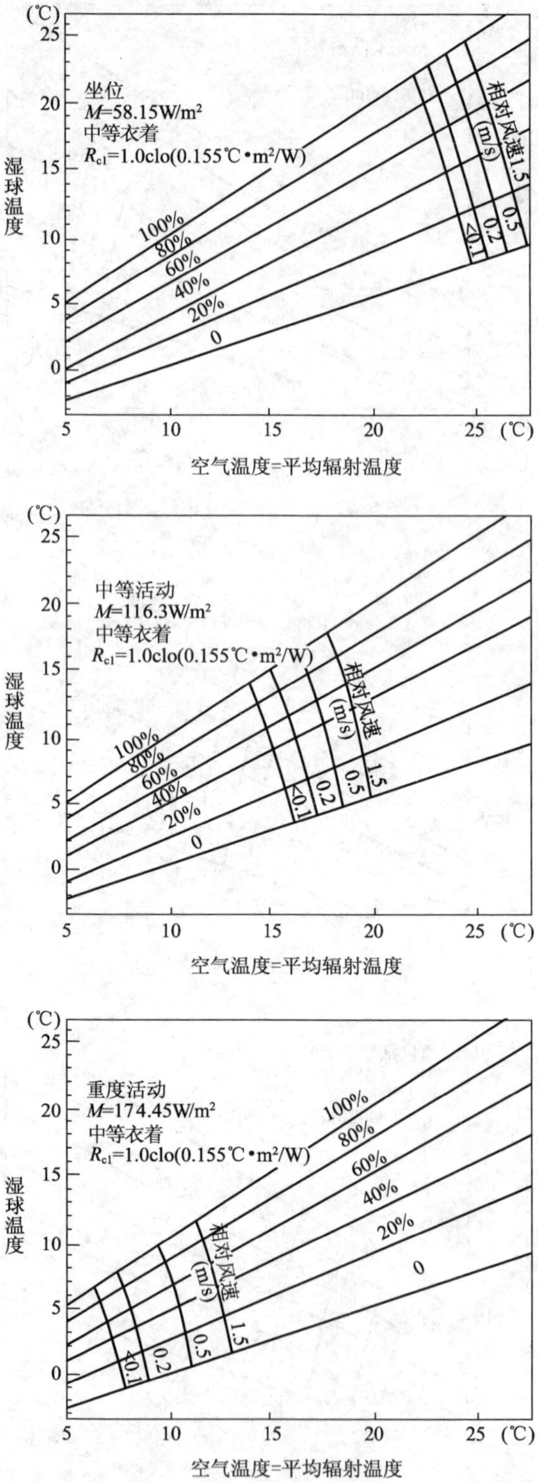

图 8-9　三种不同活动水平，中等着装的人体舒适曲线

[R_{cl} = 1.0clo(0.155℃·m²/W)，f_{cl} = 1.15]

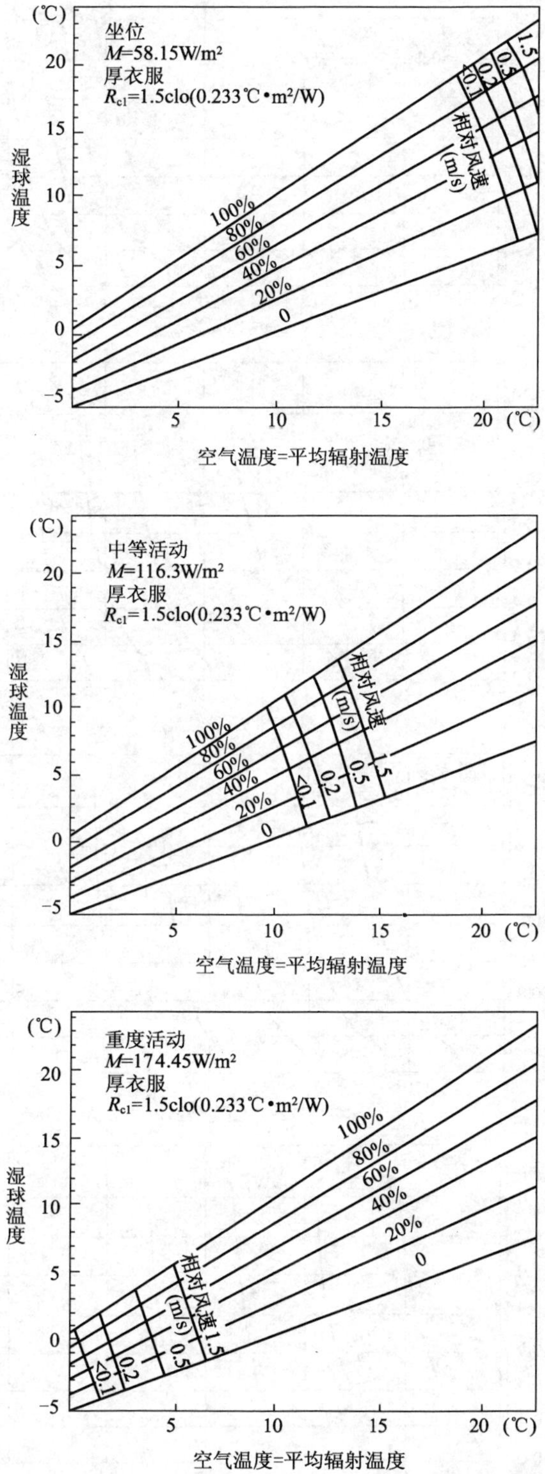

图 8－10　三种不同活动水平，穿着厚服装的人体舒适曲线

[R_{cl} = 1.5clo(0.233℃ · m²/W)，f_{cl} = 1.2]

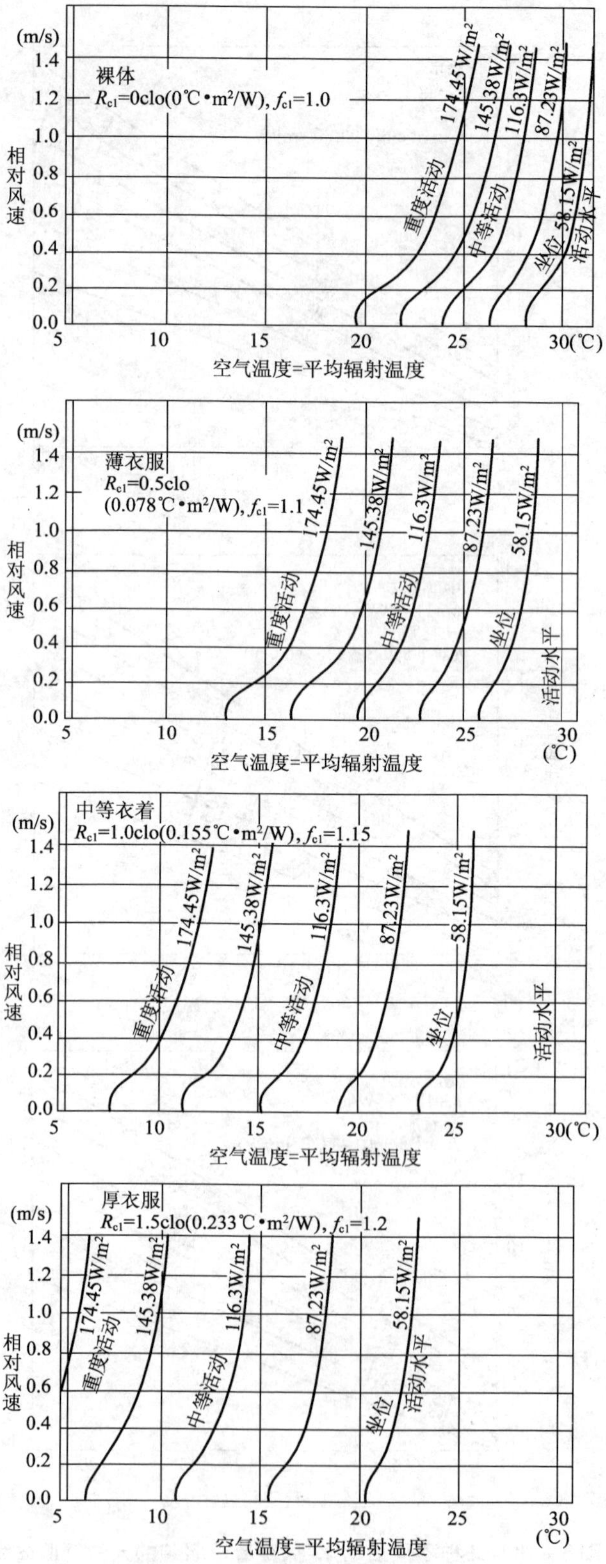

图 8－11　四种不同热阻值服装的舒适曲线

图 8 – 12 ~ 图 8 – 15 的 12 个分图中，绘制了在相对湿度 $RH = 50\%$ 情况下的三种不同活动水平、四种不同服装的舒适曲线。

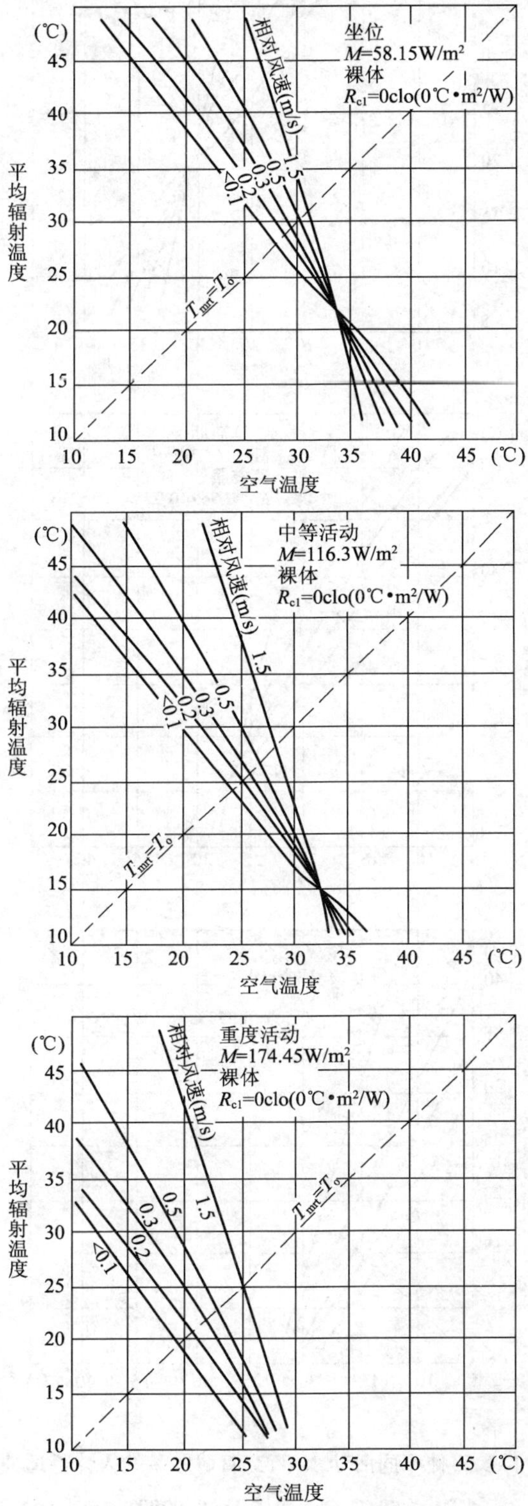

图 8 – 12　三种不同活动水平，裸体的舒适曲线［$RH = 50\%$，$R_{cl} = 0clo(0℃ \cdot m^2/W)$，$f_{cl} = 1.0$］

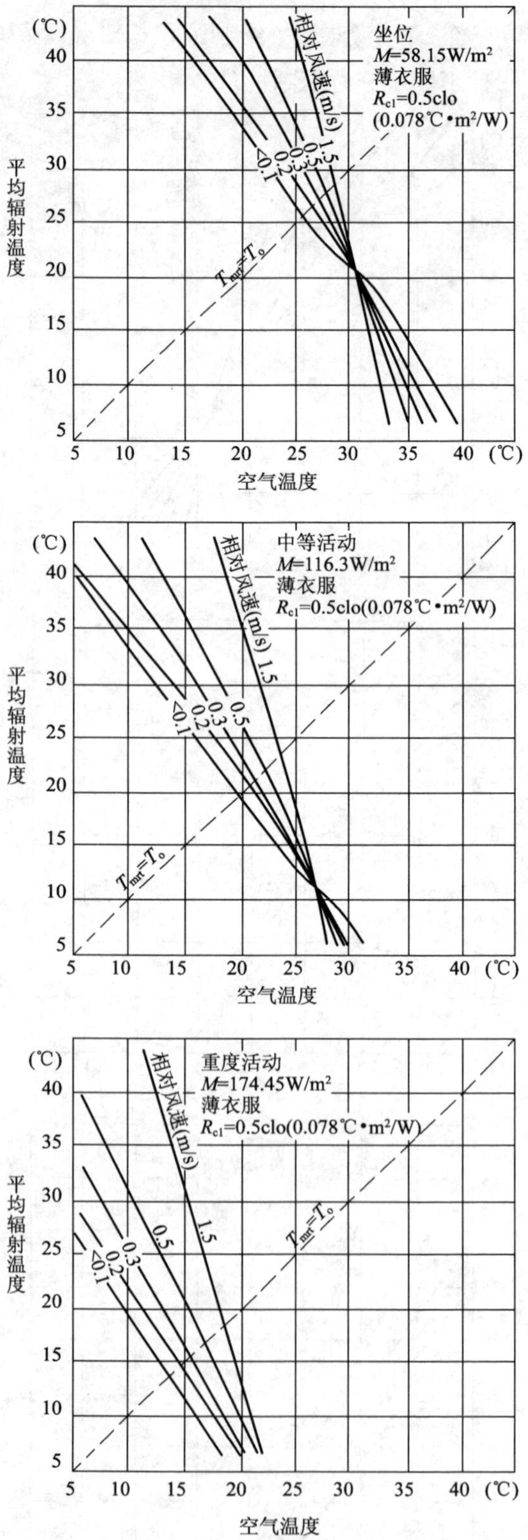

图 8-13　三种不同活动水平，穿着薄服装的人体舒适曲线

[$RH=50\%$，$R_{cl}=0.5$clo(0.078℃·m²/W)，$f_{cl}=1.1$]

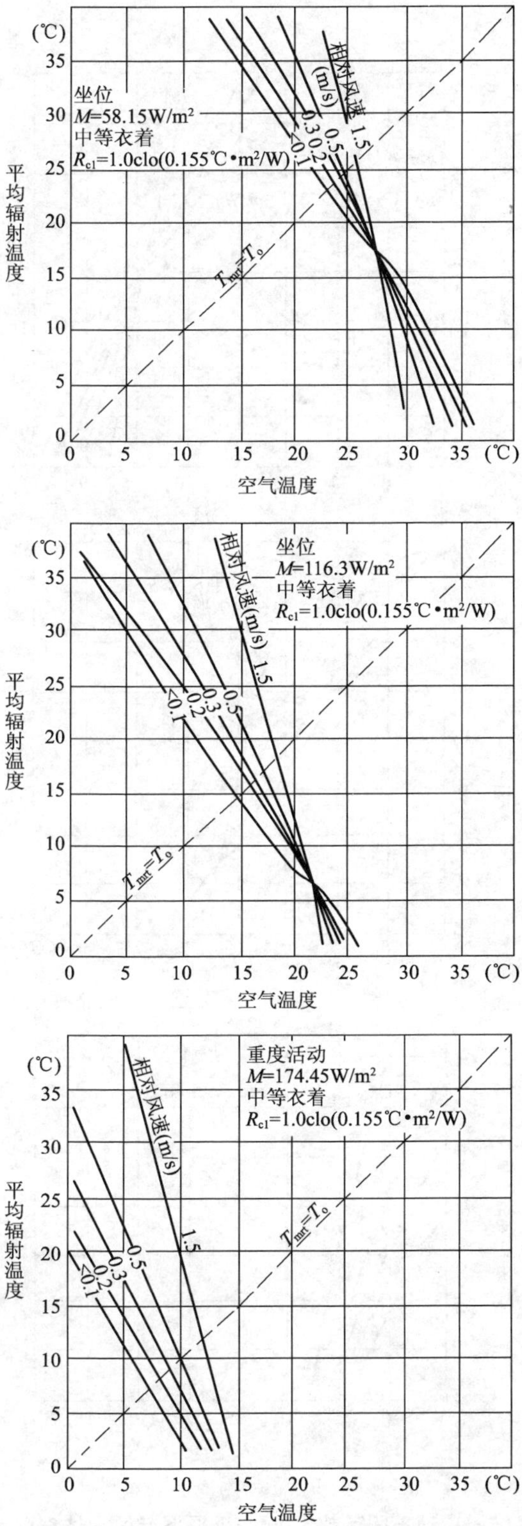

图 8－14　三种不同活动水平，中等着装的人体舒适曲线

[$RH=50\%$，$R_{cl}=1.0clo(0.155℃\cdot m^2/W)$，$f_{cl}=1.15$]

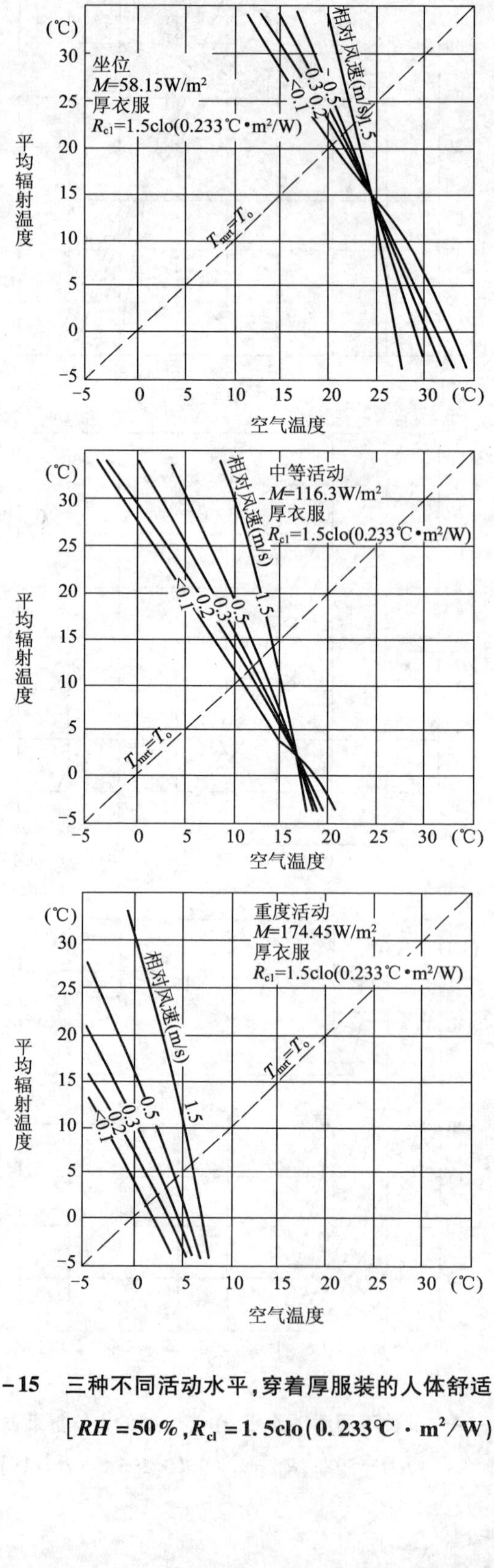

图 8－15　三种不同活动水平，穿着厚服装的人体舒适曲线

[$RH=50\%$，$R_{cl}=1.5$clo(0.233℃·m²/W)，$f_{cl}=1.2$]

舒适线相交处的空气温度等于着装人体外表的平均温度,因为这里的对流热传热等于零,不依赖于风速。交叉点的左边,着装体外表的温度比空气温度高,因此相对风速的增加将需要增加空气温度(或平均辐射温度),以保持热舒适。交叉点右边,着装体外表的温度比空气温度低,相对风速的增加将需要空气温度(或平均辐射温度)的降低,因为此时的对流热是向人体传递的。

第九节 预测平均票数(PMV)与不满意百分数(PPD)

一、预测平均票数(Predicted Mean Vote,简称 PMV)

热平衡方程给出了满足人体热舒适要求情况下的各种变量之间的组合关系,因此它是衡量人体是否处于热舒适状态的一个指标。如果将人体、服装和环境的各种变量代入热平衡方程后,方程式不能成立,则说明这时的人、服装、环境的组合不能够为穿着者提供热舒适。但是这种组合给人的热感觉究竟是什么呢?能否预测该组合对人体的热感觉程度呢?Fanger 在热平衡方程研究的基础上,搜集了 1396 名美国与丹麦受测对象的热感觉表决票,提出了一个较为客观的度量人体热感觉的指标,即预测平均票数(PMV)。预测平均票数表示大多数人对热环境热感觉的平均投票值,该指标分为七个感觉等级,见表 8 - 7。预测平均票数指标反映了同一环境下绝大多数人的冷热感觉。

表 8 - 7 PMV 等级意义

PMV 值	热 感 觉	PMV 值	热 感 觉
-3	冷(cold)	1	稍暖(slightly warm)
-2	凉(cool)	2	暖(warm)
-1	稍凉(slightly cool)	3	热(hot)
0	适中(neutral)		

借助人体的体温调节机制,如血管扩张和血管收缩、汗腺分泌以及打寒战,人体有可能在较大的环境条件变化范围内维持机体的热平衡。但是,在这种大的变化范围内仅有一个小范围可看做是舒适的。人体的不舒适的程度越大,人体的热平衡差也就越大。根据的热平衡方程可以得到人体的热平衡差计算公式:

$$\Delta S=(M-W)-3.05\times10^{-3}\cdot[5733-6.99\cdot(M-W)-P_a]-0.42\cdot[(M-W)-58.15]-1.7\times10^{-5}\cdot M\cdot(5867-P_a)-0.0014\cdot M\cdot(34-t_a)-f_{cl}\cdot h_c\cdot(t_{cl}-t_a)-3.96\times10^{-8}\cdot f_{cl}\cdot[(t_{cl}+273)^4-(t_{mrt}+273)^4] \quad (8-14)$$

式中：ΔS——热平衡差，W/m^2。

其中，服装外表面温度（t_{cl}）可由下列方程迭代而得：

$$t_{cl}=35.7-0.028\cdot(W-M)-0.155R_{cl}\cdot\{3.96\times10^{-8}\cdot f_{cl}\cdot[(t_{cl}+273)^4-(t_{mrt}+273)^4]+f_{cl}\cdot h_c\cdot(t_{cl}-t_a)\} \quad (8-15)$$

1967 年，Fanger 教授在美国堪萨斯州立大学进行了包括 1396 名受试者的真人实验。通过对实验数据的分析，Fanger 教授得出了热感觉和人体热平衡差及人体代谢率的函数关系，即：

$$Y=(0.303e^{-0.036M}+0.028)\cdot\Delta S \quad (8-16)$$

将式（8－14）代入式（8－16），就得出了 PMV 的计算公式：

$$\text{PMV}=(0.303\cdot e^{-0.036M}+0.028)\times\{(M-W)-3.05\times10^{-3}\cdot[5733-6.99(M-W)-P_a]-0.42[(M-W)-58.15]-1.7\times10^{-5}\cdot M\cdot(5867-P_a)-0.0014M\cdot(34-t_a)-f_{cl}\cdot h_c\cdot(t_{cl}-t_a)-3.96\times10^{-8}\cdot f_{cl}\cdot[(t_{cl}+273)^4-(t_{mrt}+273)^4]\} \quad (8-17)$$

式（8－17）表示人的平均热感觉等级与人的新陈代谢率、服装的热阻、空气温度、平均辐射温度、空气湿度和相对风速函数关系。与热平衡方程一样，PMV 值的求解相当复杂，服装外表面温度需要通过迭代的方式求解，所以用手工计算 PMV 是十分困难的。为了方便学生学习，本书附录 4 中列出常用的人、服装、环境变量的组合，供学习者参考。

二、不满意百分数（Predicted Percentage of Dissatisfied，简称 PPD）

PMV 能对接触一定环境变量组合的人群的热感觉值进行预测，但由于人与人之间存在着生理、心理及行为特点等方面的差别，即使在 PMV＝0 时，即在大多数人认为最佳热舒适状态情况下，仍会有少数人对该环境不满意。此外，接触相同环境的人群，其热感觉也自然地总是存在一定的差异。因此，预测某一环境、人、服装组合条件下的不满意人数具有意义。

不满意百分数（PPD）是表示对热环境感到不满意的人数占总人数的百分比。这里的“不满意”指平均预测票数值为＋3、＋2、－2、－3。如果一个人的平

均预测票数值为 +1、0、-1，则认为他对该环境是满意的。

Fanger 对上述 1396 名受试者在给定的环境下暴露 3 小时，受试者采用坐姿，每半小时对他们的热感觉进行一次问卷判断，得到了 PMV 与 PPD 的函数关系式及关系曲线，如图 8-16 所示。

$$PPD = 100 - 95e^{-(0.03353 \cdot PMV^4 - 0.2179 \cdot PMV^2)} \tag{8-18}$$

式中：e——自然对数的底，值为 2.718。

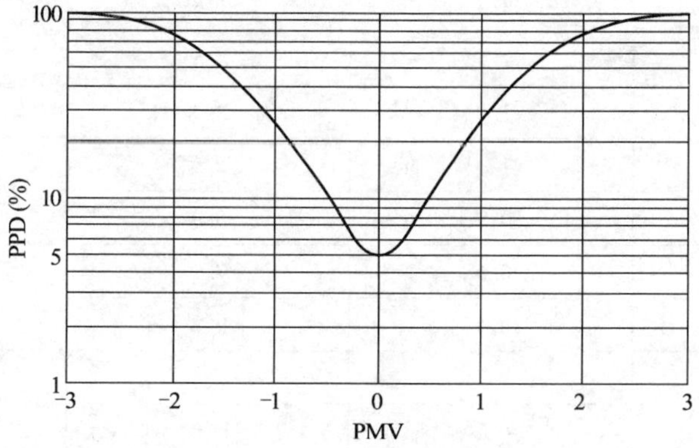

图 8-16　PMV 与 PPD 的关系曲线

由图 8-16 可见，曲线是对称的，并在平均判断为零时具有最小的 5% 的不满意，即当 PMV =0 时，PPD =5%，这就意味着即使在最佳的热舒适状态下，仍然有 5% 的人感到不满意；当 PMV = ±0.5 时，不满意人数增大至 PPD 最小值 5% 的 2 倍，当 PMV = ±1 时，增大至 PPD 最小值5% 的 5 倍。ISO 7730 对 PPV - PPD 指标的推荐值在 -0.5 ~ +0.5 之间，相当于人群中允许有 10% 的人感觉不满意。冷和暖不满意分布情况见表 8-8。

表 8-8　冷和暖不满意分布情况

PMV	PPD(%)		
	冷	暖	总
-2.0	76.4	—	76.4
-1.5	52.0	—	52.0
-1.0	26.8	—	26.8
-0.9	22.5	—	22.5
-0.8	18.7	0.1	18.8
-0.7	15.3	0.2	15.5
-0.6	12.4	0.3	12.7

续表

PMV	PPD(%)		
	冷	暖	总
-0.5	9.9	0.4	10.3
-0.4	7.7	0.6	8.3
-0.3	6.0	0.9	6.9
-0.2	4.5	1.3	5.8
-0.1	3.4	1.8	5.2
0	2.5	2.5	5.0
+0.1	1.8	3.4	5.2
+0.2	1.3	4.5	5.8
+0.3	0.9	5.9	6.8
+0.4	0.6	7.7	8.3
+0.5	0.4	9.8	10.2
+0.6	0.3	12.2	12.5
+0.7	0.2	15.2	15.4
+0.8	0.1	18.5	18.6
+0.9	—	22.2	22.2
+1.0	—	26.4	26.4
+1.5	—	51.4	51.4
+2.0	—	75.7	75.7

复习与作业

1. 简述你对服装舒适性的理解。
2. 叙述服装工效学的评价方法。
3. 简述服装舒适性的分类。
4. 简述服装舒适性的主要评价指标。
5. 叙述服装舒适性的主要影响因素。
6. 名词解释:有效温度、等价温感、热平衡方程、舒适图、PMV、PPD。

专业知识——

特种功能服装及材料

课题名称： 特种功能服装及材料

课题内容： 1.特种功能服装概述

2.阻燃防护服

3.飞行服

4.宇航服

5.防弹服

6.“鲨鱼皮”泳衣

7.功能性运动服

课题时间： 4课时

教学提示： 讲述特种功能服装的概念与分类，并重点讲述几种功能性服装，如阻燃防护服、飞行服、宇航服、防弹服、“鲨鱼皮”泳衣等。

指导学生复习第八章及对作业进行交流和讲评，并布置本章作业。

教学要求： 1.使学生了解功能性服装的概念与分类。

2.使学生了解几种功能性服装的结构、材料。

第九章　特种功能服装及材料

特种功能服装的主要研究内容是防护服，涉及工矿企业、森林灭火、体育运动、航空、航天、登山、涉水等各领域。在劳动保护工作中，功能性服装是各防护装备的重要组成部分，对安全生产有十分重要的意义。随着科技的发展，劳动者及特种作业人员的健康、安全、劳动保护工作越来越引起各部门的重视。本章就特种功能服装概述、主要研究内容进行初步探讨，并介绍几种特种功能服装。

第一节　特种功能服装概述

特种功能服装是指应用于某些特殊的环境下，为作业人员提供必要的防护、保护穿着者安全的服装。特种功能服装都是采用特种功能纺织品与其他制品研制成功的，而功能纺织品不是应用一般的技术就能够实现的，它涉及新材料、新工艺、新技术、新能源等许多技术难点，因此，特种功能服装属于高技术产品。

对于特种功能服装的分类，目前尚未制订统一的标准。按照惯例，我们把特种工作人员穿着、对人体提供防护、辅助作业人员有效地工作的服装称作特种功能性服装。一般作业人员穿用的称为工作服，表示工作性质、职业、团体阶层的称为职业服。本节重点介绍特种功能性服装的主要研究内容。任何一种功能性服装都有其特定的用途，对工作环境中的有害因素提供有效的防护。例如，物理因素：高温、低温、风、雪、火、水、气压、噪声、振动、粉尘、静电、电磁波、微波、放射性、紫外线、红外线等；化学因素：毒物、毒剂、毒气、油污、酸、碱等；生物因素：细菌、霉菌、病毒、毒素、寄生虫、有害生物等；社会心理因素：劳动态度、劳动组织等。根据工作人员从事工作的工种，又可分为化工、冶金、煤炭、石油、电子、消防、建筑、航空、航天、作战等各种工作。根据用途来分，目前功能性服装的研究主要包括以下内容。

(1)一般工作服：是一种具有广义性的识别和保护功能的服装。通过工作服能识别穿着者的身份、职务、工作单位和部门以及作业人员的技术水平。工作服不仅能够保护穿着在工作环境中工作时的安全，而且还能够成为企业的广告。

此外,在有些工作中,工作服还能保护所加工的产品免受操作玷污。由于这类服装穿着频繁,需要经常洗涤,因此其耐洗、洗可穿性、强度、耐用性、尺寸稳定性、色牢度等物理机械性能指标都十分重要。一般来说,这类服装都是选用纯棉面料或涤棉混纺面料。

(2)阻燃防护服:包括高温防护服和防火服两类。

(3)防寒服:主要是用于高寒野外作业及低温环境,如多功能防寒服、冷库防寒服等。此类服装多选用保温性能好、压缩弹性持久性好的材料制成。

(4)抗油拒水防护服:主要采用防油、防水处理及涂层织物制成。

(5)抗静电工作服:采用导电纤维交织的面料制作,具有永久的抗静电性能。

(6)防毒服:这类服装包括透气式、隔绝式、化学浸渍式等多个品种。军队用三防服、导弹发射场和井下作业防护服以及工业上用的喷洒作业服等都属于该类服装。

(7)防化学腐蚀服装:包括防酸、防碱工作服等各类品种。

(8)防电、防磁服:包括绝缘服、带电作业服、防微波服、防激光服等。

(9)放射性防护服:在某些有放射性射线存在的环境作业时穿着,如 X 射线,服装材料应具有很好的屏蔽射线的性能。

(10)无尘服:主要用于电子行业超静化车间,以保护电子器件不受污染。

(11)医用卫生防护服:包括防菌服、手术服等。

(12)水上救生防护服:包括潜水服、救生背心、救生衣等。

(13)飞行服:是空军飞行员所穿的功能性服装,它包括高空代偿服、抗荷服、抗浸服等。

(14)宇航服:是宇航员在太空生活、工作所穿着的特种服装。宇航服由服装主体、头盔、手套、靴子等组成,各部分通过金属联结器连接。宇航服一般分为舱内宇航服和舱外宇航服两种。

(15)军用防护服:如防弹服、防爆服等。

(16)功能性运动服:一方面,通过面料改进及服装款式结构的变化,提高运动员在运动过程中的舒适性,如目前市场上有很多具有吸湿、排汗、快干性能的运动服装。另一方面,功能性运动服装还包括为了提高运动员的比赛成绩而研制的功能性比赛服装,如“鲨鱼皮”泳衣。

以上特种功能服是按照服装的主要功能进行划分的,但在实际使用中,单项防护性与多功能性的综合问题要协调好。任何一种防护服,要求防护所有的有害因素是比较困难的,但要兼顾几种,还是能够实现的。例如,防静电服以防静电为主,还可以具有一定的阻燃性、防污性等,多功能性产品往往会受用户的欢迎。由于篇幅有限,本章只对阻燃防护服、飞行服、宇航服、防弹服、功能性运动服为例进行比较详细的介绍。

第二节 阻燃防护服

自然环境是复杂的,气候因素变化及生产过程中产生的高温和低温对人体感觉来说都是不舒适的。极端的热或冷严重地影响作业人员的劳动效率,甚至可能危及生命,保护人体免受有害环境的影响是服装的首要功能。在正常环境和一般工作条件下,穿着普通的服装就能达到此目的。但是任何人的耐受都是有限度的,在特殊环境中,作业人员必须穿着各种不同的防护服装。

特殊高温作业人员,如担任定期维修及临时抢修焦炉任务的热修工,往往在极度高温、强烈热辐射的条件下进行作业,虽然劳动强度不高,持续时间较短,但精神高度紧张,承受着严重的热负荷;又如消防及森林灭火队员处在多种危险因素之中,高温及火焰是他们面临的主要问题,燃烧的物体发出强烈的热辐射,炽热的气浪使消防现场气温升高,紧张的灭火工作会产生大量的代谢热,使消防人员的热负荷加重,火焰和热浪甚至会造成消防队员皮肤及呼吸道的烧灼伤。如何保护上述人员的身体健康,提高工作效率,发达国家早已开始了这方面的研究。目前,主要措施之一就是采用阻燃防护服,方便、有效、安全地解决人体的防护问题。正如 Rohles 所指出的:“服装是节省能源的一个途径。”

阻燃防护服(flame retardant protective clothing)就是应用于极端高温、火焰环境条件下的防护装备的一部分,它是指在直接接触火焰及炽热物体后能阻止点燃、减缓火焰蔓延、保护作业人员安全的防护服装。

对于阻燃防护服的研究,美国、德国、英国等发达国家起步较早,并成立了专门的防护服科研机构,制订了多项标准。近二十几年来,由于新材料、新技术和新工艺的不断发展,对阻燃防护服的研究起了一定的促进作用。本节从服装结构、服装材料等方面对阻燃防护服加以评述。

一、阻燃防护服的分类

(一)国际分类

目前,国际上阻燃防护服按防护对象可分为四大类,如图 9-1 所示。

- 阻燃防护服
  - 防熔融金属防护服
    - 防熔融金属
    - 防小熔滴
      - 防落下小熔滴
      - 防焊接及切割的火花
  - 防火焰对流热防护服
  - 防辐射热防护服
  - 防接触热防护服

图 9－1　阻燃防护服国际分类

(二)国内分类

目前,国内阻燃防护服主要分为高温防护服和防火防护服两类。

1. 高温防护服

高温防护服主要用于高温作业环境,如冶金、炼钢、炼焦等工作。必要时,还配有通风服、液冷服等。其所用的材料要求具有导热系数小、隔热效率高、防熔融、阻燃等性能。

2. 防火防护服

防火防护服主要用于发生火灾的作业环境,如消防队员、森林防火、灭火队员等所穿的服装。此类服装一般选用耐高温、不燃或阻燃、隔热、反射效率高的材料制成。

二、阻燃防护服的结构和材料

(一)阻燃防护服的结构

阻燃防护系统的目的是在火焰及高温环境下,对人体的各个部分,如头、颈、躯干和四肢提供必要的保护。如头盔、面具(目视系统)、手套、鞋等都是其研究内容。其中防护服是阻燃防护系统的主体部分,其款式主要分两件套式和连体式两种。

作为阻燃防护服装,不仅要阻燃,更重要的是要隔热,防止热量通过服装传递给人体。尽管其形式多种多样,但其基本结构是一定的,都是由多层材料制成。一般分为三层,即外防护层(outer shell)、汽障层(vapor barrier)及隔热层(thermal liner)。NFPA 在 1974 年就已对消防服进行了这方面的定义,并制订了相应的标准。之后,美国 OSHA 的 Fire Brigade Standard 又对其进行了一定的修改,使其更加完善。除此之外,阻燃防护服在服装的加工工艺、辅料、附件、适穿、厚度、重量等方面都有十分严格的要求。根据阻燃防护服应用条件的不同,其在结构特点上也稍有差别,如炼钢工作服则无汽障层。Loison Dumainet 提出了一种充气结构(aerated structure)的隔热层,经 1300℃ 钢花实验,效果很好。Theile Hu 等提出采用附加蒸发器(additional evaporator)及吸收风扇(suction fan),Bode 提出使用通风槽(venting ducts)作为服装的一部分,以提高服装的抗热效果。分体式服装要求上衣与裤子的重叠部分不少于20cm。

(二)阻燃防护服的材料

应用于阻燃防护服的阻燃纤维及其主要性质见表9-1。阻燃防护服面料除由阻燃纤维加工得到外，还有一部分出于经济或来源的考虑，用非阻燃纤维织造，并经过浸轧烘、涂层和层压等处理方法得到。

表9-1　阻燃纤维及其主要性质

名　称	性　质			
	强度(cN/dtex)	伸长率(%)	杨氏模量(kg/mm^2)	LOI*(%)
偏氯纶	0.79~1.32	20~40	40~130	45~48
腈氯纶	1.94~3.35	25~45	250~350	26~31
阻燃腈纶	2.21~4.41	25~50	260~650	27~32
维氯纶	2.64~3.68	20~30	600~700	30~33
氯纶	1.76~2.47	70~90	200~300	35~37
芳纶1313	4.9	17	123.6	28.5~30
芳纶1414	22	4	917	28~32
聚砜酰胺	3.5~4.0	7.0~7.5	5.4	33
聚苯并咪唑	4.2~4.9	10~24	79~137	48
酚醛纤维	1.9	23~30	—	—

* LOI为极限氧指数。

本节将对阻燃防护服的各层所采用的材料进行简要介绍。

1. 外防护层

外防护层是阻燃防护服抵御外界火焰、高温环境的第一道屏障。要求其除了具有阻燃性外，还应具有足够的强度、耐磨性、抗穿孔性、色牢度等。早期的阻燃防护服通常采用石棉/棉。由于石棉对人体的不利作用，各国争相开发无石棉防护服。目前此类外防护层织物主要分类如图9-2所示。

其中，性能优良的非金属涂层织物包括芳香族聚酰胺(Aramid：Nomex™，Nomex™/Kevlar™，Kevlar™)、拒水PFR棉、聚苯并咪唑纤维(PBI)等。

- 外防护层织物
  - 涂层织物
    - 金属涂层织物
    - 非金属涂层织物
  - 非涂层织物

图9-2　阻燃防护服外防护层分类

金属涂层以涂铝为主，因为铝具有很强的反射性，在强大的辐射热场地，防辐射热效率可达到95%~98%。Abbott等提出以青铜(viton/bronze)膜代替铝膜,并加以尿烷(urethane)涂膜,或直接在铝膜上加以尿烷涂膜,可大大提高其耐用性。Abbott 和 Norman 还指出在 Kevlar 长丝织物上按下列顺序涂敷三种材料的方法:Viton A、铝色的聚氨基甲酸酯(Polyurethane)、纯聚氨基甲酸酯三层涂层,不仅可提高阻燃防护服的耐用性,穿着舒适性也有一定程度的改善。Brenneman 也提出了提高铝膜耐磨性的方法。非金属涂层材料主要有氯丁橡胶、硅橡胶、聚氯丁烯、活性炭泡沫。NCTRU 研制出一种非反射、可湿性吸湿性织物,经测试发现,在湿态下其防护性能甚至高于所用的铝膜反射织物。Breckenridge John 对通过湿态外层来降低热应激也进行了的研究。Belitsin 等提出以无机纤维织物加以富铝红柱石—硅石纤维材料(mullite-silica)涂层,同样具有很好的防护效果。防火服与高温防护服虽都要求阻燃的外防护层,但由于使用环境的不同,在材料上有很大的差异。炼钢工作服外层还要求织物不黏熔融金属,金属液落上后迅速滑落。Zirpro 羊毛在这方面性能最优,其次为棉,玻璃纤维、芳纶、石棉织物均不适合。表面光滑的外防护层也具有一定的防熔融金属的效果。Kellner 等提出以弹性基布黏附耐高温颗粒或耐高温短纤,研制出应用于冶金、玻璃等高温环境的防护服面料。Moenne 提出羊毛与阻燃黏胶纤维和阻燃涤纶混纺,应用于非极端环境,不仅降低了成本,也提高了舒适性。Howarh 等研制出了一种阻燃的斯潘德克斯(spandex)弹性纤维,用其织造面料做成防护服可提高合体性。

2. 汽障层

汽障层是用于防止水、腐蚀性液体、热汽的进入,它通常采用涂层或层压防水材料。性能优良的汽障层材料主要有 PRF 氯丁橡胶涂层芳香族聚酰胺(Aramid)织物、戈尔特克斯(Goretex™)织物、戈尔特克斯加氯丁橡胶涂层织物、涤/棉氯丁橡胶涂层织物四种。此外,剪绒毛皮用于汽障层也具有很好的效果。

3. 隔热层

隔热层用于防止热量的传入,以延长消防人员或高温作业人员的耐受时间。隔热层往往位于服装的最内层,因此其舒适性是十分重要的。性能优良的隔热材料主要有 100% 拒水 PRF 羊毛、芳香族聚酰胺(Aramid)的针刺无纺织物、芳香族聚酰胺(Aramid)的无纺被垫等。美国 AMDRC 的陆军部提出了两种绝热材料,一种是 43% 涤纶短纤维和 57% 聚烯烃超细纤维(polyolefin microfibers);另一种是 100% 涤纶树脂固定(resin-stabilized)絮垫。

Bailey 等提出在热防护服内、外两层间加铝铂织物层,并以金属钩或线固定,靠铝铂反射降低传热达 50%。经编针织尼龙同聚氨泡沫塑料层压织物也是一种隔热效果较好的材料。为提高舒适性,Ruprecht 提出使用高吸湿织物内层,在无通风条件下可提高耐受时间。如图 9-3 所示为美国杜邦公司研发的消防工作服。

我国阻燃防护服的开发起步较晚，虽国家已颁布了一些标准，但仍需进一步完善提高。目前我国使用的阻燃防护服多数为纯棉或涤/棉材料，款式以分体式为主，防护性能仍需进一步改进和完善。

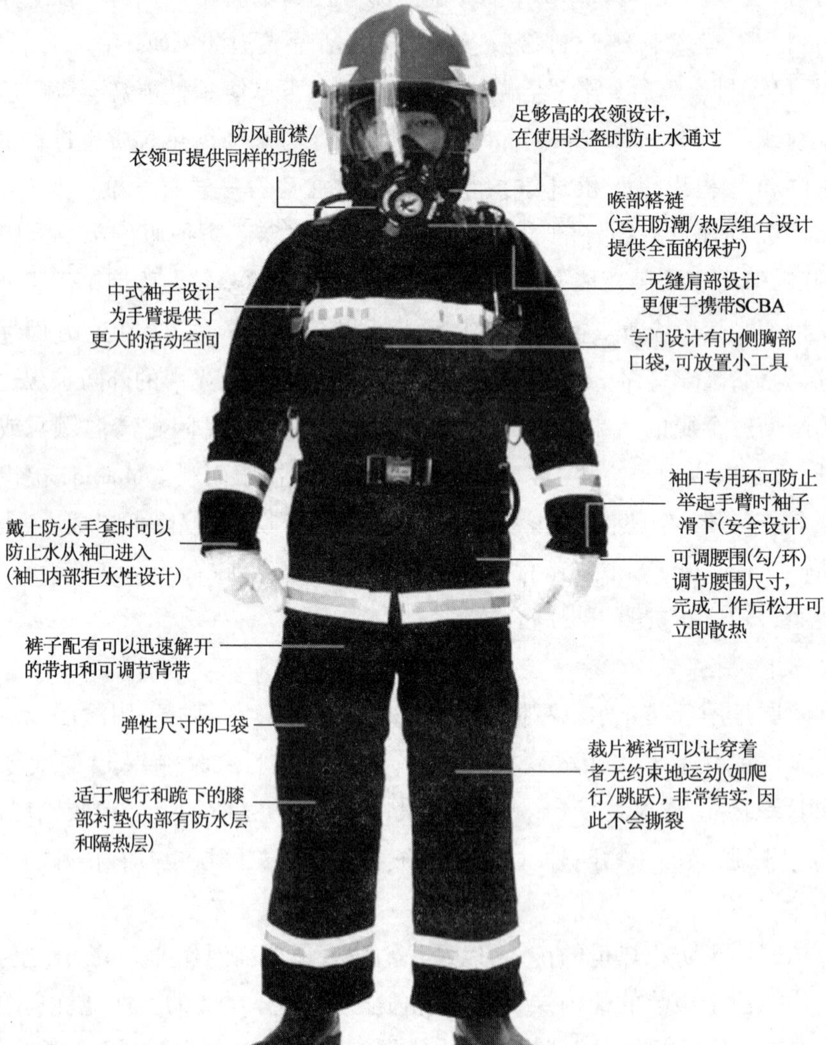

图9-3　美国杜邦公司研发的消防工作服

第三节　飞行服

随着飞机飞行高度与速度的不断提高，许多航空医学问题也随之出现，如低气压、缺氧、低温、过载、火焰、坠入寒冷的水域等。为了保证飞行员在飞行中的安全,发达国家相继开始研制各种用途的飞行员个体防护装备。抗荷服、代偿服、抗浸服等就是飞行员个体防护装备的重要组成部分。

一、抗荷服

飞机在机动飞行中,一旦产生加速度,人体就会受到与加速度方向相反的惯性力的作用,由于惯性力作用使用人体重量增加,在航空工程上把这种惯性力称为“过载”或“超重”,过载的大小用“G”表示,即物体受到的作用力或惯性力的大小相当于物体重量的几倍。

按照过载对人体的作用方向,可分为六个方向。

(1)正过载($+G_z$):方向是从头至脚,当飞机在转弯或盘旋、翻筋斗时产生正过载。

(2)负过载($-G_z$):方向是从脚至头,正常飞行中很少见,当飞机从平飞进入俯冲、倒飞等情况时会产生负过载。

(3)横向过载($\pm G_x$):方向是从胸至背或从背至胸,当飞机起飞、着陆、平飞、加速或减速时产生会横向过载。

(4)侧向过载($\pm G_y$):方向是从左至右或从右至左,当飞机侧滑时产生侧向过载。

过载对人体的影响是一种惯性反作用的机械力,对人体的心血管、呼吸系统、内脏等引起一系列的反应。它可以使腹部悬垂的器官产生移位,血液向下肢转移。当正过载达3.5~5G时,视网膜就会因缺血而产生灰视以至黑视。在医学上常用灰视或黑视看做人对正过载耐力限度的一种指标。

歼击机在进行特技飞行时,过载最高可达8~9G,但据有关资料记载,人体对过载(正过载)的耐受极限如下。

(1)2G正过载,飞行员视觉精度下降。

(2)4G正过载,飞行员看不清四周物体,四肢移动困难。

(3)5G正过载,飞行员暂时失明,伴随着对身体失去控制。

(4)5.4G正过载,飞行员意识丧失。

根据人体的耐力指标,歼击机在作战或特技飞机时,飞行员必须采取防护措施,这样才能保证飞行安全。在当前的防护措施中,最有效而简便的方法就是穿着抗荷服。抗荷服是提高飞行员抵抗正过载不可缺少的装备。

为了对过载进行防护,在20世纪30年代就有人试用简单的腹部气囊加压,它能起到一定的防护作用。40年代初加拿大空军曾使用夫兰克(Frank)反水压服,它是一条内部装水的裤子,原理是在下肢加压,因笨重不便使用。美国空军曾试验过分级加压的压式服装，小腿处压力最高，大腿、腹部逐级减低。大约与此同时，还有人试用过阻断式抗荷服，但是这种服装加压会造成飞行员的局部剧痛，因此也不能使用。随着载人离心机的研制与应用，抗荷服才得以快速地发展。

我国在20世纪50年代"抗美援朝"时，才正式使用抗荷服。在50年代末期开始按照国外抗荷服的样品进行仿制。当时的抗荷服是五囊式，面料用棉布制作，气囊采用橡胶囊，但比较笨重，是现行抗荷服重量的1.4倍。60年代初期，开始使用锦丝绸制作抗荷服，并大量装备部队。从各国抗荷服发展情况来看，结构变化不大，主要是纺织材料上采取了不少改进措施，以提高和改善抗荷服的使用性能。

（一）抗荷服的结构原理

1. 五囊式抗荷服

五囊式抗荷服是一条裤子，它的作用是提高正向过载的耐力，内部装有五个连通的气囊，其主要组件包括带腹部气囊的裤腰和两个裤腿，其中每个裤腿包括分别贴在大、小腿部的两个气囊，该气囊与腹部气囊相互连通。为了方便穿脱，左右裤腿采用两根大的拉链封闭。为了减少飞行员的热负荷及行动方便，抗荷服的臀部和膝盖部位均被剪掉，在裤面上配有调节绳使其紧缚人体，当充气时对下肢和腹部施加一定的机械压力。

20世纪50年代，五囊式抗荷服五个相互连通的气囊是用天然胶片成型；60年代开始采用涂胶布粘接，具有重量轻、加工方便等优点，并且面料、调节绳、调节带等织物均有所改进。

飞行中当正向过载产生时，从1.7～1.8G开始，抗荷调压器自动以7.33～10.66kPa/G的压力向气囊充气，最高达8G时，服装内压力为43.99～49.32kPa，平均可提高耐力1.5G左右。抗荷服在制造中强度检查为88.2kPa，安全系数检查为137.3kPa。

2. 侧管式抗荷服

侧管式抗荷服外观与五囊式抗荷服基本相同，主要区别是：五囊式抗荷服腿部气囊直接压于大腿和小腿，当充压时人体感到很不舒适，且腿部气囊覆盖面积较大，不易散热。侧管式抗荷服是两根管式气囊缝在腿部两侧。当过载产生时气囊充气，通过系带拉紧衣面，在腿部四周均匀加压。1.5～1.8G时抗荷调压器自动以21.32～25.33kPa/G的比例增大，平均可提高耐力2G左右。侧管式抗荷服所用纺织材料和五囊式抗荷服基本相同，强度检查为245.2kPa，安全系数检查为333.44kPa。

(二)抗荷服的材料

为了不断改进抗荷服的各项使用性能,有关人员除了从结构原理不断探索之外,在抗荷服的材料方面也做了不少探索改进工作。

20 世纪 50 年代末,抗荷服面料采用棉布制作,即 101 染色粗平布。该面料为平纹结构,草绿色,质量为 $200g/m^2$,经纬方向强度只有 735.5N。随着合成纤维的发展,60 年代改用锦丝绸制作抗荷服面料,即 505 草绿色锦丝绸,该面料为斜纹组织,质量为 $110g/m^2$,经纬方向强度为 1108.2N,比 101 染色粗平布重量减轻了将近一半,强度却提高很多。锦丝绸具有强度高、重量轻、耐磨性好等优点,从而使抗荷服的使用性能得到了很大改进。实践证明锦丝绸也有不足之处,锦丝绸伸长率较大,抗荷服在加压过程中能量损失较多,力的传递时间较长;另外吸湿性小也是锦丝绸的一个缺点,因此美国曾用锦/棉绸代替锦丝绸作抗荷服面料。锦/棉绸综合了锦丝绸强度大以及棉的伸长率小、吸湿性好等两种材料的优点。我国也曾试制锦/棉绸抗荷服,并在部队试用。70 年代,国外普遍采用了阻燃织物做抗荷服材料,以解决飞机失火烧伤飞行员的问题。美国 CSU13/P、CSU14/P、CSU15/P 均采用芳纶 1313(Nomex)做面料,多为平纹组织,灰色,质量为 $150g/m^2$,经纬向强度为 735.5N。

二、代偿服

代偿服是全套加压供氧装备的组成部分,在 12km 以上的高空,飞机座舱失去密封性时,必须对飞行员的躯干和四肢体表施加压力,以对抗因加压供氧而增加的肺内压力,代偿服就是这样的个体防护装备。同代偿服配套的设备还包括密闭头盔和加压面罩。高空正常飞行时,代偿服是不工作的。当座舱失去密封或飞行员应急离机时,氧气调节器或跳伞供氧器自动向代偿服和密闭头盔快速充氧。代偿服对飞行员体表形成与密闭头盔内余压相应的代偿压力,保持人体内外压力平衡,防止肺部损伤,改善呼吸和循环机能,避免高空缺氧和加压供氧带给人体的影响。

(一)代偿服的结构原理

代偿服由服装主体(衣面、调节绳、拉链等)和张紧装置组成。如需对手足加压,还可以使用代偿手套和代偿袜。代偿服的材料应该具有强度高、伸长率低、质轻和阻燃性能好等特性;张紧装置的气囊由锦丝涂胶布制成。代偿服的结构分为侧管式和囊式两种。侧管式代偿服的服装外侧装有气囊,气囊充气后膨胀拉紧衣面,对人体表面施加压力。囊式代偿服是在服装内表面配置充气气囊,气囊充气后直接向人体表面加压,未覆盖气囊的体表部分通过拉紧服装面料向体表施加压力。

(二)代偿服的材料

我国从1959年开始研制代偿服,当时主要对苏联的样品进行分析研制,除了要使服装规格符合我国飞行员体型外,还进行了代偿服用纺织材料的研制。最初,服装主体部分的材料是棉织物,60年代初开始了锦丝织物的研制,普遍用锦丝织物取代了棉织物。70年代以来还进行了锦/棉织物以及阻燃织物的研制。

1. 代偿服主体材料

最初代偿服面料是采用草绿色101棉布,其经纬方向强度为735.3N,质量为200g/m^2,伸长率经向为8%~17%,纬向为11%~20%,组织结构为平纹。20世纪60年代,面料采用510草绿色锦丝绸,其强度经向为1206N,纬向为1108N,伸长率经、纬方向均为48%,质量为119g/m^2,组织结构为假纱罗组织,锦丝绸比棉布的强度高得多。用它做面料,将使代偿服重量减轻、强度增加、透气性增强,而且不容易发霉;但锦丝绸伸长率偏大,吸湿性较差。

20世纪60年代,美国的代偿服采用锦纶丝与棉交织的面料,经纱为锦纶丝,纬纱为棉。这种织物做代偿服面料吸湿性好、伸长率小、保暖性好,是制作代偿服比较理想的面料。

70年代,英、美等国的代偿服面料采用芳纶(Nomex)织物,为斜纹组织。这种材料可以使飞行员免受飞机失事烧伤之苦。同一时期苏联的代偿服面料采用锦纶/亚麻面料,平纹组织结构。锦纶长丝和亚麻纤维混纺织物透气性、吸湿性均较好,夏季穿着较凉爽,伸长率也较低。

1978年,根据飞行员的要求,我国开展了阻燃织物的研制工作。研制的阻燃织物为芳砜纶,与Nomex性能很相近,但强度低,未能广泛应用。

2. 代偿服张紧装置材料

张紧装置(又称拉力管)受到的最大压力为294~529.5kPa,所以要求张紧装置所采用的纺织材料强度要高。我国采用505和507草绿色锦丝绸,强度都能够达到要求,但505草绿锦丝绸为斜纹组织,容易产生纬斜。纬斜若超过5mm,就容易造成扭转,影响使用性能,所以在505锦丝绸的基础上改为平纹组织,即507锦丝绸。

苏联代偿服拉力管所采用的纺织材料与我国的505草绿锦丝绸近似;美国代偿服拉力管所用的纺织品与我国的507锦丝绸相似。

3. 代偿服张紧装置气囊

我国初期研制代偿服张紧装置气裹采用1146天然橡胶片黏合后硫化而成,一件DC-1A代偿服气囊重1500g左右,而且成型时报废率也很高。20世纪60年代,开始研制4-4-1双面涂胶织物,采用气囊材料,重量减轻了将近一半,而且加工也比较方便。

三、抗浸服

（一）抗浸服的作用

地球表面有3/4区域是海洋，飞机的坠海事故是不可避免的，一旦发生战争，则海中救生的要求则更为突出。全世界海洋的海水表面温度有47%的区域低于20℃。人在落海以后致死原因有两种，一种是淹入水中，由于水堵塞了呼吸道被窒息而死亡；另一种是在低温海水中浸泡，以致体温逐渐下降，生理功能逐渐失调直至失去自救能力而死亡。在寒冷季节坠海者，如果没有特殊个体防护装备，多数会被冻僵致死。人体正常体温为37℃左右，直肠温度35℃是人体体核温度的耐受限度，低于35℃时就会出现较严重的功能失调。如果低于正常体温8℃，将会危及生命安全。人体在20℃水中浸泡即有生命危险，在15℃水中只能存活数小时，在0℃的水中则只能活数十分钟。为了达到海上安全救生，需要一种海上个体防护装备，这就是抗浸服。抗浸服的功能就是使飞行员落水以后，能够依靠救生背心和救生橡皮艇漂浮于海面，不致溺死和冻僵。因抗浸服具有保暖功能，其外层是防水层，内穿保暖服，低温水不会浸入内层的保暖服，可使体热不会大量散失，能维持数小时，以取得营救时间。

（二）抗浸服的起源与发展

抗浸服的研究起源于英国，其后美国、法国、加拿大、挪威、瑞典、日本等国家和地区也开始研制抗浸服。抗浸服的出现早在第二次世界大战末期，随着氯丁橡胶的广泛应用，第一代抗浸服应运而生。它是用较厚的氯丁橡胶布制作的服装，在10℃水中可耐受4h的浸泡，在2℃的水中可耐1.3～1.5h的浸泡。但是，服装厚重，影响行动，在正常飞行中使穿着者热负荷显著增加，因此这种湿式抗浸服的设计不久便放弃了。随后开展干式抗浸服的研究工作，其结构分内外两层，外层为防水层，无保暖作用，内层为隔热性很好的保温层。为了使飞行员在飞行中身体凉爽，在保温层里面再穿一件通风服，如美国海军于1960～1967年使用的MK－5A型就是这类服装。同期，法国研制了EFA－11型抗浸服，是用氯丁泡沫橡胶制成的，穿在通风服的外面。这种服装把聚氯乙烯的防水和保温性能合为一体，穿着后能在5℃水中耐受2.5h的浸泡。以上服装只适用于单座或双座飞机上。1952年美国研制了MK－4型抗浸服，是用橡胶涂敷于埃及棉织物制成的，这种材料不透水，但可透过少量的水蒸气，因而可不再穿通风服。它有橡胶制的腕部和颈部密封，由于橡胶涂层很娇嫩，容易剥落，橡胶密封部分穿着不舒适等缺点，1959～1960年，MK－5型抗浸服取代了MK－4型抗浸服。MK－5型抗浸服用弹性尼龙涂敷织物制成，比MK－4型抗浸服贴身，但仍然存在体积大和动作受限制等问题。英国研制了第三代的利用透气不透水材料制造的抗浸服，使用这类服装不需再穿通风服，目前使用的绝大多数服装都是根据这个原理设计制造的。英国制造的 MK－10 型抗浸服是由棉织底布文泰尔（ventile）材料制成的，在腰部以下用双层布加厚，以防止可能发生的伤害和在流体静压下轻微的渗水。这种服装配有由聚氨酯涂层织物制成的头套和手套。制成这种服装的文泰尔织物只有透过水蒸气的特性，使汗水能够蒸发。一旦浸入水中，能耐受 90～120cm 的静水压，使水不能渗透进去，保持内层保温服位于干燥状态，在 0℃水中生存的时间为 4h。

（三）防水透气的原理

随着高分子材料的发展，产生了许多聚合物涂料，如氯丁橡胶、乙烯树脂、聚丙烯酸酯类树脂等，有的以尼龙织物作基布制成的涂层防水织物，轻薄柔软。如果在其中添加一些亲水性物质，可以增加透气性，形成有微孔的薄膜层。制作抗浸服用的透气不透水织物是基于这种原理而设计的，它采是用纤维较细、支数较高、捻度要求低的纱线织成高密度的织物，平时穿着时，蒸汽状水分子能自由透过布孔而散发出去，一旦织物浸于水中，因纱线有良好的膨胀性，迅速把布的交织孔隙封闭起来，可以阻止液态水分子的侵入，因为液态水分子的直径比气态水分子大得多。另一个因素是织物经过了防水整理，这种化学方法整理使防水剂与纤维素的羟基发生化学键结合，接上憎水性基团，使纤维具有拒水性，更增强了织物对水的屏蔽作用。这种整理方法的优点就是使织物保持原有组织结构，不产生涂层，并且有可逆性，一旦织物干燥以后，仍可恢复原有的透气性与防水性。

第四节　宇航服

宇航服是宇航员在太空穿着的特种服装，是保护宇航员在太空免受低温、射线等侵害，并提供人类生存所需的条件的保护服装。宇航服一般分为舱内宇航服和舱外宇航服两种。舱内宇航服是宇航员在载人航天器座舱内穿着的，通常是在发射时和返回地球时穿用，一旦座舱发生气体泄漏和气压突然变低时，舱内宇航服迅速充气，起保护宇航员的作用。舱外宇航服是宇航员出舱活动、进行太空漫步时穿着。舱外宇航服的结构非常复杂，它具有加压、充气、防御宇航射线和微陨星袭击等功能，舱外宇航服内还安装有通信系统、生命保障系统。

一、宇航服的发展

为了能在太空中保证人的安全，美国飞行员威利·波斯特于 1937 年发明了世界上第一套宇航服。1961 年 4 月 12 日，世界上第一艘载人飞船东方一号飞上太空，开始了载人航天的时代，苏联航天员加加林乘飞船绕地球飞行 108min，安全返回地面，成为世界上进入太空飞行的第一人。随着科学技术的发展，人们探索宇宙的脚步走得越来越远，世界上的几个发达国家相继在宇宙建设了空间站，人类进入太空进行考察和研究也更加频繁。作为宇航员探索太空的必要装备——宇航服，也经历了一系列的演化过程，美国、苏联以及我国在研制和开发宇航服上都获得了成功。

（一）美国宇航服

美国宇航服的发展经历了几个阶段。1950 年，美国利顿工业公司的员工 Siegfried Hansen 和他的同事研发出在真空压力室穿着的硬壳工作服，这就是美国硬质宇航服的前身。

美国国家航空航天局于 1959 ~ 1963 年进行的航天飞行计划——水星计划（Project Mercury），宇航员所穿着的 Navy Mark V 型水星宇航服如图 9 – 4 所示。它是美国海军高速喷气机上的高压飞行服的改进版，里面有一层涂有氯丁橡胶的尼龙，外层为镀了铝的尼龙。

图 9 – 4　Navy Mark V 型水星宇航服

美国国家航空航天局于1963～1966年进行的航天飞行任务——双子座计划(Project Gemini),宇航员穿着的双子座计划G－2C宇航服如图9－5所示。与柔软的水星宇航服不同,当整个双子座训练服加压时,服装充满弹性。当时,双子座宇航服所采用的冷却方式为循环空气冷却系统,身穿宇航服的宇航员以及与宇航服相连接的便携式空调如图9－6所示。

美国国家航空航天局于1968～1975年进行的航天计划——阿波罗计划,宇航员穿着的A7L阿波罗计划宇航服(A7L Apollo & Skylab spacesuit)如图9－7所示。阿波罗宇航服带来许多新的挑战,包括要保护宇航员免受月球地形和温度的伤害,并能让宇航员具有弯腰捡拾月球石头的能力。

图9－5　双子座计划G－2C宇航服

图9－6　双子座计划宇航员及便携式空调

用于航天飞机的喷射逃逸宇航服(advance crew escape system pressure suit)如图9－8所示。当首架航天飞机STS－1于1981年4月12日发射升空时,美国宇航员约翰·杨和罗伯特·克里平穿上此喷射逃逸宇航服样服,这是美国空军高空压力服的改进版。宇航员穿戴的橙色宇航服,因其颜色被昵称为"南瓜

图9－7 阿波罗计划宇航服

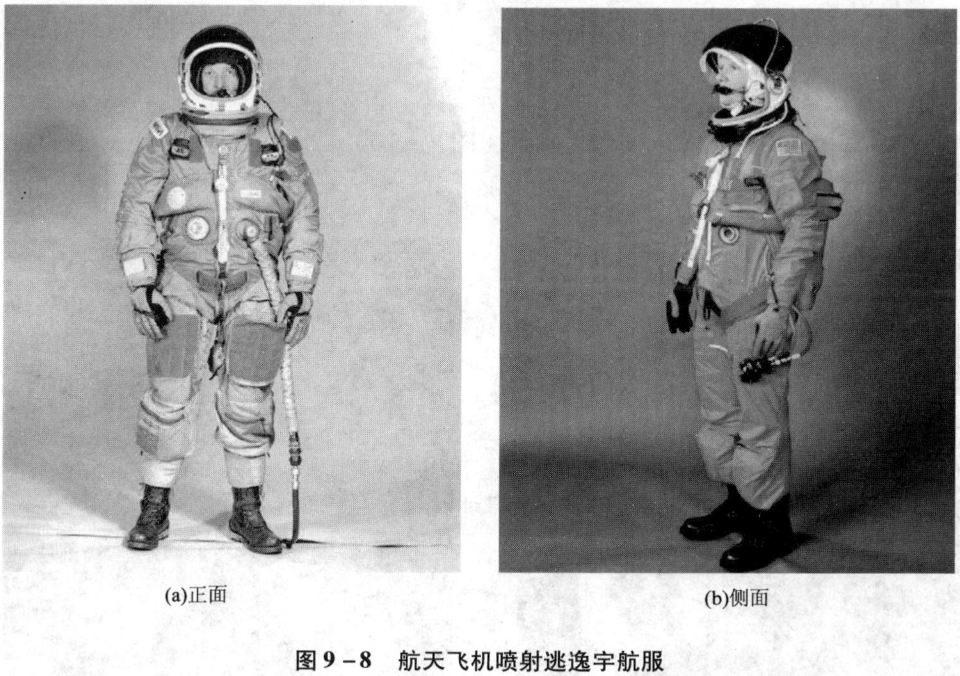

(a)正面 (b)侧面

图9－8 航天飞机喷射逃逸宇航服

服”。喷射逃逸宇航服配备有带通信装置的头盔、降落伞包、救生筏、生命保护装置、手套、氧气多管阀、靴子和生存装备。

舱外活动宇航服(extravehicular mobility unit)如图9－9所示,用于航天飞机和国际空间站的宇航员进行舱外太空行走时穿着。通过使用载人机动装置

(Manned Maneuvering Unit,缩写为 MMU)得以在空中自由飞翔。载人机动装置于 2001 年被背包推进装置(SAFER backpack propulsion unit)所取代,已不再使用。目前,宇航员穿戴类似的背包装置,以防紧急情况。

图 9-9　舱外活动宇航服

(二)俄罗斯宇航服

俄罗斯宇航服模型经历了七个发展阶段,分别为:第一位进入太空的宇航员加加林所穿着的 SK-1 型宇航服(图 9-10);第一位进行太空行走的宇航员阿列克塞·列昂诺夫所穿着的 Berkut 宇航服(图 9-11);用于登月计划的

图 9-10　SK-1 型宇航服

图 9-11　Berkut 宇航服

Krechet 型宇航服（图 9－12），我国的“神七”舱外宇航服就是在此原型基础上研发的；在 Krechet 宇航服技术上研发的 Yastreb 型太空舱外宇航服（图 9－13）；猎鹰号飞船舱外活动的 Orlan 型宇航服（图 9－14）；联合号载人航天飞船宇航员离地升空和返回地面所穿着的 Sokol 型宇航服（图 9－15）；在航天飞机中宇航员所穿着的 Strizh 型宇航服（图 9－16）。

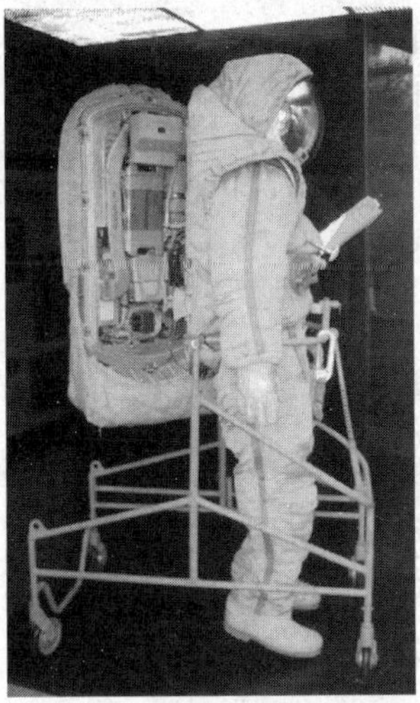

图 9－12　Krechet 型宇航服

图 9－13　Yastreb 型太空舱外宇航服

图 9－14　Orlan 型舱外宇航服

图 9－15　Sokol 型舱内宇航服

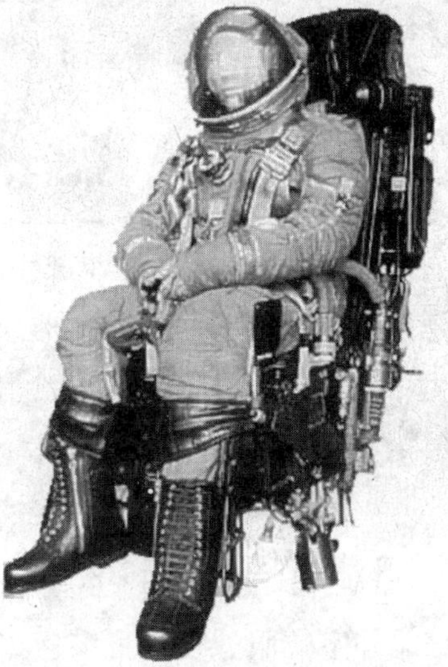

图 9－16　Strizh 型航天飞机宇航服

（三）我国宇航服

我国的宇航服经历了三个发展阶段，分别为神舟五号宇航服（图 9－17）、神

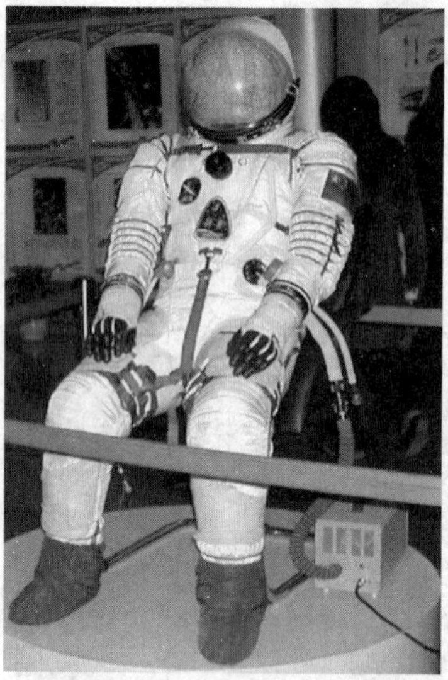

图 9－17　神舟五号舱内宇航服

舟六号宇航服（图 9－18）、神舟七号宇航服（图 9－19）。

二、宇航服的分类与结构

（一）宇航服的分类

宇航服的种类很多，从功能上分，有舱内用应急救生服和舱外活动宇航服；从服装压力上分，有高压宇航服和低压宇航服；从服装结构上分，有软式宇航服、硬式宇航服和软硬结合式宇航服。

（二）宇航服的结构

舱内宇航服设计，通常结构设计为 4～14 层。以 14 层为例，最里层是液冷服的衬里；衬里外是液冷服，它是由尼龙弹性纤维和穿在上面的许多输送冷却液的塑料细管制成；液冷服外是 2 层加压气密层；然后是限制层，用来限制加压气密层向外膨胀；限制层的外面是防热防微陨尘服，由 8 层组成；最外一层是外套。

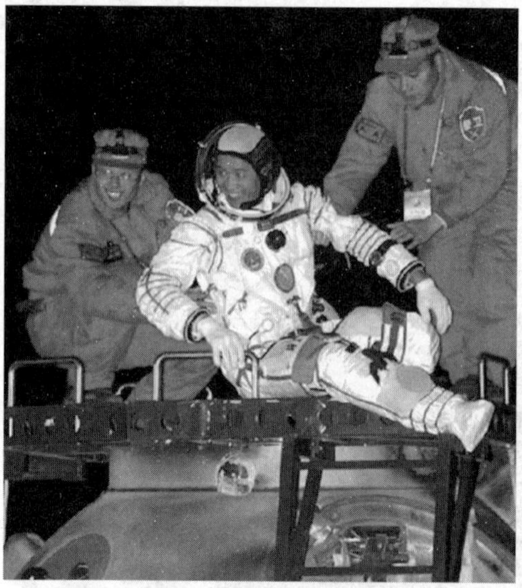

图 9－18　神舟六号舱内宇航服

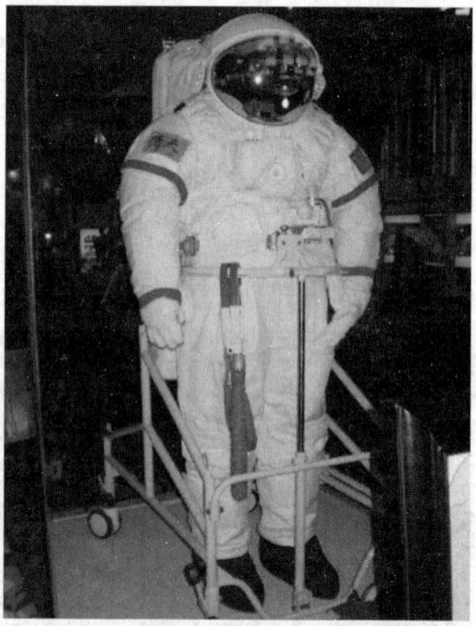

图 9－19　神舟七号舱外宇航服

舱外宇航服的结构可多达 25 层以上。在宇航服设计制作时，要把废物处理装置和生物测量装置缝在结构复杂的多层宇航服内。废物处理装置即用高性能吸收材料收集尿液；生物测量装置是通过贴在宇航员身上的电极，测量宇航员的心率、呼吸、血压等生理参数，并直接通过飞船遥测系统传到地面飞行控制中心。这些都要采取许多特定的生产技术来解决处理。舱外宇航服的生产环境要求十分严格，一件宇航服的设计到制作要经历成百上千道工序。

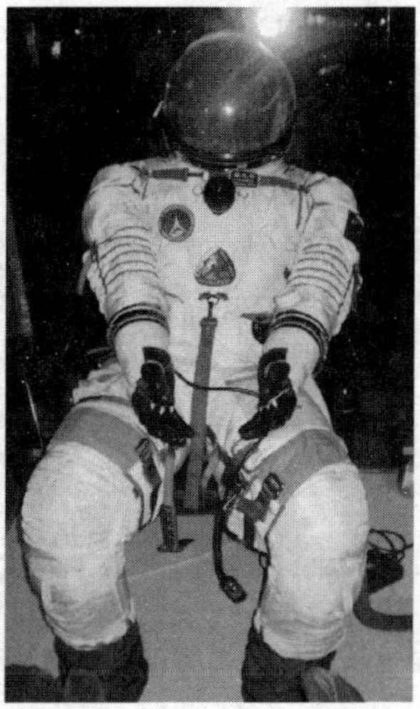

图 9－20　神舟七号舱内宇航服

(三)舱内宇航服

舱内宇航服如图 9－20 所示，也叫做舱内压力救生服。此类服装为宇航员在飞船内进入轨道和返回地面时穿着，用于飞船座舱发生泄漏、压力突然降低时，舱内宇航服自动系统会接通舱内与之配套的供氧、供气系统，服装内就会立即充压供气，并能提供一定的温度保障和通信功能，让宇航员在飞船发生故障时能安全返回。舱内宇航服的设计通常是为每一位宇航员定做的，它是在高空飞行密闭服的基础上发展起来的。舱内宇航服比较轻便，在不加压的时候穿着比较舒适、灵活。舱内宇航服一般由航天头盔、航天服装、通风装置及供氧软管、航天手套、航天靴及一些附件组成。

1. 航天头盔

航天头盔多指带有密闭的启闭机构和球面形的全景面罩(图 9－21)。

2. 航天服装

航天服装是有压力的服装，是宇航服的主体，多为连体式结构，一些维系生命系统的装置都安排在服装内外。

3. 通风装置及供氧软管

通风装置能够为穿着航天服的宇航员提供全身的通风，使宇航员处于相对舒适的环境中。当座舱出现压力应急时，通风装置机会自动关闭，使宇航服处于密封供氧状态。要求服装具有很好的气密性，能够在充气加压时保持拟人形态，并保证人体关节的活动。宇航服通风装置及供氧软管见图 9－22、图 9－23 所示。

图 9－21　神舟七号航天头盔

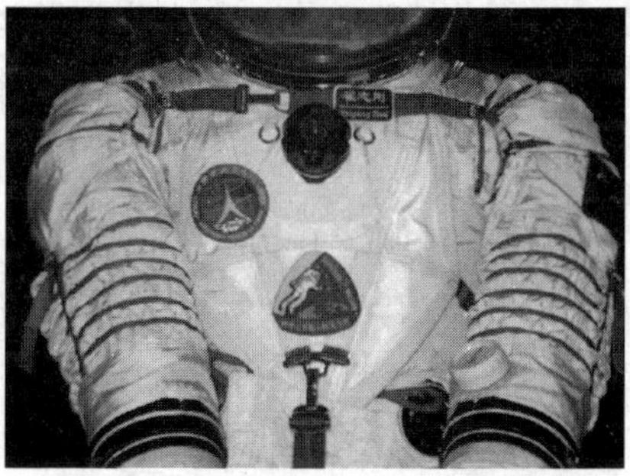

图 9－22　神舟七号宇航服通风装置

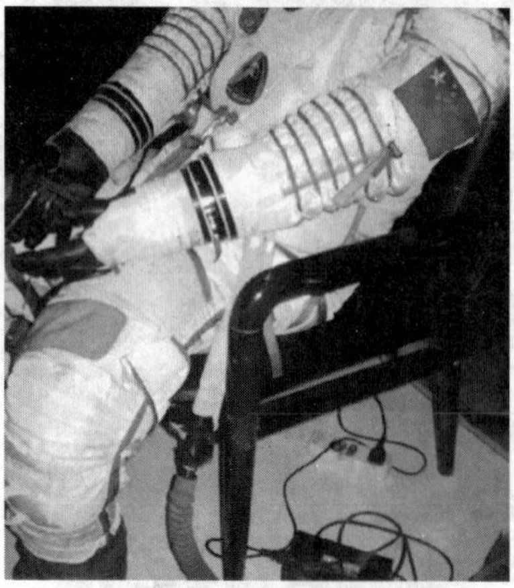

图 9－23　神舟七号宇航服供氧软管

4. 航天手套

航天手套带有密封轴承和腕部断接器，既可以把航天手套戴在压力服的袖口上，保证气密性，也可以将手套脱掉（图 9－24）。

5. 航天靴

航天靴多为与压力服构成整体的靴子，也有设计带有断接器的可穿脱式封密靴子（图 9－25）。

（四）舱外宇航服

宇航员在进行舱外活动时，需要穿着舱外宇航服对太空进行科学探索。太空中的温度接近绝对零度（－273.15℃），还存在各种宇宙射线。宇航服必须具有多重功能，提供氧气

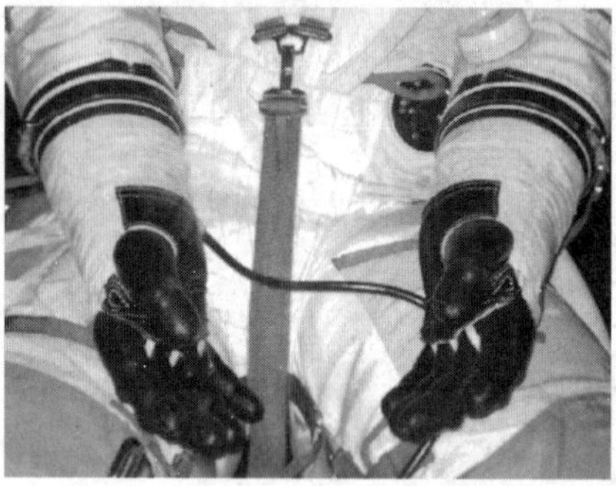

图 9－24　神舟七号航天手套

和水蒸气，以维持宇航员一定的温度、湿度和大气压力，以防御来自银河系的射线、太阳风、太阳耀斑以及微小陨石、太空碎片、原子氧和火箭燃料分解产生的腐蚀性化学物质的袭击，而且还要解决通信、机动（帮助宇航员太空行走）及生命保障系统等方面的需要。相对于舱内宇航服来说，舱外宇航服设计要复杂得多，可看成是一个可以操作活动的小型载人航天器。这种宇航服增加了宇航员出舱进入宇宙空间活动的背包式生命保障系统的设计。舱外宇航服的结构十分复杂，一般至少有五层。

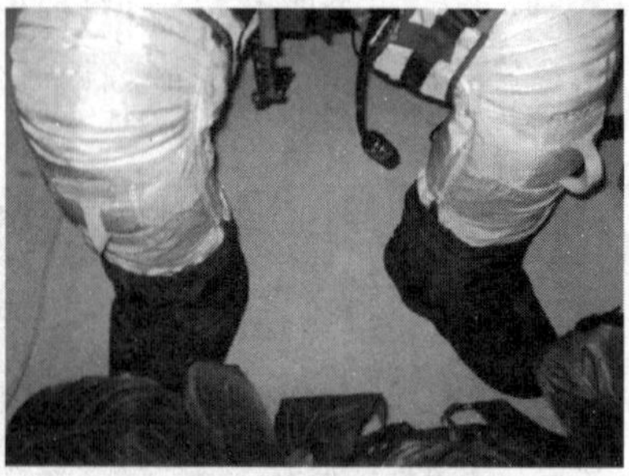

图 9－25　神舟七号航天靴

第一层是与皮肤直接接触的贴身内衣层，它又轻又软，富有弹性；内衣上还

常配有辐射剂量计，以监测环境中各种高能射线的剂量、辐射剂量的数据，作为对宇航员的动态监控，避免宇航员误入危险的高辐射区。舱外宇航服还配备有生理监控系统的腰带，藏有一套复杂的微型监测系统，负责各种生理（心率、体温、呼吸）数据以及太空服内部的温度的记录。

第二层是液冷服，采用的是新技术“热管液体调温”。服装上排列有大量的聚氯乙烯细管，管中流动着一种液体，可调节温度的液体通过细管流动，并由背包上的生命保障系统来调节控制液体的温度。宇航员可手动选择三种温度，分别为27℃、18℃和7℃。

第三层是有橡胶密封的加压气密层，层内充满了相当于一个大气压的空气，以保障宇航员处于正常的压力环境，不致因压力过低而危及生命。

第四层是约束层，它把充气的第三层约束成一定的衣服形状，同时也协助最外层抵御微小陨石、陨星的袭击。

最外层通常采用玻璃纤维和一种叫做“特氟隆”的合成纤维制成，它具有很高的强度，足以抵御像枪弹一样的微陨星的袭击；另外还增加可吸收宇宙射线的防辐射层。

舱外宇航服如图9－26所示，其最外层由透明的头盔和背上的“旅行背包”组成。“旅行背包”是一个完整、轻便的生命维持系统，其装置包括氧气瓶、水罐、通风装置、泵、过滤装置、调节空气和冷却水温的调节器以及高效银—锌电

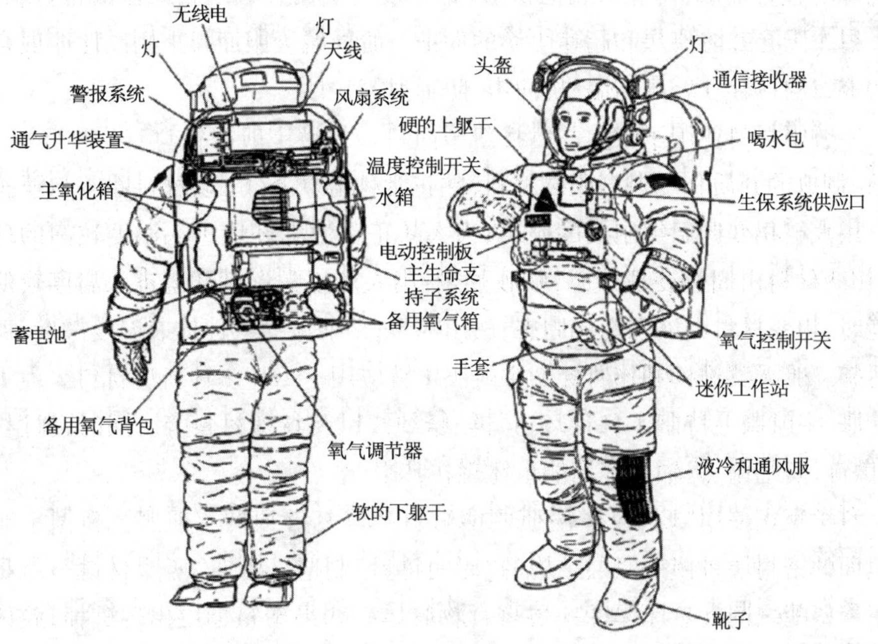

图9－26　舱外宇航服结构说明图

池。在“旅行背包”的下端是一个备用的氧气包，可用于呼吸等。在“旅行背包”的上端是一个带天线的无线电设备，可以保持与地面的联系。宇航员通过胸部的控制器，控制和调节生命维持装置。另外，由于宇航服一般都很重，为便于宇航员的行动，各个重要的关节部位都要求有较高的灵活性，常需加设特别柔软的护垫。除了服装以外，太空宇航服通常还配有一些辅助设备，有以下几种：头盔：盔壳由聚碳酸酯制成，不仅隔音、隔热、防碰撞，而且还具有减震性好、重量轻的特点；送话器；宇航的徽记；通信工具；供氧和排放二氧化碳的设备；通信和医用传感器的连接器；调节衣服内的压力、温度和湿度的装置；宇航员专用表；压力表：随时显示宇航服内的压力；通风设备：在宇航员上飞船之前，需要通过这个设备透气，同时排掉多余的热量。此外，宇航服上还配有废物处理装置和生物测量装置等。

（五）宇航服的材料

为了配合宇航服的多层复杂结构，在制作过程中使用了多种材料，以实现宇航服的各种功能。

内衣层选用柔软、吸湿和透气的棉针织物制成。液冷层以抗压塑料管缠绕人体表面，以冷却水降温散热。隔热层以多层镀铝的聚酯薄膜夹以无纺布制成。加压气密层由涂氯丁尼龙胶布等复合而成，内部可充气。限制层采用高强度的涤纶织物叠合而成，防止气密层破裂；外罩反射层由镀铝织物或含氟材料制成，可反射太阳光并防流星和超速尘埃的冲击。舱外航天服面料采用高性能混合纤维制成，具有强度高、耐高温、抗撞击、防辐射等特性。

宇航服材料使用了很多高科技新型面料。新型宇航服材料有一种高级“洛科绒”制成的介质相变调温服装材料，在正常体温状态下，该材料固态与液态共存。用太空相变调温绒制成的服装，当人从正常温度环境进入温度较高的环境时，相变材料由固态变成液态，吸收热量；当人从正常温度环境进入温度较低的环境时，相变材料由液态变成固态，放出热量，从而减缓人体体表温度散发，保持舒适感。航天英雄杨利伟所穿的宇航服中就应用了130多种新型材料。为了防止膨胀，宇航服上特制了各种环、拉链、缝纫线以及特殊衬料等。同时，保温、吸汗、散湿、防细菌、防辐射等功能也体现在其中。

科学家正使用“聪明材料”研制能够自我修复破损的宇航服。新型宇航服最里面的密封层将使用三层结构的“聪明材料”制造。所谓“聪明材料”，就是在两层聚氨酯之间夹着厚厚的一层聚合物胶体。如果聚氨酯层出现破损，胶体就在破损部位渗出、凝固，自动将漏洞堵上。在真空箱中进行的实验表明，该材料可以自动修复直径最大为2mm的破洞。“聪明材料”将附有一层交叉的通电线路，如果材料出现较大破损，电路就会被破坏，传感器会立即把破损位置等信息传送给计算机，并及时向宇航员发出警报。另外，"聪明材料"还将使用涂银的聚氨酯层，可以杀死病原体。

三、宇航服的工效学应用

宇航服是用于防护在太空环境或舱内失压时对人体危害的装备，并应在穿着中对人体不产生不良作用。在宇航服设计的过程中，为了使宇航员穿着舒适，需要利用工效学的理论加以指导，提高宇航服设计的科学性与效率。

（一）人体测量学在宇航服尺寸设计上的运用

人体测量学主要应用在宇航服的尺寸设计体系中，首先利用人体静态测量获得的数据，制成国家的基础标准，然后再针对航天员的具体情况，制订航天服尺寸设计标准。现已建立了5种宇航服尺寸设计体系。

苏联的软型（织物）宇航服采用该体系。表9－2中宇航服型号尺寸取胸围尺寸的1/2。表9－3是52号宇航服长度类尺寸规格表。这些类别又可再进一步细分为6个分档。按这两个标准尺寸表，可选定适合各自的宇航服。例如，某一宇航员的胸围为104cm、身高为175cm、躯干为95cm（身高－下肢长）、下肢为80cm、上肢为98cm时，由表9－2、表9－3可得出结论，该宇航员应选定的宇航服尺寸是52号（宇航服尺寸号，表9－2）－Ⅳ（身高号，表9－3）－5（躯干号，表9－3）－3（裤长号，表9－3）－5（袖长号，表9－3）。

表9－2　宇航服型号尺寸规格　　单位：cm

尺寸（size）	48	50	52	54	56
胸围（cm）	96±2	100±2	104±2	108±2	112±2

表9－3　宇航服长度类尺寸规格　　单位：cm

服装整体		躯干（包括头盔）		裤　子		袖　子	
身高代号	人身高	躯干长代号	躯干长	裤长号	腿长	袖长代号	上肢长
Ⅰ	158±3	1	86.0±1.25	1	72.0±1.75	1	87.5±1.5
Ⅱ	164±3	2	88.5±1.25	2	75.5±1.75	2	90.5±1.5
Ⅲ	170±3	3	91.0±1.25	3	79.0±1.75	3	93.5±1.5
Ⅳ	176±3	4	93.5±1.25	4	82.5±1.75	4	96.5±1.5
Ⅴ	182±3	5	96.0±1.25	5	86.0±1.75	5	99.5±1.5
Ⅵ	188±3	6	98.5±1.25	6	89.5±1.75	6	102.5±1.5

在进行外壳形态的设计时，需要在人体静态测量值的基础上放大尺寸，进行动态测量，即在外壳与体表面（实际是内衣）之间保留一定的间隙（空气层），以满足以下两方面的工效学要求。一是功能性放大，满足穿脱方便、舒适性好（无局部刺激性）、呼吸与活动自如、不干扰或限制人体的活动。为确定放大量，单纯依靠静态的人体测量尺寸已不能满足要求，尚须知道人体的动态尺寸，即知道静动两者测量之差值。二是结构性放大。服装的胴体呈圆筒状，其直径是按胸围尺寸制订的，从而使腹部多余一定空间，可用于安置通风管道和电信接头以及仪器等。全身也要考虑安置通风管道的放大尺寸。

（二）人体力学在宇航服活动结构设计上的运用

人体力学是研究人体活动与在各种力学作业条件下活动能力的专业。针对航天失重环境下人体活动与力学特征以及宇航服活动结构对人体的干扰程度，再根据人体力学要求进行服装设计。

宇航员在执行舱内、特别是舱外任务时，需要完成多方位的灵活性极强的动作。宇航员在3个坐标平面上需要经常进行多种动作。例如，在额状面上外展与内收；离开矢状面，身向侧转，或者向着矢状面，身向中间转；身体各部分之间或伸展或弯曲；面向下，或向上、向后；身体绕轴线转动，或部分拉长；身体向前方或向后方。如图9－27所示为宇航员弯腰拾物的动作，表9－4为每完成一套观测任务时各服装关节的活动次数。

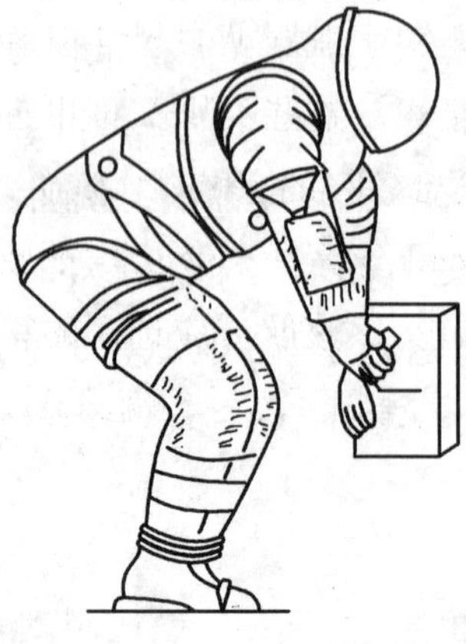

图9－27　宇航员弯腰拾物

表9－4　每完成一套观测任务时各服装关节的活动次数

任务	颈	肩	肘	手套	腕	髋	腰	膝	踝	靴子
大型空间望远镜安装等	427	1967	1351	1371	1297	463	295	1064	1056	1334
地球观察	71	484	424	480	376	0	2	154	30	24
拖船和卫星的离轨准备	17	132	124	196	138	0	0	16	4	4
轨道飞行器的检查修理	26	230	206	254	231	0	0	76	12	12
等离子体尾迹试验	108	6652	6628	3330	6712	50	0	150	116	48
X射线天文学	112	332	328	352	282	18	18	546	504	504
天文学探险卫星发射	21	125	124	211	153	0	14	14	2	2

(三)暖体假人在宇航服测试上的应用

在航天活动中,宇航服在满足相应的特殊防护要求的同时,也带来了人体与环境之间复杂的热传递问题,所以需要在宇航服的设计制作中进行热学性能的评价。暖体假人可以代替人体穿着宇航服,在各种环境条件下进行服装热学性能实验研究。

宇航服是具有人工气候环境的特种密闭服装,保障宇航员正常的生命活动和工作能力。它除了能够防护宇宙空间各种环境因素,如低压或真空、缺氧或无氧等对人体的危害之外,还应该具有保持着装者身体与外界环境间的热平衡,以维持皮肤温度和出汗率不产生不适水平,使人体处于温热性舒适状态。

宇航服隔热值是评价人体穿着宇航服时舒适状态的重要指标,可以根据预计的环境条件和活动水平情况,在人工气候室内,对穿着宇航服的暖体假人进行测试。对其结果进行测算,以便做出材料的选择和方案的制订。

(四)宇航服的发展方向

美国与俄罗斯两个航天大国正在使用的舱外宇航服,经过几十年的改进与提高,已能满足短时间(8h 以内)执行任务的工效学要求,解决了舒适性、适体性、空间性、一般的活动性以及有关的心理生理障碍。在太空舱外穿着又笨又硬的宇航服,宇航员可以完成难度较大的动作。

在航空航天方面,美国和俄罗斯一直走在世界的前列,两国的研究人员也不断地开发高科技宇航服,以保证宇航员在太空中的行动更自如、时间更长。如图 9-28 所示为将要在未来使用的 MKⅢ升级版宇航服。此新一代宇航服在臀部、膝盖和肘部有供航天员更自如活动的连接设计。这种既易于维护又可快速穿戴的轻便宇航服尽可能地让航天员穿着舒适,具有一定的适应性和可靠性。

图 9-28 MKⅢ升级版宇航服

美国麻省理工学院的教授达瓦·纽曼等研究人员正在研发一种类似紧身衣的轻薄高科技 bio-suit 宇航服,如图 9-29 所示。轻巧的宇航服可让宇航员行动更加自如,改变了宇航员传统臃肿、厚重的形象。这种类似"第二层皮肤"的新型宇航服表面,将喷有一层可被有机生物分解的涂层,该涂层能够在布满灰尘的行星环境中保护宇航员。研究人员表示，这款生态宇航服大约还需要10年的开发时间，预计第一次火星探险之旅时可投入使用。

图9－29　bio－suit宇航服

第五节　防弹服

防弹服是在特定的环境下为了保证人的生存而穿着的个体防护装备，它能吸收和耗散弹头、破片的动能，阻止穿透，有效地保护人体受防护部位。目前，防弹服主要是指保护前胸和后背的防弹背心，防止流弹及破片对人体重要部位造成杀伤。本节将对防弹服的历史变革、分类、纤维材料、评价指标、发展趋势等方面进行探讨。

一、防弹服的历史变革

作为一种重要的个人防护装备，防弹服经历了由金属装甲防护板向非金属合成材料的过渡，又经历了由单纯合成材料向合成材料与金属装甲板、陶瓷护片等复合系统发展的过程。20世纪60年代末70年代初，Kevlar纤维的问世，不仅代表着合成纤维技术史上一个新的突破，而且也为防弹服带来了革命性的飞跃。1991年，荷兰科学家发明了Twaron纤维，并生产出更轻、防弹性能更好、更透气的超高分子量聚乙烯防弹服。1998年，英国科学家利用从液体水晶中提炼出来的高分子纤维材料制成新型材料防弹服，同时添加一种能够有效防静电的材料，制成了最新的超级防静电防弹服。它不仅能防弹，而且还能在飞机、舰艇、油库、弹药库这类最怕静电又最易产生静电火花的场所穿着，即使不慎发生爆炸，防弹服也极具防护能力。

二、防弹服的分类

防弹服有多种分类方式。根据防护等级，分为防弹片、防低速子弹、防高速子弹三级；根据式样，分为背心式、夹克式、套头式三种；根据使用对象，分为地面部队人员防弹系统防破片背心、战车乘员防弹系统防破片防弹服、保安防弹服、要人防弹服等多个品种；根据使用范围，分为警用和军用两种；根据使用材料，分为软体、硬体和软硬复合体三种。

软体防弹服的材料以高性能纺织纤维为主，这些高性能纤维具有极强的能量吸收能力，因此能赋予防弹服防弹功能。由于这种防弹服一般采用纺织品的结构，具有较好的柔软性，故称为软体防弹服。硬体防弹服则是以特种钢板、超强铝合金等金属材料或者以氧化铝、碳化硅等硬质非金属材料为主体防弹材料，由此制成的防弹服一般不具备柔软性。软硬复合体防弹服的柔软性介于上述两种类型之间，它以软质材料为内衬，以硬质材料作为面板和增强材料，是一种复合型防弹服。

作为一种防护装备，防弹服的核心性能是防弹性能。但作为一种功能性服装，它还应具备一定的服用性能。防弹服的服用性能要求是指在不影响防弹能力的前提下，防弹服应尽可能轻便舒适，人在穿着后仍能较为灵活地完成各种动作。新型防弹服的款式很多，如防弹背心、防弹 T 恤、防弹衬衫、防弹夹克衫、防弹棉衣、防弹雨衣、防弹皮衣、防弹外套等。从外观上看，新型防弹服较之普通的衣服不仅毫不逊色，而且还另有一番神秘的风采。

三、防弹服的纤维材料

（一）尼龙

20 世纪 50 年代，美军首先试验使用尼龙这类软质合成纤维材料制作防弹服。他们发现 12 层特制尼龙纤维布可收到一定的防弹效果。当子弹击中防弹服时，纵横交织的多层尼龙纤维像网一样裹住子弹，如果子弹继续运动就必须拉伸尼龙纤维。尼龙纤维的张力降低了子弹的运动速度，消耗并吸收了子弹的动能。由于弹片的动能和运动速度一般比子弹低得多，所以尼龙防弹服对弹片的防护作用更明显。但是，由于尼龙纤维的抗张强度所限，所以尼龙防弹服要收到好的防护效果，重量需在 4. 5kg 以上，而穿上这么重的防弹服，士兵的作战能力至少要降低 30% 。

（二）Kevlar 纤维

Kevlar 纤维全称为聚对苯二甲酰对苯二胺纤维，是美国杜邦公司于 20 世纪

60 年代中期研制出的一种合成纤维。它的抗张强度极高,是尼龙纤维的 2 倍多;而吸收弹片动能的能力是尼龙的 1.6 倍,是钢的 2 倍。它的出现使防弹服的防护性能有了明显提高。多层 Kevlar 织物对枪弹也能收到较好的防护效果,即由几十层 Kevlar 纤维和其他面料加工制成防弹服。当子弹击中防弹服时,Kevlar 纤维便被拉伸,从而将子弹的冲击力分散到织物中的其他纤维上。由于用 Kevlar 制成的防弹服比尼龙防弹服重量轻、防弹性能好,所以它受到了许多国家军队和警察的青睐。

(三)Spectra 纤维

20 世纪 90 年代美国研制出名为 Spectra 的纤维,它具有比 Kevlar 更优越的性能。在保持与 Kevlar 制品相同防护性能的条件下,由这种纤维材料制成的防弹头盔和背心的重量可减轻 1/3。

(四)超高分子量聚乙烯纤维

聚乙烯纤维的密度很低,再加上其优异的力学性能和能量吸收性能,使得超高分子量聚乙烯纤维在个体防弹领域有广泛的应用。但它在横向力学、高温力学和多种树脂的黏结方面性能较差。

(五)蜘蛛丝

1997 年初美国生物学家发现,一种名为"黑寡妇"的蜘蛛可吐出两种高强度的丝,一种丝的断裂伸长率为 27%;另一种丝则具有很高的断裂强度,比制造防弹背心的 Kevlar 纤维的强度还高得多。这种蜘蛛丝质地比钢铁还坚韧,而且非常轻巧,比合成材料或生物聚合体轻 25%,具有强度大、弹性好、柔软、质轻等优良性能,因此非常适合制造防弹服。但由于来源极为有限,因此无法进行规模化生产。

(六)其他

目前,世界各国利用转基因或基因重组的方法,研制出牛奶钢、羊奶蛋白和"家蚕吐出蜘蛛拖牵丝"等超强防弹材料,但是这些材料尚未投入实际应用。

1. 牛奶钢

1999 年,美国科学家利用转基因办法,将"黑寡妇"蜘蛛的蛋白质注入一头奶牛的胎盘内进行特殊培育,等到这头奶牛长成后所产下的奶中就含有"黑寡妇"蜘蛛的蛋白纤维,这样就增强了牛奶蛋白纤维的强度。这种新颖的牛奶纤维,既保持了牛奶丝的精美与柔韧,又使其物理强度比钢铁的强度还要大 10 倍以上，因此被称为“牛奶钢”，它成为目前世界上最引人注目的生物钢之一。这种超坚韧的轻型牛奶钢能轻易地阻挡枪弹的射击，可以用来制造防弹背心、坦克和飞机的装甲以及军事建筑物的理想“防弹服”。

2. 羊奶蛋白

美国、加拿大等国家的科学家们将蜘蛛蛋白基因注入一只特殊培育的山羊体内，在这只山羊产下的奶中含有大量柔滑的蛋白质纤维，通过提取这些纤维，就可以生产出比钢铁强度还高 10 倍的物质，这种超强坚韧的物质可以用来制造防弹背心等。据说一只羊每月产下的奶中提取的纤维可制成一件防弹背心。

3.“家蚕吐出蜘蛛拖牵丝”

我国历经 5 年艰辛攻关，在家蚕丝基因重链中产生了部分蜘蛛拖牵丝，即蜘蛛网的支撑丝(如伞骨部分)，这是蛛丝中强度、弹性最好的部分。在家蚕丝基因中插入绿色荧光蛋白与蜘蛛拖牵丝融合基因后，得到了荧光茧。含有蜘蛛丝的蚕茧能发出神秘的绿光，它与用荧光染料制成的荧光丝有本质区别，是高级绿色环保防弹服材料，还适宜制成防伪标志。

四、防弹服的评价指标

软质防弹服主要由防弹层和外套组成。防弹层是防弹服的核心部分，它是由多层防弹材料构成，目前主要是芳纶材料和高性能聚乙烯材料。当前，我国有两个标准指导防弹服的研发、生产和采购，GA 141—2001《警用防弹衣通用技术条件》和 GJB 4300—2002《军用防弹衣安全技术性能要求》。而国际上比较通用的是美国 NIJ 0101. 04 防弹衣标准。

1. 防弹速度 V_{50}

防弹速度 V_{50} 是评估防破片性能的一个重要指标。它是指模拟破片在规定弹速范围内，对受试样品形成穿透概率为 50% 的极限速度。V_{50} 值越高，防弹材料的防弹性能越好。

2. 穿透层数

单纯根据“穿透层数”来判定防弹服的安全性是不确切的。因为穿透层数与防弹服所用的防弹材料及防弹材料的重量有关。例如，Gold Flex 材料单层的单位面积重量为 $238g/m^2$，而 Spectrashield 材料只有 $98g/m^2$，因此，即使防护等级相同，在受同样子弹冲击情况下前者的穿透层数一般比后者少很多。另外，穿透层数与材料档次也有关。Twaron CT709、Kevlar S363 等材料的纤度是 840 D，Kevlar D310 布的纤度只有 400 D，而 Kevlar 518 布的纤度是 1000 D，一般来说，防弹材料的纤度越小，其防弹性能越好。在同样防护等级的情况下，防弹服所需防弹材料的层数不一样，因此要以穿透层数作为安全性的评比标准，只有在使用相同的防弹材料的前提下才能采用。

3. 防弹服的重量

在同一防护等级的情况下，影响防弹服重量的因素主要是所用的防弹材料、防弹服的防护面积以及防弹服外套所用的材料。一般来说，防弹材料档次越高，防弹服重量越轻；其次是防弹服的防护面积。一件同样材料的防弹服，防护面积相差 $0.01m^2$，其重量相差 67g。另外防弹服面料的质量也影响防弹服的重量，一般面料与较好面料相差 100g 左右。同时外套的结构也会影响外套的重量。因此，在考虑防弹服的重量时，应综合考虑各方面因素。

4. 凹陷深度

将凹陷深度作为非贯穿性损伤性能指标，应考虑背衬材料刚性的影响。在刚性相同的情况下，一般凹陷深度越大，相应的非贯穿性损伤也越大。如果一味地追求防弹服较小的凹陷深度，必然会降低防弹服穿着的舒适性及服用性。因此，只要凹陷深度指标在标准范围(25mm)以内就是合格的产品。

五、防弹服的发展趋势

1. 重点发展防弹材料和制造工艺

防弹服的重点是发展防弹材料，包括硬质和软质防弹材料。硬质防弹材料要求薄且密度大、质量小、防弹性能好；软质防弹材料要求柔软、抗拉和抗断裂性强、SP 模数和破坏延伸率大等。此外，防弹服在制造工艺上要求较高，如软质防弹纤维的处理和编织有不同的方法，而防弹服的防水、防紫外线和防红外线性能也有待进一步提高。

2. 防弹服要多样化

防弹服应根据职业要求和环境的不同，研究出不同的款式、颜色和花样，以满足使用者的要求。防弹服应朝着使穿着者既方便又舒适的方向发展。

3. 防弹服向标准化方向发展

目前，各国的防弹服大多采用本国的防弹标准，使用起来有诸多不便，今后很可能朝着使用国际统一的防弹标准的方向发展。

第六节 "鲨鱼皮"泳衣

"鲨鱼皮"堪称"世界上最快的泳衣"。北京奥运会开赛 8 天后产生的 27 块游泳金牌中，23 块金牌获得者身穿这种泳衣，他们中又有 15 人创造了新的世界纪录。“鲨鱼皮”号称能帮助运动员提高摄氧量，提高入水、冲刺、转身的速度，降低水的阻力，这也让它成为史上最具争议的运动装备之一。目前“鲨鱼皮”的生产厂家只有 Speedo 公司一家。

一、“鲨鱼皮”泳衣的发展

“鲨鱼皮”从 2000 年第一代诞生至 2008 年北京奥运会已经历了四代。

第一代鲨鱼皮取名为 Fastskin，它采用纤维模仿鲨鱼皮肤结构，能引导周围的水流，减少水阻力，并提高游进速度 3% ~7.5%。作为“鲨鱼皮”的代表，Fastskin 泳衣在悉尼奥运会上风靡全球，有 83% 的参赛选手身着“鲨鱼皮”泳衣参加比赛。

第二代鲨鱼皮产生于 2004 年，取名为 Fastskin 2，这是在第一代鲨鱼皮的基础上，在面料的表面加上颗粒状的小点，目的是减少 30% 的水的阻力，整体功能比第一代鲨鱼皮提升了 7.5%。2004 年的雅典奥运会，获得奖牌的运动员中有 47 人就是穿着这款泳衣登上领奖台的。

第三代鲨鱼皮产生于 2007 年，取名为 Fastskin FS – PRO，它是由防氧弹性纱和特细尼龙纱制成。第三代鲨鱼皮的弹性比同类产品高 15%，可以减少肌肉振动和能量损耗。在 2007 年 1 年时间中，鲨鱼皮协助世界各国运动员先后 21 次打破世界纪录。

第四代鲨鱼皮产生于 2008 年，取名为 Fastskin LZR Racer，第四代“鲨鱼皮”由 Speedo 公司、美国国家航空航天局（NASA）和澳洲流体实验室联合开发。第四代鲨鱼皮由极轻、低阻、防水和快干的 LZR Pulse 面料组成，该泳衣也是全球首套以高科技熔接生产的无皱褶比赛泳装。在 1 个月内所产生的 16 项新的世界纪录中，有 13 项是由选手穿着这种泳衣创造的。与前三代产品全黑的外形不同，Fastskin LZR Racer 的表面有黑色和灰色两种色块；摸上去轻、薄、透，手感发沙。

二、“鲨鱼皮”泳衣的材料

“鲨鱼皮”泳衣精妙之处在于材料。目前最新的第四代“鲨鱼皮泳衣”Fastskin LZR Racer 由极轻、低阻、防水和快干性能 LZR Pulse 面料制成，这种特殊材料借助了美国国家航空航天局测试航天器进入地球大气层后表面承受摩擦力的风洞，对一百余种材料进行了测试后选定的。“鲨鱼皮”面料中已经没有了传统意义上的纺织物。LZR Pulse 通过将贴近体表的水排开，保证水和肌肤的最少接触，以达到减小阻力的效果。泳衣面料的针织技术同样超前，Fastskin LZR Racer 是世界上首件 100% 利用超声波黏合的泳衣，周身找不到一处接缝，因此也减少了部分阻力。

泳衣的灰色部分是高弹力的特殊材质，包裹在几个主要的大肌群上，强有力地压缩运动员的躯干与身体其他部位，降低肌肉与皮肤震动，帮助运动员节省能量、提高成绩。此外，贴合脊椎的波浪形拉链、独特的腰部加固技术，都使这件泳衣充满高科技含量。

三、"鲨鱼皮"泳衣的原理

"鲨鱼皮"是人们根据其外形特征起的绰号，其实它有着更加响亮的名字——"快皮"，其核心技术在于模仿鲨鱼的皮肤。生物学家发现，运动员在游泳的时候，其身体前后都存在"涡流"阻力。前面的阻力是因为要挤开水流才会前进，后面的阻力则是人前进时，后面的水流还没跟上，让开了位置而出现真空，产生了一个向后拉的力量。鲨鱼皮肤表面粗糙的 V 型皱褶是完全仿造鲨鱼皮肤表面制成的，在游泳服表面排列了百万个细小的棘齿，能在物体表面形成一层水流，迅速填补人体后的真空，从而减少涡流的干扰，使身体周围的水流更高效地流过，大大减少水流的摩擦力和阻力。此外，"鲨鱼皮"泳衣还充分融合了仿生学原理，在接缝处模仿人类的肌腱，为运动员向后划水时提供动力。在面料上模仿人类的皮肤，富有弹性。这种弹力模仿了人类的皮肤，增加了核心稳定性和高度的抗压缩性，可减少肌肉振动进而减少能量损耗。同时，在人体游泳阻力最大的部位，如胸部、臀部等，采用特殊材料，对肌肉进行适当的、类似于塑身的压缩，从而改变了这些部位的形态，将运动员的身体塑造成一种最适合水中行进的体型，减少其在水中的阻力。为了达到这些目的，这款泳衣不得不设计得非常紧身，比一般泳衣要紧 70 倍，因此对肌肉具有极强的压迫作用，运动员确实会感受到很大的压迫感。当运动员穿上泳衣之后，身体的流线型得以加强，还可使他们在水中保持更长时间的最佳姿势，取得更好的速度。"鲨鱼皮"泳衣可以将水中阻力降低 10%，氧气消耗减少 5%，从而减轻运动员比赛中的体力消耗，而且该面料的泳衣是重量最轻的，也是轻巧型织物泳衣中受静态阻力最小的，其弹力比同类产品高 15%。

第七节　功能性运动服

由于功能服装在人们生活中处于边缘位置，所以功能服装的研发很多时候是靠国家和研究机构去做。但是，户外运动功能服装却是例外，越来越多的人加入户外运动的行列。1953 年，英国人希拉里、尼泊尔人丹增创下了人类首次成功登上珠穆朗玛峰的记录。当时,登山者还没有先进的装备,登山活动是一种专业体育运动,强健的体魄和挑战精神是登山活动的关键。五十余年后的今天,不仅专业的登山运动员可以挑战世界之巅,借助优良的装备,普通的登山爱好者经过训练,也能一显身手。从初期极为简陋的呢绒和毛皮制品服装,到发展期以尼龙、涤纶为代表的多种合成纤维和新材料,再到目前的100%防水、防风、透气和耐磨的户外运动功能服装,户外运动的发展见证了户外运动功能面料不断发展的历史。

由于户外运动的流行,市场充满了商机,因此户外功能运动服装的研制开发几乎都是由商家去完成的。世界知名、技术先进的户外运动服装是由户外运动服装公司生产的。这些公司建立实验室——风雨房,模拟各种复杂的气候环境,让不同的人试穿功能面料制成的服装,来进行研究测试服装的防风、防水、透气性、性能。这个风雨房也就是服装工效学通常所说的人工气候室,透气性透湿性、保暖性、防风性、防雨性都是服装工效学所要研究的服装主要性能。也可以说,户外运动功能服装公司也是服装工效学的研究所,它们所研发的户外运动功能面料也代表了户外运动功能面料的发展与应用水平。

为了满足运动对服装各种性能的要求,功能性运动服从纤维材料、织物面料、服装款式结构等方面都有相应的要求。由于运动种类繁多,其对应的运动服的种类也有许多,如骑行服、高尔夫球服、登山服、冲锋衣、跑步服、雨衣、风衣、骑行服、功能裤、滑雪服、抓绒衣、雪地服等,配件有背包、运动鞋、户外鞋、睡袋、旅游包袋、帐篷、头盔、各类野营用品等。在这些服装种类里,还要进行细分,如雨衣还要分为普通雨衣和小兜雨衣等。这些不同种类的服装,是结合运动特点、服装面料及服装款式来制作的,具有各自的特色及功能。

一、功能性运动服的纤维材料特点

纤维材料对功能性运动服有十分重要的影响,户外运动对服装的性能要求是复合的,而不是单一的。正如前面提到的那样,户外运动与户外运动服装材料是相互促进、不断发展的。

(一)天然纤维材料

1. 棉

棉、麻、丝等是人类在天然纤维中选择的最适合穿着的纤维。纯棉针织物吸湿性好、柔软,对皮肤无刺激作用,适用于一般场合,如安静和轻微活动时穿着。生活中的休闲运动服大都是纯棉制品。早期的功能性运动服也首选了棉、麻。然而,随着舒适理论研究及对服装性能的要求,棉作为运动功能性面料的弊病也随之被发现，棉作为户外运动功能面料，有以下缺点。

（1）棉的重量大，与身体摩擦大，缺乏足够的柔韧性等。在寒冷季节，针织纯棉保暖织物靠增加厚度来增加保暖效果，造成过高的平方米克重，服装臃肿，人穿着后活动不便。

（2）虽然棉具有较强的吸湿性，可是放湿性却差强人意。靠近皮肤的衣服，微气候区的温度为32℃ ±1℃、湿度为50% ±10%时才感到舒适，此时人体处于最佳生理状态。人体出汗是热平衡调节中有效的散热手段。人体总数热量的80% ~90%是经皮肤散热的，散热方式包括传导、对流、辐射和蒸发。在热环境、低风速、强辐射或大运动量下，传导、对流、辐射已不能及时消除机体的热积蓄，而蒸发成为主要的散热方式。在机体大量出汗而服装系统又不能及时地排出水分时，就会影响舒适性和机体的运动能力，而且在严寒环境中还会导致服装系统的保温性能急剧下降，导致机体冻伤，甚至死亡。在两次世界大战中，各国士兵均有在严寒环境中剧烈运动后大量出汗，最终导致冻伤冻死的大量事例。由此看出，内衣的重要任务是及时排出汗液。而纯棉针织物虽然能够大量吸收汗液，但是因为放湿性差，不能及时将汗水排出服装，棉内衣吸汗后不能快干，保暖性降低，使人觉得寒冷，甚至会威胁到生命。所以，改进棉的放湿性十分重要。

（3）在需要高弹性的运动场合，普通纯棉针织物仅依靠选用面料的组织结构来获取弹性，很难满足对功能性运动服面料多方面的要求。

尽管棉有如此缺点，但由于其吸湿性能好，通过与化合纤维混纺，棉仍然是运动服装中不可缺少的纤维材料。

2. 羽绒

在户外运动功能服装中，还有一种天然纤维在保暖材料中独领风骚，那就是羽绒。羽绒的英文名为down，主产地为中国和匈牙利。羽绒的保暖性强，而且极轻，可以压缩到很小，非常适合在高寒地区的户外运动中穿着。对鹅绒的分级，全世界没有统一标准。在美国是以fill power来测量的，fill power越高越好。500 fill power和550 fill power是目前市面上级别比较低的，其含绒量相对较低，羽毛和杂质的比例较大，所以蓬松度低。700 fill power以上的鹅绒就很好了，800 ~830 fill power是最好的。如果保养方式正确，一个好的羽绒睡袋或羽绒服可以用10 ~20年。羽绒保温性能好，就是因为绒毛的含空气量高，因而羽绒服装的保暖性能主要取决于含羽绒量和充绒量这两个指标。含羽绒量是指羽绒中绒毛和羽毛的比例，含绒量越高，服装的保温性和压缩性也越好。1996年9月，瑞士利维高公司协助中韩联合登山队征服西藏穷母岗日峰的OZARK（奥索卡）羽绒服的含绒量就在85%以上。充绒量是指服装中充入羽绒的重量，充绒量也直接关系到服装的保暖性能。含绒量和充绒量的升高，会导致服装的成本直线上升，而人造纤棉则便宜得多，而且被水浸湿后的保温性能也明显优于羽绒。但从整体性能来看，人造纤棉仍无法和羽绒相比。羽绒是目前户外功能性运动服中保暖外套的最佳选择。

（二）合成纤维材料

早期的化学纤维透气性差、不耐磨，较易拉裂变形，并不是良好的功能性运动服装纤维。比如早期涤盖棉材料不能满足人大量出汗时的排汗性能的要求。然而，化学纤维中，如尼龙纤维、涤纶等高分子聚合物，它们轻巧、柔韧，代替天然纤维作为运动服面料有着无比优越性。合成纤维可以根据需要改变纤维的结构，从而使面料达到所需要的性能，因此在功能性运动服装中，合成纤维具有很高的创造性和可塑性。例如，合成纤维可以仿制成北极熊中空管状毛结构，从而达到轻且保暖的作用。合成纤维还可以参照苜蓿的四叶子形吸湿排汗程序，利用纤维表面的细微沟槽和孔洞，将肌肤表层排出的湿气与汗水经由芯吸、扩散、传输的作用，瞬间排出体外，使肌肤保持干爽与清凉。

除了改良原有的化学纤维外，性能更好的科技材料的诞生，满足了运动所需要的特殊要求。如硅酮树脂做的鲨鱼皮泳衣可以使运动员在水中的摩擦力小于人体皮肤与水的摩擦力，使得运动员在水中受到摩擦力降至最少。根据运动所产生的对服装的需求，户外运动服装的合成纤维材料主要有以下几种。

1. 吸湿排汗的纤维材料

吸湿排汗对于户外运动服非常重要。吸湿排汗合成纤维材料克服了棉放湿性差的问题，利用纤维表面的微细沟槽或者异型截面纤维的虹吸、扩散、传输作用，通过混纺或者织物组织变化，迅速将肌肤表层的湿气与汗水排出。下面介绍一些主要的户外运动服装吸湿排汗的合成纤维材料。

（1）CoolMax：美国杜邦公司（DuPont）研制的一种聚酯纤维，排汗性极强，是内衣和袜衬的理想材料，有些冲锋衣也用 CoolMax 做网状内衬。这种合成纤维具有四层独特的构造，通过这一构造，可迅速把汗排出到材料的表层；纤维之间的空隙大，具有比一般棉制品更高的透气性，清洗后很少会变形；四管状截面形状，中空，管壁透气，因此吸湿、排汗、透气性强，有很好的毛细效应。这种结构特点使 CoolMax 可以随时将皮肤上的汗液抽离皮肤，传输到面料表面从而迅速蒸发，使皮肤保持干爽和舒适。通过 CoolMax 功能性纤维面料与其他面料干燥率的比较，无论在短时间或较长时间内，CoolMax 的干燥速率都明显优于其他面料。一般棉制品含水量是 CoolMax 的 14 倍，干透速度慢，保持体温的性能很低。而 CoolMax 的干燥率几乎是棉的 2 倍。因此，CoolMax 是目前吸湿排汗的代表性纤维材料。

(2)Thermastat:是美国杜邦公司的排汗保暖内衣布料系列产品,与 CoolMax 一样质轻、速干,有优良的吸汗性能,可使身体保持最佳状态;与 CoolMax 的不同在于其保暖性较好。Thermastat 是由有效保温的中空纤维所制成,能将人体包裹在温暖及隔离的暖空气中。其超细纤维更可避免辐射热的流失。这种面料加温迅速,能有效保持体温,更能随着体温变化自动调整,避免过热的情况。

(3)Omni - Dry:是美国哥伦比亚公司(Columbia)自己研制的类似 CoolMax 的材料,可以迅速将水分吸收,并有效地将水分带到面料外面挥发。其吸水性能是一般棉布的 3 倍,挥发速度是一般棉布的 2 倍,能使穿着者经常保持干爽舒适。主要用于生产 T 恤、衬衫、休闲裤等。

(4)Power Dry:是由美国 Malden Mills 公司研制的快干面料,由一种独特的二层织法组合而成,底层幼细管状组织能在瞬间把汗水带离皮肤,再送到外层,外层组织具有扩散功能,汗水迅速在布表面散开,从而加快挥发。

(5)Fieldsensor:是由日本 Toray 公司研制的 Fieldsensor XX 涤纶针织物,用 X 型截面改性涤纶长丝针织而成,比传统织物吸汗/快干性高 2 倍。Fieldsensor 涤纶织物利用独特的多层针织结构形成的毛细效应实现吸汗/快干功能。

(6)Coolbst:是中国石化仪征化纤股份有限公司涤纶短纤厂采用新的纤维截面形状设计,将毛细管原理运用到纺织品表面结构,使其能够快速吸水、输水、扩散和挥发,从而保持人体皮肤的干爽。同时,由于聚酯纤维具有较高的湿屈服模量,在湿润状态时也不会像棉纤维那样倒伏,所以始终能够保持织物与皮肤间的微气候状态,达到提高舒适性的目的。

(7)FCLS - 75:是中国石化仪征化纤股份有限公司涤纶短纤厂研制的另一种吸湿排汗面料,主要是通过物理改性和化学改性两种方法得以实施,通过改变喷丝板微孔的形状,纺制具有表面沟槽的异型纤维,而导湿性提高主要是在异型纤维的纵向产生了许多沟槽,纤维通过这些沟槽的芯吸效应起到吸湿排汗的功效。通过比较各异型纤维可以发现,纤维的吸湿功能不仅与异型度有关,还与沟槽的深度、沟槽的形状有关。不同异型截面的纤维在异型度相同时,导湿性能也不一样,带有较深且较窄沟槽的异型纤维导湿性能好。FCLS - 75 的 Y 型截面的 FDY 丝就是利用该方法所制成的,导湿性比一般纤维大 20%。

(8)Topcool:是台湾远东纺织股份有限公司开发的吸湿排汗纤维织造的面料,蓬松性良好,织物具有良好的干爽效果,能够保持人体皮肤干爽舒适、调节体温。与其他纤维混纺还起到抗起毛起球的作用。其原理是利用水珠无法在纤维表面产生稳定的接触角而产生流动。Topcool 十字型截面聚酯棉有四个沟槽,当水珠滴落在上面时无法稳定滞留,沟槽产生加速的排水效果,人体的汗液利用纱中纤维上的细小沟槽被迅速地扩散到布面,再利用十字型截面产生的高面积比,使水分快速蒸发到空气中。

(9)Windstopper N2S:是美国戈尔公司(Gore)研制的透气防风、排汗面料,但没有防水功能,它能将湿气由皮肤排到外部,透气的 Windstopper 膜能阻止湿气的返回,同时也能阻断风寒效应;重量轻,能很好地保持体温和适当的保持水分,比一般抓绒产品暖和。可以制作外套,也可制作保暖层的抓绒衣,一件可抵多件服装,能满足多样的户外活动。

2. 高强度耐磨性的纤维材料

耐磨是户外运动服的基本要求,在一些经常被摩擦的部位,更需要高强度的耐磨性材料。

(1)Cordura:是美国杜邦公司研制的一种高强度尼龙,用于背包、冲锋衣和抓绒衣的肩膀和肘部等易磨损部位。以 XX 纤度(Denier)为强度标准,越高越结实。160 D 是最薄的,330 D 就比较结实了,500 D 的韧度很高,很多好的背包都选用它做面料,而 1000 D 的 Cordura 只用在极品背包上。

(2)Supplex Teflon:是美国杜邦公司特别开发的集棉制品的柔软、顺滑触感和尼龙的高强度和耐久性于一体的纤维,柔软度比一般尼龙高 26% ~36%,干透速度比一般棉更高,质地柔韧,收缩率低,不变形,抵御日晒、污染物的侵袭,是制作外套的高性能材料。

(3)Ripstop:是美国戈尔公司研制的耐磨尼龙面料,织造结构为小方块,坚韧度比一般尼龙要强,是戈尔公司产品中具有最佳的防湿、防风、除水性能的面料产品。这种面料是冲锋衣裤的优质外层面料,有利于在慢跑或其他激烈运动中保持身体的舒适感,适合在细雨、小雪或冬季的寒冷天气中运动。

3. 调节体温及保暖材料

(1)Outlast:是美国 Outlast 公司的系列产品,是一种含有相变材料(PCM),可以根据环境温度吸收、储存和释放热量,使人体在极端的天气下也能保持正常的体温,在身体和服装等之间形成良好的小气候,因此被称为人的体温调节器。常被用做内衣及袜子的材料。

(2)Polartec:是美国 Malden Mills 公司生产的高性能的快干面料,其结构为独特非粒状,质地轻盈,并且有极佳的弹性及延展性,能提供比棉布更佳的保暖效果,一般用于做抓绒衫,比一般的抓绒衫要轻、软、暖和,而且不掉绒。Polartec 分为轻量级、中量级和重量级。100 系列为轻量级,适合做抓绒裤;200 系列最常见,保暖性比 100 系列好,比 300 系列轻,适用面广;300 系列更暖和,适用于寒冷地区。200BiPolar 系列和 300BiPolar 系列为双层抓绒衣,比较厚。BiPolar 保暖性能更强,适用于高寒地带。平常穿用 200 系列最好;300 系列以上的较沉且透气性差,不宜平常穿用。

4. 弹力纤维材料

(1)Lycra:是美国杜邦公司研制的一种人造弹力纤维,与其他人造或天然纤维交织使用,其抗拉扯的特性以及织成衣物后的光滑程度、与身体的紧贴度、极大的伸展性都是理想的功能性运动服材料。

(2)Power Stretch:是美国 Malden Mills 公司研制的“强力弹性”的轻薄透气织品,具有速干、轻便、保温的功能,而且有突出的弹性功能。

二、功能性运动服的面料特点

(一)面料加工原理

运动功能面料一般由多种纤维材料,按照不同的比例、层数、密度等混织而成。在局部的处理上也很严格,如出汗多的部位加多排汗的纤维,关节处加柔韧弹力纤维,受力处加强力尼龙纤维等。另外,还可以通过织物组织使纤维充分发挥其性能。比如,有一种保暖保健棉针织面料采用纬编衬垫组织,把纯棉绒面向外,可以使远红外混纺纱靠近皮肤,增强远红外线对皮肤的作用,加快血液循环,也能产生良好的保健保暖效果。又比如棉盖丙导湿快干针织面料,就是采用纬编单面添纱组织,使棉纱呈现在织物的正面,丙纶长丝呈现在织物的反面,并且保证棉纱和丙纶长丝垫纱纵角、横角的正确配合以及适当的给纱张力,有较强的导汗性能的丙纶迅速把汗导到外层,棉则在面料外层把导出来的汗吸收,从而使贴身的一面保持干爽。

在户外运动中,环境对运动者的活动有很大的影响,包括了自然界的风霜雨雪等。由于人体本身还要进行运动,从而在服装与人体的内环境中产生汗。因此,户外运动服装要综合性地解决防风、防雨、透气、透湿的问题,从而达到户外运动中人体的舒适性。

户外运动面料的防水可分成三个层次,即防水(water proof)、比较防水(water resistant)、有一点防水(water repellent)。而防水透气面料则分为防水透气型(waterproof/breathable)、防水不透气型(waterproof/non-breathable)、挡水型(water resistant/repellent)三类。第一类防水透气织物被称“可呼吸面料”,用于制作服装;第二类面料主要制作雨衣、帐篷等,使用 PVC 涂层的厚重尼龙材料;第三类则采用密织尼龙面料,只能挡少量的水。

为了得到防风防雨、透气透湿的性能,面料的加工技术原理有如下几种。

1. 高密度织物

高密度织物是指利用高支棉纱和超细合成纤维制成紧密的织物,有较高的水蒸气透过性,经过拒水整理后具有一定的防水性。其优点是透湿性好、柔软;缺点是耐水压较低(一般小于 1m)、次品率高、染整加工困难、折边耐磨性较差。

2. 涂层织物

涂层织物可分为亲水涂层(TU)和微孔涂层(TPU)织物两种。亲水涂层织物是在织物表面涂上一层亲水涂层,由于涂层覆盖了织物的所有空隙,因而可以防水。微孔涂层织物是产生一种遍布涂层的永久性微孔与通道系统。如果这类屏障层外表面的最大孔径约在 2~3μm 以下,那么面料就具有防水能力,并且这种微孔结构也是透湿的。但这种方法无法解决透湿、透气和耐水压、耐水洗之间的矛盾。

3. 层压复合织物

层压复合织物将防水透湿性和防风保暖性集于一身,具有明显的技术优势。它运用复合技术把普通织物与高新技术薄膜复合于一体,取长补短,是目前防水透湿织物的主要发展方向。这种复合面料目前主要有 TPU 薄膜、PES 薄膜和 PTFE 薄膜等。从结构看,TPU、PES 薄膜没有微孔,是通过结构聚合物的亲水性有效地将服装内的湿气传递出去。聚合物分子能够与水分子形成微弱的交联,并沿自身的聚合物链输送水分,其方向受温度和湿度的影响,只要在衣服里面的温度和湿度高于外部,传递水汽分子的方向是由里向外。PTFE 薄膜(学名为聚四氟乙烯微孔膜)神奇地使复合织物同时具有透湿性、防水性、防风性、耐久性,在恶劣的环境中能满足多方面的要求,在航空航天、军事作战、高温严寒作业,户外运动等方面更有优势,被誉为"世纪面料"。

(二)面料特点

下面介绍几种侧重解决防风、防雨、透气、透湿问题的面料。

(1)Gore-Tex:是美国戈尔公司于 1976 年研制了 Gore-Tex 面料,采用的就是上文所说的 PTFE(聚四氟乙烯)防水透湿薄膜,具有防水、透湿、防风、保暖的功能。二十多年来,Gore-Tex 面料几经发展,长盛不衰,一直占领着运动服、宇航服、军服等市场,并且随着产品多方面性能的不断提高,它的应用领域也在不断地扩大,是目前世界上公认的最先进的防水透湿材料。Gore-Tex PacLite 是该公司最新的防水透气材料,比一般的 Gore-Tex 至少轻 15%,压缩后装包体积也很小。Gore-Tex XCR 则具有特强透气性,排汗功能提升 25%,其透气性比普通 Gore-Tex 面料再提高 25%,能更大程度地减少服装内部汗汽的积累,透气性更强。另外,Dryloft 则是该公司研制的极轻的防水材料,和羽绒一起制作的睡袋既轻又暖和,还可以防水。

(2)Dentik:是宁波登天氟材有限公司生产的防水透气材料,原材料使用与 GTX 完全相同的 PTFE,具有和 GTX 接近的物理指标。随着 PTFE 产品在国内和国际的需求越来越大,宁波登天氟材有限公司也跃升为国内最具实力的 PTFE 面料生产厂商。

(3)Omni－Tech：是美国哥伦比亚公司研制的与Gore－Tex材料一样具有防水、防风、透气性能的功能面料。该面料表面加有DWR（Durable Water Repellent）防水涂层，令雨水无法渗入，并于面料底层压上透气膜，帮助排出体汗。这种材料用保暖的MTR fleece压制，适用于寒冷的环境。用热水实验杯做透气性实验可以得知，与Omni－Tech相比，还是Gore－Tex在透气方面更胜一筹。但是，在环境并不是特别恶劣的情况下，使用其他防风防水面料比较便宜，可以达到最佳的性价比。

三、功能性运动服的款式特点

功能性运动服往往要根据不同的运动类别及运动环境而采用不同的服装款式。例如，在常有风雨的环境进行登山，服装一定要有帽子，在散发热量的服装通风口处，如领子、袖口、裤口，都要采用收口形式，以便防风保暖。又如，高尔夫球运动环境一般风和日丽，所以服装款式上更注重通风透气，要及时散发身上的汗液，同时要注意防紫外线。一般来说，在情况复杂的环境中进行运动时，其服装款式更注重服装的工效原理，可由以下几点来认识。

1. 服装的款式结构

功能性运动服的款式有连体式和分体式两种，其中帽子也分为连体式及可拆卸的分开式。如果运动强度很大，服装的肩、肘、袖口部位要辅以牛津布或其他耐磨面料，以便使服装更坚固。户外运动服装有许多功能性的设计。例如，在分体式服装中，上衣的腰部有调整服装肥瘦的抽带；前开拉链可双向拉动，必要时下摆处拉开拉链，以便于下肢活动；腋下有专门的通风开口拉链；袖肘以上较为宽松，袖口则为收口设计，既防风，又方便手臂的运动；肘部是弧形结构，利于上肢活动；腹部有弹力极佳的收腹带；帽子两边都有抽头，以便调节大小，有的在后面还有一根抽带，可调节帽檐的高低，使帽子适用于不同的头部尺寸。下装中，裤脚收口，以便防尘、防风、防雪；大腿侧向开口，便于透气；裤侧使用全拉链式，方便穿脱。如图9－30所示为户外运动服，为了保暖防风，衣服分为两件套，即普通夹克和防风带帽马甲。马甲领口很高，拉链处有防风设计。袖口用罗纹收口，同时袖口还有扣襻可以拉紧袖口，用于防风。

2. 服装的技术处理

如果运动环境总有风雨，则除了使用防风防雨面料外，技术处理上还要在衣服的接缝处采用压胶处理，从而彻底完善防风防水功能。为了真正防风防雨，户外运动服的做工和辅料也十分严格。比如，Gore－Tex的衣服必须用戈尔公司指定的Gore Tape Seam（压胶条）；针距的密度也都有特殊要求，不能太稀疏也不能太密；网状内衬的黑色纤维上应该有细微小孔，所有的拉链都用YKK的。

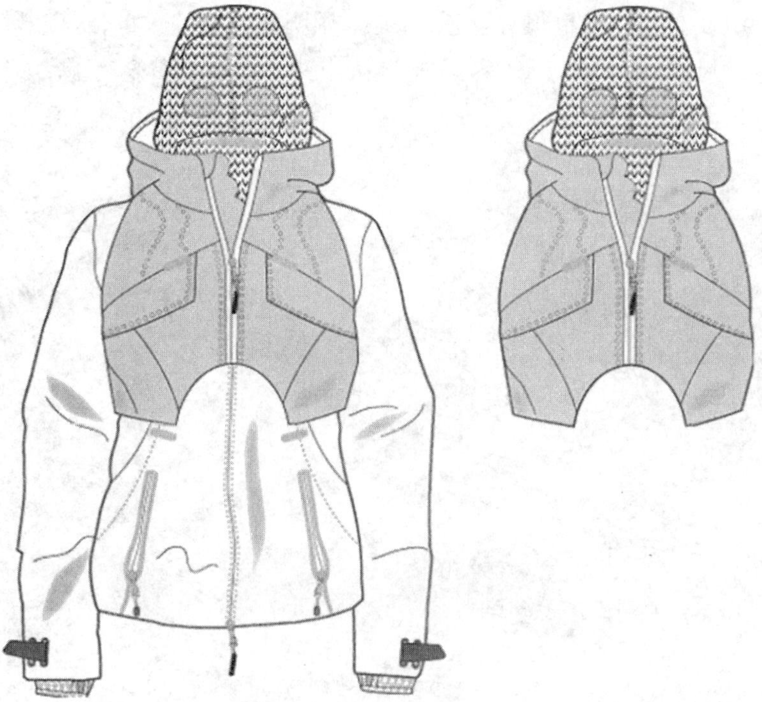

图 9－30 户外运动服

如图 9－31(a)所示，分体式滑雪服的上衣下摆与裤子相连处缝有皮筋，用于预防在滑雪下坡的运动过程中衣服下摆被吹起，从而保证了服装的保暖性。上衣下摆处的另一种保暖设计如图 9－31(b)所示。在上衣下摆里面增加设置了腰带，可以减少上衣的透气性，增加了密封保暖性。

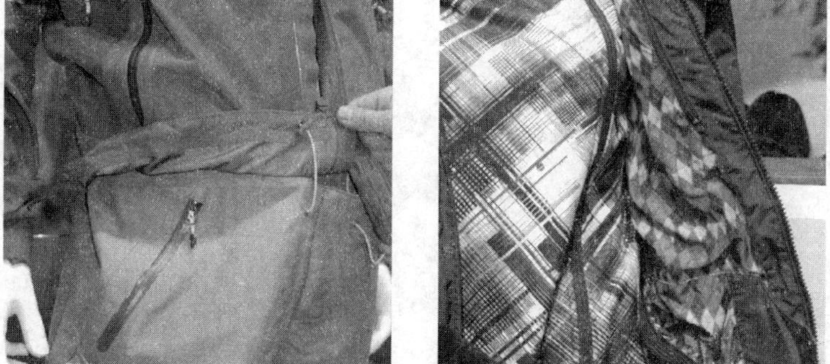

(a) (b)

图 9－31 分体式滑雪服

3. 服装的色彩

户外服装在色彩上也很有特色，都是采用明亮鲜艳的颜色，这样既符合轻松明快的运动风格，而且在野外容易被辨认出来，是为了安全考虑，如图 9－32 所示。

图 9－32　滑雪服

复习与作业

1. 简述特种功能服装的定义。
2. 简述特种功能服装的分类。
3. 简述阻燃防护服的定义与分类。
4. 简述飞行服的主要类型及功能。
5. 简述防弹服的材料。
6. 简述“鲨鱼皮”泳衣的原理。
7. 设计一套功能性服装。

应用方法——

阻燃防护服的开发及其工效学评价

课题名称：阻燃防护服的开发及其工效学评价

课题内容：1.阻燃防护服及实验设计

2.实验结果与讨论

3.结论

课题时间：2课时

教学提示：讲述阻燃防护服的开发及其工效学评价方法，本章是对本教材前九章所讲述内容就其应用方法进行的概括总结。以阻燃防护服为例，从面料测试与选择、服装设计与制作、服装人体生理学实验、火灾及热辐射现场试验等多方面进行了详细介绍，更有助于学生对服装工效学研究方法的掌握与应用。

指导同学复习第九章及对作业进行交流讲评，并布置本章作业。

教学要求：1.使学生了解阻燃防护服面料的测试。

2.使学生了解阻燃防护服实验室实验。

3.使学生了解阻燃防护服现场实验。

课前准备：复习本教材前九章的内容。

第十章　阻燃防护服的开发及其工效学评价

保护人体免受有害环境的影响是服装的首要功能之一。在正常环境和一般工作条件下，人们穿着普通的服装就能够达到目的。但在一些特殊作业条件下，如消防、炼焦、炼钢等，由于作业人员常常处于火焰、高温以及强烈的热辐射条件下，即使劳动强度不高，但他们承受着严重的热负荷，因此必须穿具有特殊功能的防护服装。阻燃防护服就是应用在这种场合、为工作人员提供防护的工作服。对于防护服来说，舒适性和防护性都是十分重要的，同时它还应该具有很好的合体性和活动自由度。本章从阻燃防护服的面料研究入手，研制了一系列新型防辐射热服装、森林防火服，并利用服装工效学的方法对其舒适性和功能进行了研究。

第一节　阻燃防护服及实验设计

一、服装材料

服装材料的性能是决定阻燃防护服性能的重要因素之一，本研究选择使用服装材料的原则如下。

(1)国内已经或基本形成规模生产。

(2)服用性能和阻燃性能够满足要求。

(3)价格合理，目前经济能力能够承受。

按照上述原则选择的服装材料见表 10－1。

表 10－1　服装材料的名称、加工及生产厂家

编号	名　称	印染加工	生产厂家	备注
1	涤/棉半线卡其	染色、阻燃	陕西省纺织科学研究所	米棕
2	涤/棉半线卡其	染色、阻燃	陕西省纺织科学研究所	浅灰
3	纯棉华达呢	染色、阻燃	陕西省纺织科学研究所	灰褐
4	纯棉帆布	染色、阻燃	北京光华染织厂	米黄
5	纯棉纱卡	染色、阻燃	北京光华染织厂	橘红、灰

续表

编号	名 称	印染加工	生产厂家	备注
6	Nomex/棉交织物	阻燃	北京第二印染厂	本白
7	纯棉细帆布	染色、阻燃	陕西省纺织科学研究所	橘红
8	涤/棉卡其	染色、阻燃	陕西省纺织科学研究所	土黄
9	涤/棉线卡其	染色、阻燃	陕西省纺织科学研究所	深蓝
10	纯棉帆布	未加工(非阻燃)	北京帆布厂	本白
11	纯棉线卡其	染色、涂层	上海川沙县整理厂	草绿
12	防辐射织物	染色、阻燃、层压	华海新型材料开发公司	金、银色
13	防辐射织物	层压	华海新型材料开发公司	金色
14	防辐射织物	层压	华海新型材料开发公司	金色
15	防辐射隔热絮片	—	—	银色

二、服装的结构与款式

1. 服装结构

服装为三层结构,如图 10-1 所示。面料为表 10-1 中 12#、13#;中间层为防辐射隔热层;里料为纯棉阻燃薄帆布。其中,防辐射隔热层也为三层结构,表层为金属薄膜,中间层为超薄无纺布,内层为腈纶絮片,在服装中放置方式为金属层面向外部热体。服装的面料、中间层、里料之间用拉链连接,可按根据实际需要,分别单层或多层组合穿着。

2. 服装款式

此款服装为分体夹克,按国人平均人体尺寸加工制作。

此外,采用表 10-1 中 12#和 14#面料,设计制作了单层结构的防辐射面罩,如图 10-2 所示。

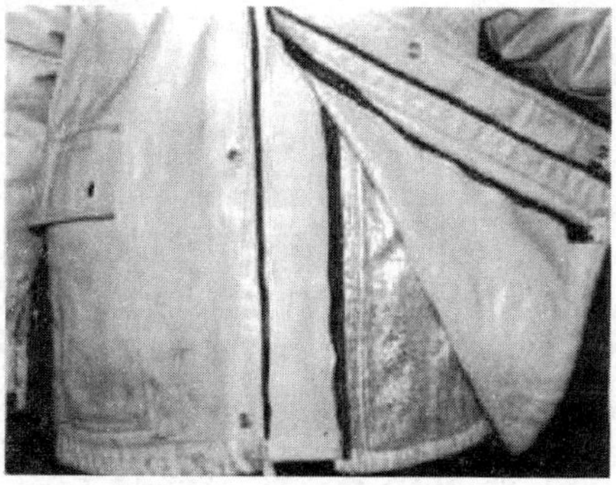

图 10-1 服装结构展示图

图 10-2 防辐射面罩

三、实验方案

(一)面料实验方法

首先按照有关国家标准,测试面料的常规指标,如组织结构、单位面积重量、厚度、断裂强度、撕破强度、透气性、透湿性和热阻等。针对阻燃防护服装的特殊要求,还需测量面料的阻燃性能及防热辐射性能。采用垂直燃烧法测量阻燃织物极限氧指数(LOI)、续燃时间、阻燃时间和阻燃炭化长度等。面料的防辐射性能是在自制的实验装置上进行测试。热源与试样之间保持一定距离,从热源到达试样内表面的辐射强度可通过改变热源进行调整。测定时,首先确定热体的辐射强度,将试样放置在热体上方的固定支架上,并开始计时,每间隔半分钟记录一次织物背离热源一侧的温度和辐射强度,测定时间共12min,试样放置、组合方式见表10－2。

表10－2　试样放置、组合方式

代　　号	放　置　方　式
$15^{\#}-A$	隔热絮片反射层背向热源
$15^{\#}-A$	隔热絮片反射层面向热源
XAY	面料X,里料Y,中层为隔热絮片,反射层背向热源
XBY	面料X,里料Y,中层为隔热絮片,反射层面向热源

(二)服装实验室实验方法

1. 实验环境

实验室环境温度为22℃,相对湿度为45%,风速小于0.1m/s,并在实验过程中基本保持恒定。

2. 受试者

10名自愿受试者均为男性,年龄为(26±3)岁,身高为(173±5)cm,身体健康,饮食正常。实验前,受试者被告知其实验目的,要求实验者在实验过程中不能进食、不能排泄。

3. 着装

受试者内穿统一的纯棉短袖T恤衫、纯棉短裤,外穿本研究设计的阻燃防护服。由于服装较多,全部进行测验工作量非常大,所以根据聚类分析结果,将制作的防护服装分为三类,从每类中选择出有代表性的服装一套,进行着装实验。

4. 实验室实验步骤

有3套作为穿着实验用的服装,每位受试者分别穿着3套服装,对每套服装重复进行2次实验,步骤如下。

(1)受试者进入实验室后,首先用人体天平(以下重量称量均采用此仪器)

称量裸体重量，然后穿上由实验室统一提供的内外服装，并带上便携式多道人体生理参数测试仪。

(2)在上跑台前5min，打开便携式多道人体生理参数测试仪，并开始间隔30s记录一次心率、体核温度、皮肤温度、衣内温度等，并测量受试者的代谢产热量。同时让受试者回答主观感觉等级，之后做上跑台前的准备。

(3)受试者在跑台上以4.0km/h的速度行走(相当于中等运动量)30min。期间，除连续每30s记录一次心率、体核温度、皮肤温度之外，在跑台上每间隔10min再进行一次主观感觉应答，行走20min时第二次测量受试者的代谢产热量。

(4)活动结束后，受试者静止恢复10min，之后第三次测定其代谢量产热量，并最后一次回答主观感等级。

(5)称量受试者裸体重量、内衣重量和外衣重量。

服装生理实验中，测量皮肤温度、体核温度、心率、衣内温度均采用便携式多道人体生理参数测试仪，平均皮肤温度采用ISO 8点法计算。代谢产热量采用气体分析法测定。此外，还计算出受试者在整个实验过程中的出汗量、汗液蒸发量、汗液蒸发率、热平衡差、PMV和PPD值等。

5. 主观感觉实验

主观感觉评价问卷见表10-3，共12种感觉项目。在实验过程中，受试者根据自己的不同感觉填写问卷5次。对每项选填阿拉伯数字1~5。其定义为：1—无，2—部分，3—中等，4—明显，5—全部。

表10-3　主观感觉评价

组别	项目	开始	运动过程中			结束
			10min	20min	30min	
适穿触感	合身感					
	宽松感					
	沉重感					
	轻感					
	柔软感					
	硬挺感					
热湿感	黏感					
	冷感					
	热感					
	闷感					
	湿感					

续表

组别	项目	开始	运动过程中			结束
			10min	20min	30min	
触感	刺扎感					
说明		感觉等级 1—2—3—4—5 无————全部				

6. 现场实验

现场实验是在大兴安岭及北京焦化厂进行。大兴安岭消防现场属于火灾环境，选用6#服装(表10-1)。炼焦炉前属于高热辐射环境，其辐射强度在40J/(cm^2·min)以上，选用防辐射织物服装。

(1)大兴安岭消防现场实验：受试者在火灾现场分别穿着现行森林防火服和本研究所设计的防火服从事现场灭火工作，对两种服装进行比较。由于灭火工作的特殊性，所以只能进行主观感觉测试。

(2)北京焦化厂实验：受试者在焦炉前分别穿着现行炼焦防护服和本研究所设计的防护服，从事炉前操作工作，测试内容如下：

受试者分别穿着现行工作服及实验服装，在焦炉门前模拟工作，使用多通道便携式人体生理参数测试仪测量体温、心率、皮肤温度、防护服内表面温度、面罩前后侧内表面的温度。

工作人员穿着实验服装从事工作，并同现行炼焦工作服进行比较，填写主观感觉等级。

第二节　实验结果与讨论

穿着服装抵御来自外界的各种影响，以保护身体，其目的大致区分为两种：对抗来自外界气温的变化，适当调节服装来保持体温恒定；对抗来自外界的各种危害，以保护皮肤免受损伤。对于阻燃防护服来说，后者尤其重要。面料的防护性能，即强度、阻燃性、防辐射性等，直接关系到服装的防护性能。

一、面料的组织结构、服用性能及防护性能

(一)面料的组织结构参数

面料的组织结构参数见表10-4。14#织物为针织铝膜层压产品，不具有阻燃性，所以本研究的服装不采用14#织物，只用于面罩试验。15#材料为反辐射隔

热材料，只用于服装隔热层。

表 10－4　面料的组织结构参数表

编号＼项目	原料	组织	纱支（Tex）	密度（根/10cm）	厚度（mm）	单位重量（g/m^2）
1	T55/C45	$\frac{2}{1}$斜纹	16×2/29	330×220	0.4458	264.50
2	T55/C45	$\frac{3}{1}$斜纹	16×2/29	480×208	0.4340	265.73
3	棉	$\frac{2}{1}$斜纹	14×2/28	528×212	0.4029	232.25
4	棉	平纹	28×2/28×2	270×163	0.4785	273.81
5	棉	$\frac{3}{1}$斜纹	28/28	473×219	0.3614	212.35
6	棉/芳纶	$\frac{2}{2}$斜纹	28×2/28×2	296×165	0.6094	303.85
7	棉	平纹	28×2/59	290×210	0.3818	236.0
8	T50/C50	$\frac{2}{2}$斜纹	14×2/28	528×268	0.4163	267.49
9	T50/C50	$\frac{2}{2}$斜纹	9×2/9×2	652×348	0.3744	232.7
10	棉	$\frac{2}{1}$纬重平纹	28×4/29×4	272×106	0.95	271
11	棉	$\frac{3}{1}$斜纹	28×2/28×2	322.8×181	0.5002	355.65
12	棉层压铝膜	$\frac{3}{1}$斜纹	28×2/28×2	473×219	0.3717	270.56
13	棉层压铝膜	平纹	36×2/29×2	216×152	0.5983	241.91
14	锦层压铝膜	针织	—	—	0.6412	219.37
15	腈层压铝膜	絮片	—	—	5.67	381.25

(二)面料的服用性能

面料的服用性能数据见表 10－5。

表 10－5　各种面料服用性能数据

编号＼项目	断裂强度（N/5cm）		撕裂强度（N/5cm）		透气量[L/(m^2·s)]	透湿量[g/(m^2·24h)]	热阻值（clo）
	T	W	T	W			
1	1322	558	76	30	88.2	8088	0.31
2	1547	406.7	47.3	20.3	71.2	8870	0.20
3	1169	588	39.3	19.3	83.2	8793	0.36
4	988	675	70.3	39	76.5	9285	0.20
5	1430	622.5	53.7	26.5	143.4	9028	0.22
6	1220	542	250.3	161.7	118.4	9719	0.18
7	873.3	680	50	45	199.2	9874	0.21

续表

项目 编号	断裂强度(N/5cm)		撕裂强度(N/5cm)		透气量[L/(m² · s)]	透湿量[g/(m² · 24h)]	热阻值(clo)
	T	W	T	W			
8	1187.7	744.8	110	34.3	34.9	8285	0.34
9	1286.71	703.3	188	53	29.6	8534	0.22
10	1056	645	176.3	64.5	27.8	8204	0.17
11	1400	336.7	46	33.7	0	1323	0.16
12	>1430	>622.5	>53.7	>26.5	0	0	0.23
13	1180	630	148	44.3	0	0	0.22
14	—	—	—	—	0	0	0.31
15	—	—	—	—	145.7	4431	0.90

将表10-5中各种织物断裂强度、撕破强度与其生产厂家提供的未阻燃处理前其断裂强度、撕破强度相比，其值下降均在15%以内。因此，各种织物的强度均可满足要求。其中，11#、12#、13#的透气性很差，但考虑到11#织物优良的阻燃性，12#、13#具有很好的防辐射热性，仍不失为几种好的防护材料。

影响服装热湿舒适性的因素主要为织物的热阻、透气性、透湿性。根据这3个指标，对除14#之外的14种面料和里料进行聚类分析，根据面料和里料热阻值、透气量、透湿量得如下矩阵：

$$
\begin{bmatrix}
0.31 & 88.2 & 8088 \\
0.20 & 71.2 & 8870 \\
0.36 & 83.2 & 8793 \\
0.20 & 76.3 & 9285 \\
0.22 & 143.4 & 9028 \\
0.18 & 118.4 & 9719 \\
0.21 & 199.2 & 9874 \\
0.34 & 34.9 & 8285 \\
0.22 & 29.6 & 8534 \\
0.17 & 27.8 & 8204 \\
0.16 & 0 & 1323 \\
0.23 & 0 & 0 \\
0.22 & 0 & 0 \\
0.90 & 154.7 & 4431
\end{bmatrix}
$$

经数据标准化处理、求样本间相关系数矩阵及自合成运算，得模糊等价矩阵 R：

$$R=\begin{bmatrix}
1 & 0.86 & 0.97 & 0.86 & 0.86 & 0.86 & 0.86 & 0.85 & 0.85 & 0.85 & 0.66 & 0.66 & 0.66 & 0.74 \\
0.86 & 1 & 0.86 & 1 & 0.92 & 0.92 & 0.92 & 0.85 & 0.85 & 0.85 & 0.66 & 0.66 & 0.66 & 0.74 \\
0.97 & 0.86 & 1 & 0.86 & 0.86 & 0.86 & 0.86 & 0.85 & 0.85 & 0.85 & 0.66 & 0.66 & 0.66 & 0.74 \\
0.86 & 1 & 0.86 & 1 & 0.92 & 0.92 & 0.92 & 0.85 & 0.85 & 0.85 & 0.66 & 0.66 & 0.66 & 0.74 \\
0.86 & 0.92 & 0.86 & 0.92 & 1 & 0.97 & 1 & 0.85 & 0.85 & 0.86 & 0.66 & 0.66 & 0.66 & 0.74 \\
0.86 & 0.92 & 0.86 & 0.92 & 0.97 & 1 & 0.97 & 0.85 & 0.85 & 0.85 & 0.66 & 0.66 & 0.66 & 0.74 \\
0.86 & 0.92 & 0.86 & 0.92 & 1 & 0.97 & 1 & 0.85 & 0.85 & 0.85 & 0.66 & 0.66 & 0.66 & 0.74 \\
0.85 & 0.85 & 0.85 & 0.85 & 0.85 & 0.85 & 0.85 & 1 & 0.86 & 0.86 & 0.66 & 0.66 & 0.66 & 0.74 \\
0.85 & 0.85 & 0.85 & 0.85 & 0.85 & 0.85 & 0.85 & 0.86 & 1 & 0.98 & 0.66 & 0.66 & 0.66 & 0.74 \\
0.85 & 0.85 & 0.85 & 0.85 & 0.85 & 0.85 & 0.85 & 0.86 & 0.98 & 1 & 0.66 & 0.66 & 0.66 & 0.74 \\
0.66 & 0.85 & 0.85 & 0.85 & 0.85 & 0.85 & 0.66 & 0.66 & 0.66 & 0.66 & 1 & 0.99 & 0.99 & 0.66 \\
0.66 & 0.66 & 0.66 & 0.66 & 0.66 & 0.66 & 0.66 & 0.66 & 0.66 & 0.66 & 0.99 & 1 & 1 & 0.66 \\
0.66 & 0.66 & 0.66 & 0.66 & 0.66 & 0.66 & 0.66 & 0.66 & 0.66 & 0.66 & 0.99 & 1 & 1 & 0.66 \\
0.74 & 0.74 & 0.74 & 0.74 & 0.74 & 0.74 & 0.74 & 0.74 & 0.74 & 0.74 & 0.66 & 0.66 & 0.66 & 1
\end{bmatrix}$$

取阀值 =0.86，又得下列矩阵：

$$\begin{bmatrix}
1 & 1 & 1 & 1 & 1 & 1 & 1 & 0 & 0 & 0 & 0 & 0 & 0 & 0 \\
1 & 1 & 1 & 1 & 1 & 1 & 1 & 0 & 0 & 0 & 0 & 0 & 0 & 0 \\
1 & 1 & 1 & 1 & 1 & 1 & 1 & 0 & 0 & 0 & 0 & 0 & 0 & 0 \\
1 & 1 & 1 & 1 & 1 & 1 & 1 & 0 & 0 & 0 & 0 & 0 & 0 & 0 \\
1 & 1 & 1 & 1 & 1 & 1 & 1 & 0 & 0 & 0 & 0 & 0 & 0 & 0 \\
1 & 1 & 1 & 1 & 1 & 1 & 1 & 0 & 0 & 0 & 0 & 0 & 0 & 0 \\
1 & 1 & 1 & 1 & 1 & 1 & 1 & 0 & 0 & 0 & 0 & 0 & 0 & 0 \\
0 & 0 & 0 & 0 & 0 & 0 & 0 & 1 & 1 & 1 & 0 & 0 & 0 & 0 \\
0 & 0 & 0 & 0 & 0 & 0 & 0 & 1 & 1 & 1 & 0 & 0 & 0 & 0 \\
0 & 0 & 0 & 0 & 0 & 0 & 0 & 1 & 1 & 1 & 0 & 0 & 0 & 0 \\
0 & 0 & 0 & 0 & 0 & 0 & 0 & 0 & 0 & 0 & 1 & 1 & 1 & 0 \\
0 & 0 & 0 & 0 & 0 & 0 & 0 & 0 & 0 & 0 & 1 & 1 & 1 & 0 \\
0 & 0 & 0 & 0 & 0 & 0 & 0 & 0 & 0 & 0 & 1 & 1 & 1 & 0 \\
0 & 0 & 0 & 0 & 0 & 0 & 0 & 0 & 0 & 0 & 0 & 0 & 0 & 1
\end{bmatrix}$$

所以，全部样本分为以下四类：

第一类：$1^{\#} \sim 7^{\#}$，具有较好的透气性、透湿性；

第二类：8#～10#，织物透气性稍差，透湿性与第一类相近；

第三类：11#～13#，织物的透气性、透湿性均差；

第四类：15#，具有很高的热阻（反射隔热絮片），可用于制作隔热材料。

从第一类中选择4#（阻燃帆布）、6#（棉/芳纶），第二类中选择10#（现行炼钢工作服），第三类中选择13#（防热辐射织物），第四类中选择编号15#（制作中层隔热材料）。

（三）面料的防护性能

1. 阻燃性

由表10－6可见，各阻燃织物的阻燃性能均达到了GB 8965—88《劳动保护用品国家标准》的要求。

表10－6 各种面料阻燃性能

项目 编号	极限氧指数		损毁长度（cm）		续燃时间（s）		阴燃时间（s）	
	T	W	T	W	T	W	T	W
1	28.5	27.5	9.0	9.1	0	0	0	0
2	31	31	8.5	8.7	0	0	0	0
3	36.9	34.3	6.3	6.3	0	0	0	0
4	34.7	33.9	6.5	6.4	0	0	0	0
5	37.5	37.5	6.75	6.75	0	0	0	0
6	42.9	39.4	3.6	3.9	0	0	0	0
7	31.4	31.4	5.5	5.5	0	0	0	0
8	28.4	27.3	6.7	7	0	0	0	0
9	29.0	28.8	5.6	5.6	0	0	0	0
11	30	30	<1.5	<1.5	0	0	0	0
12	34.8	33.9	6.5	6.4	0	0	0	0

2. 防热辐射性能

（1）单层织物防辐射性能：将织物置于一定红外热辐射强度的热体上（隔热层分A、B两种放置方式），测定不同时间样品背离热源一侧的辐射强度E_{br}和温度t_{br}，如图10－3、图10－4所示。

由图10－3可见，14种织物的背面温度t_{br}明显分为3种情况：一是在3～4min内t_{br}呈直线递增，而后才开始趋于平稳，温度很快超过80℃；二是t_{br}以缓慢的速度逐渐升高，8min左右达到稳定，最高温度近55℃；三是介于前两种情况之间，8min左右最高温度达72℃左右，并趋于稳定。

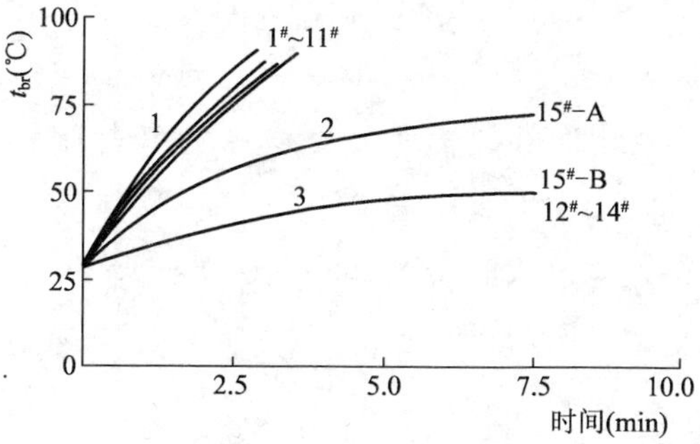

图 10－3　织物单层防辐射实验 t_{br} 曲线

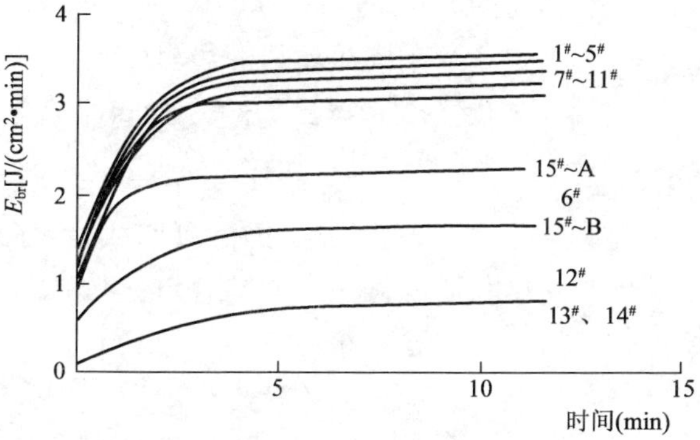

图 10－4　织物单层防辐射实验 E_{br} 曲线

Wien 定律指出，具有最大能量的辐射波长与辐射物体的绝对温度成反比，即：

$$\lambda_{max} = \frac{C}{T} \tag{10-1}$$

式中：λ_{max}——最大能量的辐射波长，μm；

C——常数，2886μmK；

T——辐射物体的绝对温度，K。

从而可以算出，物体表面温度 500～1200℃ 的辐射源（森林火场、熔炉内壁、建筑火灾的房屋内部、热金属块等），其辐射谱主要是长波红外线，即波长为 3.73～1.96μm。在此波段范围内，纺织品的吸收能力几乎与颜色无关。因此 1#～11#织物的背面温度变化非常相似。当然，纺织品对热辐射吸收能力还决定于纤维的性质、纱线及织物的结构、后整理工艺、整理剂性质等因素，是诸多因素交互作用的结果。

金属膜可以反射绝大部分波长的热辐射。根据厂家提供的数据，反射隔热絮片表面红外反射率高达 70% 以上，防辐射织物金属表面红外反射率为 95% 以上，从而可知，造成曲线 1、曲线 3（图 10－3）两组差异的原因主要是反射隔热絮片和防辐射织物表面红外反射率较大。当红外光照射到金属表面时，辐射能在织物表面的分配符合下列关系式：

$$A + R + D = 1 \tag{10-2}$$

式中：A——吸收率；

R——反射率；

D——透过率。

对于反射隔热絮片及防辐射织物来说，D 较小，所以织物 12#、13#、14#、

15#—B 具有较好的防辐射效果。虽然防辐射织物 R 大于反射隔热絮片 R，但由于反射隔热絮片的热阻明显大于防辐射织物，热量的传导较慢，所以 15#—B 同 12#、13#、14#织物的 t_{br}时间曲线几乎重合。

15#—A 反射隔热絮片与一般织物具有相似的热辐射吸收能力，由于热阻较大，决定了其背面温度曲线介于曲线 1、曲线 3 之间。

从图 10－4 可看出，织物背面二次辐射强度大致分为四类：

第一类：1#～5#，7#～11#；

第二类：15#—A，6#；

第三类：15#—B；

第四类：12#、13#、14#。

织物背面二次辐射强度 E_{br} 的大小决定于织物吸收热辐射后导致自身温度升高而向外发射远红外辐射热强度 E' 以及热辐射透射 E_D，E_{br} 为两者之和。前面已提到，第一、第二类的吸收率很大，决定了 E' 的大小。同时，第一、第二类的 E_D 也较第三、第四类大，所以其 E_{br} 较大。第二类的 E_{br} 小于第一类，原因在于反射隔热絮片 15#—A 的热阻大，减慢了织物背面温度的升高，而金属面的发射率也较小。由图 10－3 可知，6#与一类织物具有相近的 t_{br}，且属低温辐射热源，但由于 6#织物的 E_D 较小，决定了其 E_{br} 小于第一类。第三类 E_{br} 大于第四类 E_{br}，原因在于第三类的 E_D 及吸收率 A 均大于第四类的结果。

（2）多层织物防辐射性能：根据单层实验的结果，选择 2#、4#、6#、12#为外层，5#为隔热层，4#为内层，在一定辐射强度下进行多层织物防辐射性能测试，以检验 5#材料在接触式情况下其反射热辐射的能力，得到图 10－5 和图 10－6 所示的曲线。

如图 10－5 所示，对于同一种内层、外层的组合，无论反射隔热絮片的金属面方向如何，对于 t_{br} 的影响都是微乎其微的。由于金属面与织物接触，起作用的是反射隔热絮片的热阻。2#、4#、6#为外层的多层织物 t_{br} 的相似性，决定于这 3 种

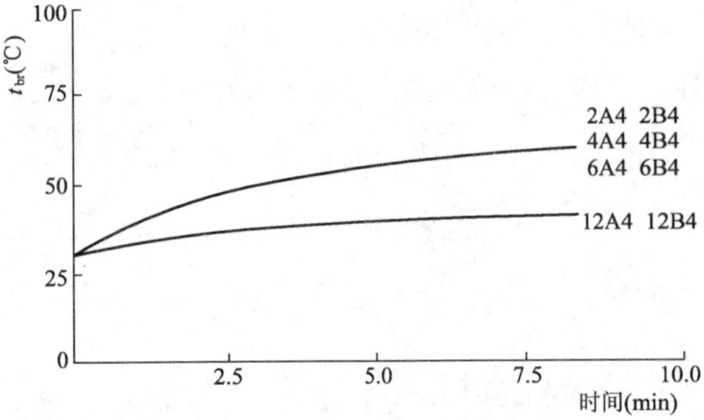

图 10－5　织物多层防辐射实验 t_{br} 曲线

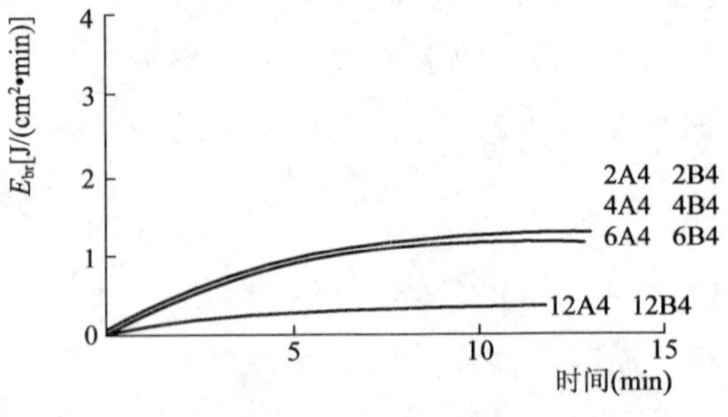

图 10－6　织物多层防辐射实验 E_{br} 曲线

外层织物具有相似的红外吸收率。2#为外层的多层织物 t_{br} 小于前 3 者，是由于其具有优良的反射性。

如图 10－6 所示，金属面的放置方向对 E_{br} 没有产生显著影响。因为 $E_{br}=E'+E_D$，且测量材料为多层结构，使得 $E_D\approx 0$，2#、4#和 6#织物的 t_{br} 相近，且明显高于 12#织物，所以得到图 10－5 的曲线形状。

二、阻燃防护服实验

（一）实验室实验

尽管服装材料实验方便、数据稳定，可为服装设计、选材、服装功能评价提供参考，然而其终究与实际穿着相差较远。服装舒适性是人体生理、心理等因素综合作用的结果，因此对服装的评价最终还必须进行人体实际穿着实验。

根据面料舒适性指标的聚类分析，选择 4#、10#、13#面料的三套服装为试验服装。三种服装的主要热湿舒适性指标比较如下：

（1）热阻：4#≈10#≈13#；

（2）透气性：4#＞10#＞13#；

（3）透湿性：4#＞10#＞13#。

1. 体核温度、平均皮肤温度、平均体温和心率

（1）体核温度：人体在运动或高温作业过程中，机体代谢产热增加。当人体的代谢产热量超过本身的散热量时，就会造成机体蓄热。随着热接触时间或运动时间的延长，体内蓄热不断增多，引起体温升高。因此，体温已作为评价热环境及运动、预测机体蓄热程度的常用指标。三套实验服装的受试者在实验过程中的体核温度数据见表 10－7。在表 10－7 中，阶段 1 为安静时期，阶段 2 为运动 10min 后，阶段 3 为运动 20min 后，阶段 4 为运动 30min 后，阶段 5 为恢复后期（以下同）。变化曲线如图 10－7 所示。图 10－7 中，○代表 13#服装，□代表 10#服装，△代表 4#服装（以下同）。由图 10－7 可见，三套服装受试者的体核温度变化是十分相近的。t 检验证明，三者无显著差异。也就是说，在本实验着装

表 10－7　三套服装受试者体核温度（℃）

阶段＼服装	4#	10#	13#
1	37.2 ±0.3	37.2 ±0.3	37.2 ±0.3
2	37.4 ±0.3	37.4 ±0.2	37.4 ±0.2
3	37.5 ±0.2	37.5 ±0.3	37.5 ±0.3
4	37.5 ±0.2	37.5 ±0.3	37.5 ±0.2
5	37.4 ±0.2	37.4 ±0.2	37.4 ±0.2

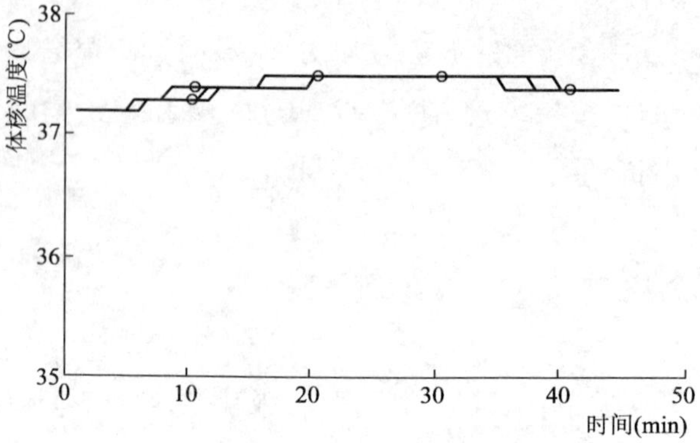

图 10－7　三套服装受试者体核温度变化曲线

条件及运动强度下，三套服装的性能差异没有引起受试者体核温度的变化差异性。在运动开始 10min 时，体核温度升高 0.2℃左右，随后，以缓慢的速度逐渐升至 37.5℃，运动结束后又逐渐下降，体核温度在整个实验过程中变化很小。

（2）平均皮肤温度：人体在运动或受热条件下，人体的调节机制就会发生作用。人体体温调节的紧张度不仅反映在体核温度的升高上，在很大程度上还反映在皮肤温度的变化上。当机体运动过量蓄热与其环境进行热交换时，皮肤温度起着重要作用。皮肤温度可作为体温调节有意义的指标，它能够综合反映机体的热感觉程度，所以皮肤温度可以作为人体热耐受的重要指标之一。三套服装受试者皮肤温度数据见表 10－8，其变化曲线如图 10－8 所示。t 检验证明，在休息阶段三者平均皮肤温度无显著差异；运动 10min 后，13# 的平均皮肤温度比 4# 明显提高（$P<0.025$）；运动 20min 后，13# 的平均皮肤温度比 4# 明显提高（$P<0.005$）；运动 30min 后，13# 的平均皮肤温度比 4# 明显提高（$P<0.01$）。恢复后，三者无显著差异。可见，13# 服装的受试者平均皮肤温度是在实验过程中为三者中最高的，4# 服装的受试者平均皮肤温度较低。

表 10－8　三套服装受试者平均皮肤温度（℃）

服装 / 阶段	4#	10#	13#
1	33.0 ±0.4	33.2 ±0.5	33.1 ±0.4
2	33.6 ±0.5	33.7 ±0.5	34.0 ±0.3
3	33.8 ±0.4	34.0 ±0.5	34.2 ±0.3
4	33.8 ±0.4	34.0 ±0.5	34.2 ±0.4
5	33.6 ±0.3	33.8 ±0.5	33.8 ±0.4

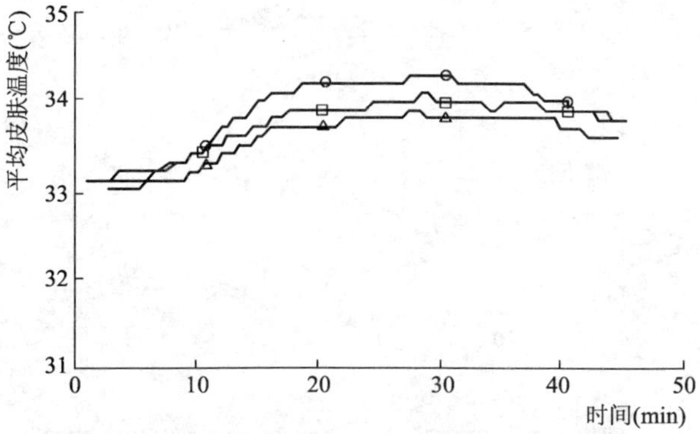

图 10-8 三套服装受试者平均皮肤温度变化曲线

(3)平均体温:一般来说,当机体与外环境热交换比较困难时,应用平均体温作为蓄热指标是合理的。特别是在穿着隔热而不透气的防热辐射服装时,由于体表不易散热,长时间穿着后,皮肤温度上升接近平均体温,以后与平均体温呈平行变化,这时平均体温可完全反映机体的热状况。但当机体大量产热、而体表容易散热时,体温可明显升高,皮肤温度却下降。在这种情况下,单用体核温度或平均皮肤温度就不能正确反映机体的热状态,这就需要用平均体温来评价机体的热负荷才更为合适。三套服装受试者平均体温数据见表 10-9,其变化曲线如图 10-9 所示。t 检验证明,三套服装受试者在实验全过程中,平均体温无显著差异。

表 10-9 三套服装受试者平均体温数据(℃)

阶段 \ 服装	4#	10#	13#
1	35.8 ±0.3	35.9 ±0.3	35.9 ±0.2
2	36.2 ±0.3	36.2 ±0.2	36.3 ±0.2
3	36.3 ±0.2	36.3 ±0.2	36.4 ±0.2
4	36.3 ±0.2	36.3 ±0.2	36.4 ±0.2
5	36.1 ±0.3	36.2 ±0.2	36.2 ±0.2

(4)心率:人体运动大量产热,在热的作用下,机体心血管系统负荷增加,因此心率可双明显反映出机体的热负荷程度,维持体力劳动、将机体热量输送至皮肤所需血流量的调节也主要反映心率的增加上。三套服装受试者的心率数据见表 10-10,变化曲线如图 10-10 所示。t 检验证明,三者无显著差异。

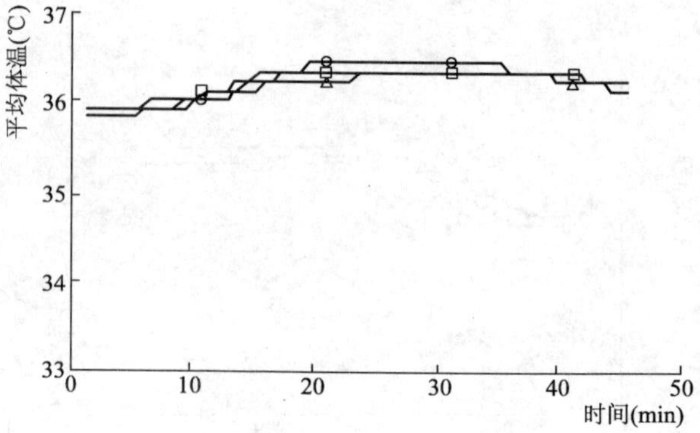

图 10－9　三套服装受试者平均体温变化曲线

表 10－10　三套服装受试者心率数据(次/min)

阶段＼服装	4#	10#	13#
1	68 ±7	70 ±6	68 ±6
2	94 ±7	99 ±8	97 ±7
3	96 ±8	99 ±6	98 ±8
4	96 ±7	99 ±8	98 ±9
5	71 ±7	73 ±8	72 ±8

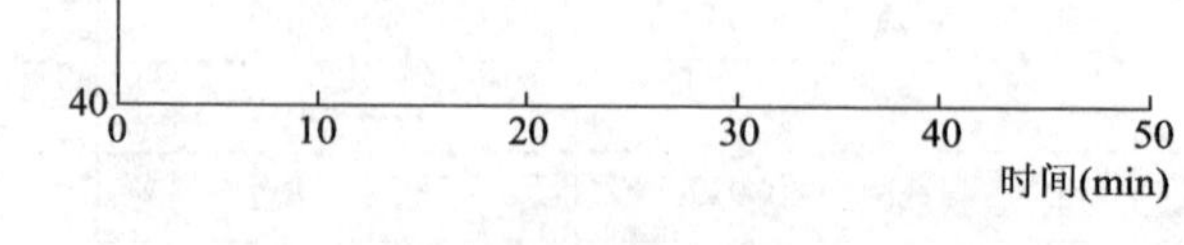

图 10－10　三套服装受试者心率变化曲线

2. 代谢产热量

三套服装受试者在实验的三个主要阶段的代谢产热量见表 10－11。表 10－11 中,阶段 1 为安静时期,阶段 2 为运动稳定期,阶段 3 为恢复稳定期。

t 检验证明,三套服装受试者在相同的实验条件下,即安静—4.0km/h 行走—恢复,其代谢产热量之间无显著差异。但同一套服装,恢复稳定期的代谢产热量显著高于安静期的值(4#:$P<0.05$;10#:$P<0.025$;13#:$P<0.025$)。

表 10－11　三套服装受试者代谢产热量(W/m²)

阶段＼服装	4#	10#	13#
1	56.02 ±9.81	56.23 ±7.37	54.80 ±8.58
2	177.14 ±15.68	175.46 ±17.46	167.83 ±28.10
3	63.46 ±7.87	63.90 ±7.50	64.43 ±13.03

3. 衣内温度

为适应外界气温，在穿着适当的服装时，在服装的各层之间形成了与外界气候不同的特殊的局部气候，即服装内气候，这是身体表面与衣服最外层之间存在的微小气候。三套服装受试者在实验过程中衣内温度数据见表 10－12，其变化曲线如图 10－11 所示。t 检验证明，实验开始阶段，三套服装无显著差异。运动 10min 后，13# 衣内温度比 10# 明显提高($P<0.01$)；13# 比 4# 明显高($P<0.005$)；而 10# 与 4# 之间无显著差异。运动 20min 后，13# 比 10# 明显提高($P<0.025$)；13# 比 4# 明显提高($P<0.005$)；而 10# 与 4# 之间无显著差异。运动 30min 后，13# 比 10# 明显提高($P<0.05$)；13# 比 4# 明显提高($P<0.005$)；10# 与 4# 之间无显著差异。在恢复后期，三套服装之间无显著差异。

表 10－12　三套服装受试者衣内温度(℃)

阶段＼服装	4#	10#	13#
1	28.1 ±0.8	28.1 ±0.7	29.4 ±1.0
2	28.9 ±0.8	29.2 ±0.8	30.0 ±0.8
3	29.2 ±0.6	29.5 ±0.9	30.3 ±0.8
4	29.3 ±0.7	29.5 ±1.0	30.2 ±0.9
5	29.1 ±0.1	29.2 ±0.9	29.6 ±0.8

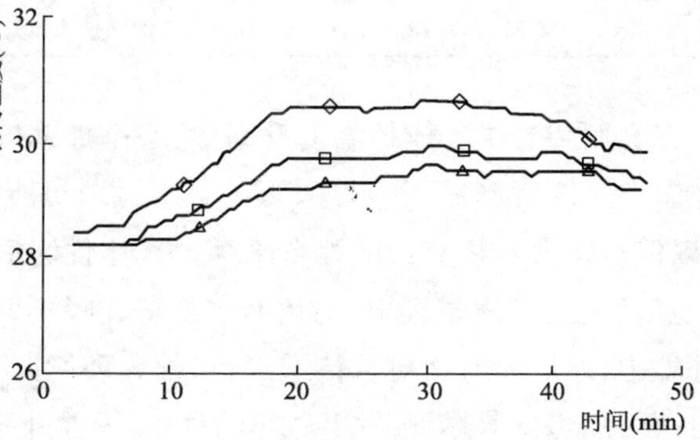

图 10－11　三套服装受试者衣内温度变化曲线

4. 出汗量和汗蒸发率

受试者在安静条件下感觉舒适，人体达到热平衡，不显汗蒸发散热约占全部散热的25%左右。随着运动的进行，人体产热量的增加，受试者的散热绝大部分要通过汗液的蒸发散失。实际中，人体穿着不同的服装后所产生的蒸发散热量的差别，主要取决于受试服装的性能。根据服装卫生学的要求，在运动条件下，人体出汗量以小者为好，汗蒸发率以大者为好。三套服装受试者的出汗量、汗蒸发量、蒸发散热量、汗蒸发率数据见表10－13。

表10－13　三套服装受试者出汗数据

项目＼服装	$4^{\#}$	$10^{\#}$	$13^{\#}$
出汗量(g)	161.1 ±46.7	154.8 ±34.5	180.2 ±41.3
汗蒸发量(g)	150.3 ±43.6	134.5 ±28.6	156.0 ±33.8
蒸发散热量(W/m^2)	115.45 ±32.30	109.14 ±26.18	120.95 ±24.03
汗蒸发率(%)	93.45 ±2.72	87.38 ±4.16	86.48 ±3.79

t检验证明，三套服装受试者出汗量、汗蒸发量、蒸发散热量无显著差异；蒸发率$4^{\#}$比$13^{\#}$和$12^{\#}$明显高($P<0.005$)。

5. 受试者运动30min后的热应激反应

热应激反应主要热应激指标包括体核温度升高、心率加速、热平衡差。三套服装受试者的热应激数据见表10－14，热积蓄变化曲线见图10－12。

表10－14　三套服装受试者热应激数据

项目＼服装	$4^{\#}$	$10^{\#}$	$13^{\#}$
体核温度升高(℃)	0.2 ±0.1	0.2 ±0.2	0.2 ±0.2
心率加速(次/min)	29 ±5	30 ±7	32 ±7
热平衡差(W/m^2)	28.32 ±12.12	26.06 ±13.97	35.52 ±11.81

t检验证明，三套服装受试者体核温度升高量、心率加速值无显著差异。正常人安静时的体温之所以稳定，是由于机体具有体温调节机能，它能够调节体热的产生和散失，以保持体内外热交换的综合平衡。人体代谢活动中所产生的热量，在人体、服装和环境之间通过辐射、对流和蒸发等途径不断散发到周围环境中去。在高温环境中，通过辐射和对流传递途径，外界环境向人体传递热量，因此人体总的热负荷可能超过散热量，发生体热的蓄积，体温升高。在寒冷的环境中，若服装的保暖性能较差，人体可能散热过多，造成体热亏损，体温降低。根据

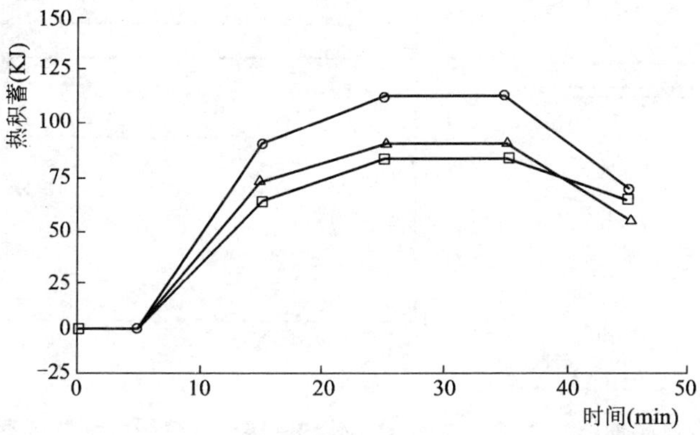

图 10－12　三套服装受试者热积蓄变化曲线

服装生理卫生学要求，热平衡差以其绝对值小者为好。t 检验证明，13#受试者热平衡差比 10#高（$P<0.05$），4#同 13#之间无显著差异。

6. 主观感觉评价

舒适是人的一种感觉，舒适感是人在客观事物的相互联系中，由感觉器官感受，经大脑判断产生和主观体验。人们对服装的要求除了要满足生理上的舒适外，还要达到心理上的要求。一件服装不仅要维持人体的热平衡，还要穿着合体、工作方便、感觉好等。此外，人体达到热平衡并不能代表舒适。在低温环境下，皮肤血管收缩使皮肤温度下降，散热量减少。环境温度继续下降时，全身肌肉发生不自主运动（寒战），使产热增加，以维持体温恒定。在高温或运动条件下，由于环境的传热或人体产热的增加，此时皮肤血管扩张，皮肤温度上升。为了充分散热，机体调动出汗机能，通过出汗蒸发散热。在一定范围内，上述两种方式均可使人体达到热平衡，但人并不会感觉舒适，所以对于阻燃防护服的评价除进行生理测试以外，还必须进行主观感觉的测试。

（1）适穿触感：其主要指标包括合身感、宽松感、沉重感、轻感、柔软感、硬挺感、刺扎感。变化曲线如图 10－13～图 10－19 所示，在本实验条件及运动强度下，人体的适穿触感与运动时间无关。

t 检验证明，三套服装在合身感、沉重感、刺扎感方面无显著差异。13#比 10#明显轻（$P<0.01$）；宽松感 4#和 13#明显大于 10#（$P<0.005$）；4#比 13#宽松（$P<0.025$）；硬挺感方面，10#大于 4#和 13#（$P<0.005$）；柔软感方面，13#、4#明显大于 10#（$P<0.005$）。

服装同皮肤接触的合身性，不仅取决于织物的硬挺度、服装的号型，而且与织物在长、宽和斜三个方向上造型的宽松程度有关。三套服装的合身程度均在 4 级左右，说明它们是明显合身的。

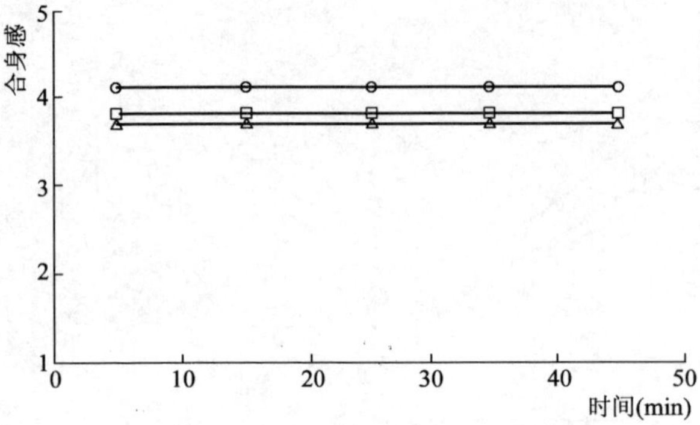

图 10－13　三套服装受试者合身感曲线

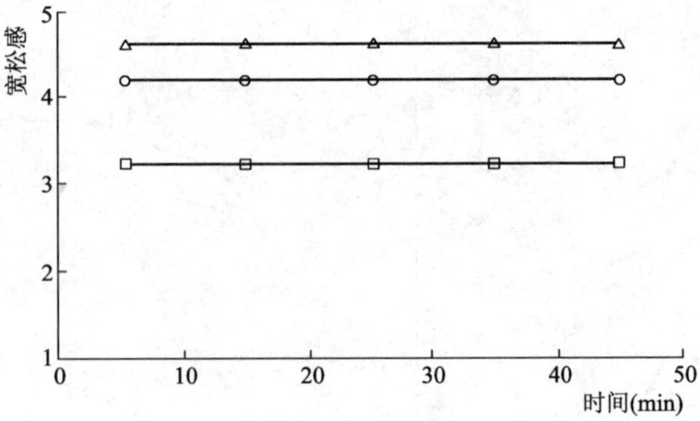

图 10－14　三套服装受试者宽松感曲线

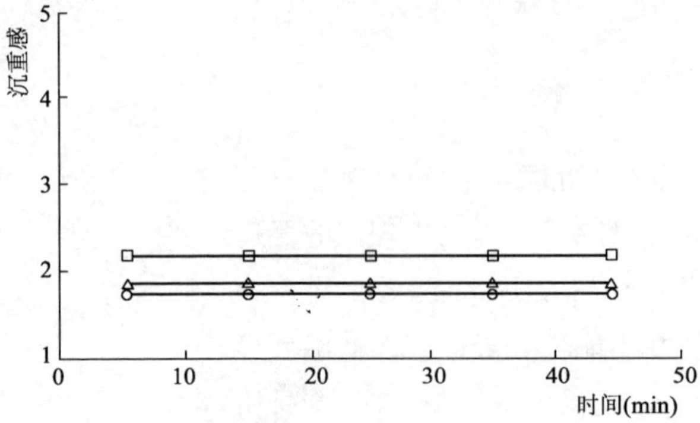

图 10－15　三套服装受试者沉重感曲线

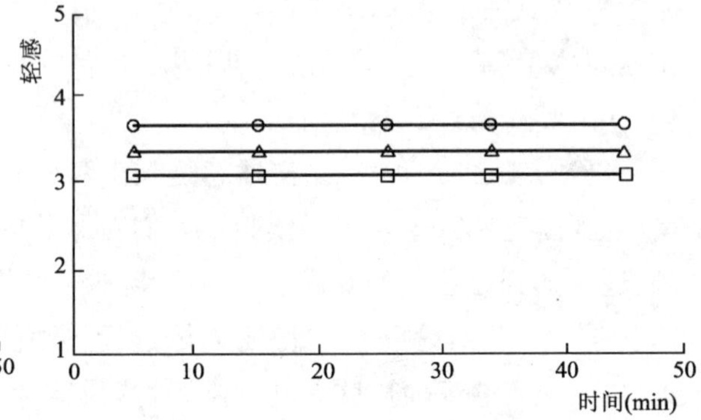

图 10－16　三套服装受试者轻感曲线

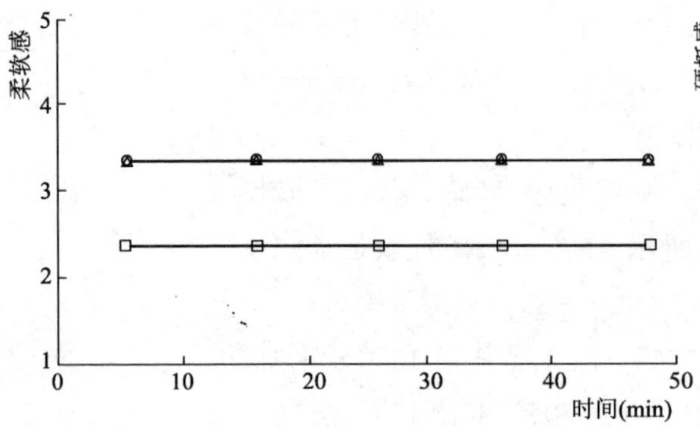

图 10－17　三套服装受试者柔软感曲线

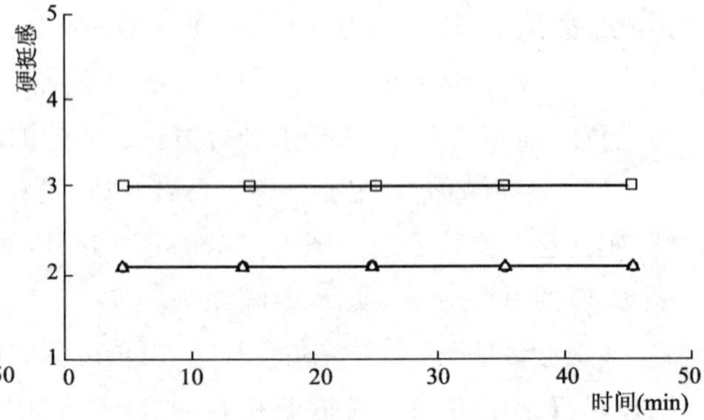

图 10－18　三套服装受试者硬挺感曲线

10#和13#织物的服装无论在款式、结构，还是在尺寸上都是相同的，但受试者对它们的宽松感却具有显著差异，即13#好于10#服装。这说明服装材料的硬挺度、弹性等因素也同样会在一定程度上影响服装的宽松感。在一定范围内，宽

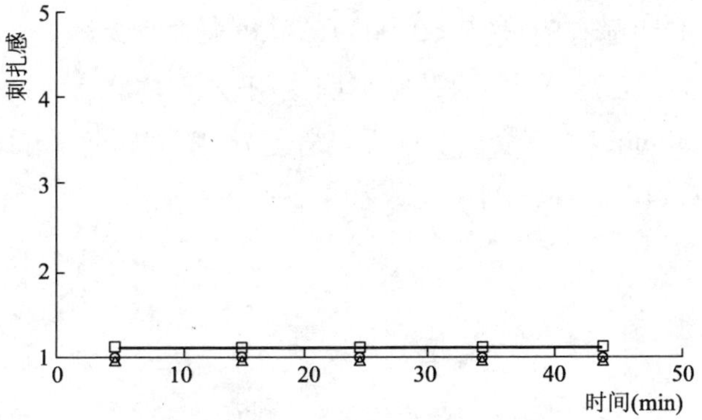

图 10－19　三套服装受试者刺扎感曲线

松程度的变化不会对合身感产生显著影响。

(2)热湿感:主要指标包括热感、冷感、湿感、闷感、黏感。

①热感:受试者热感变化曲线如图 10－20 所示。t 检验证明,运动 10min 后,13[#]服装比 10[#]服装明显热($P<0.0025$);运动 20min、30min 后,三套服装无显著差异;恢复后期,13[#]服装比 10[#]和 4[#]服装热感大($P<0.005$)。

②冷感:受试者冷感变化曲线见图 10－21 所示。可见三套服装受试者在试验全过程中均无冷感。

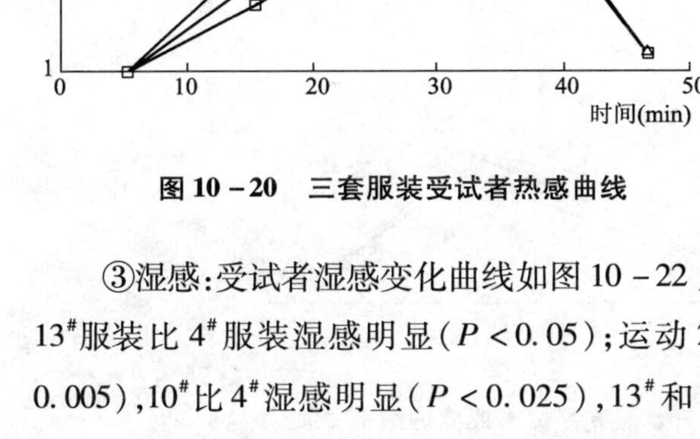

图 10－20　三套服装受试者热感曲线

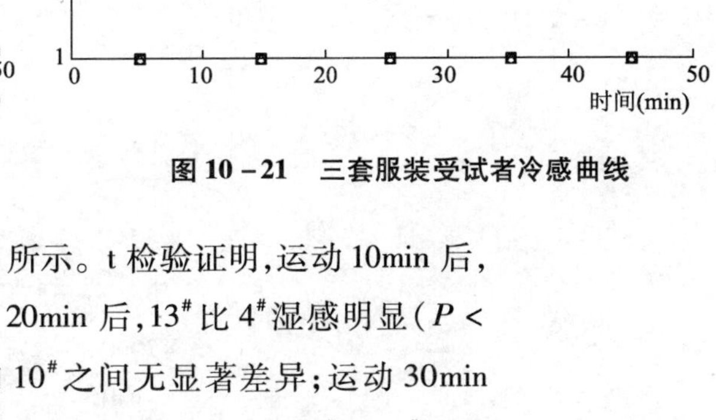

图 10－21　三套服装受试者冷感曲线

③湿感:受试者湿感变化曲线如图 10－22 所示。t 检验证明,运动 10min 后,13[#]服装比 4[#]服装湿感明显($P<0.05$);运动 20min 后,13[#]比 4[#]湿感明显($P<0.005$),10[#]比 4[#]湿感明显($P<0.025$),13[#]和 10[#]之间无显著差异;运动 30min 后,13[#]和 4[#]湿感明显($P<0.01$),10[#]比 4[#]湿感明显($P<0.05$),而 13[#]与 10[#]之间无显著差异;恢复后期,13[#]比 10[#]湿感明显($P<0.025$),13[#]和 4[#]湿感明显($P<0.005$),10[#]比 4[#]湿感明显($P<0.05$)。

④闷感：受试者闷感变化曲线如图10－23所示。t检验证明，运动10min后，13#比10#和4#明显有闷感（$P<0.005$），10#和4#之间无显著差异；运动20min后，13#比10#明显闷（$P<0.01$），13#比4#明显闷（$P<0.005$），而10#与4#之间无显著差异；运动30min后，三套服装间无显著差异；恢复后期，13#比10#和4#闷感明显（$P<0.005$），10#和4#之间无显著差异。

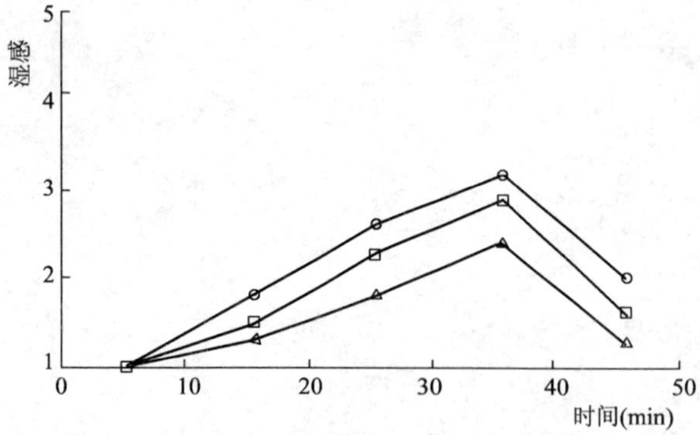

图10－22　三套服装受试者湿感曲线

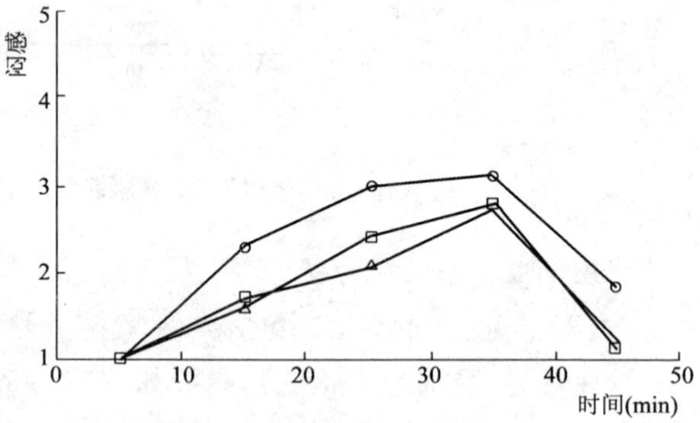

图10－23　三套服装受试者闷感曲线

⑤黏感：受试者黏感变化曲线如图10－24所示。t检验证明，运动10min后，13#比10#黏感明显（$P<0.005$），13#比4#黏感明显（$P<0.0025$），10#与4#间无显著差异；运动20min后，仅13#与4#黏感明显（$P<0.05$）；运动30min后，三套服装黏感无显著差异；恢复后期，13#比10#（$P<0.01$）、13#比4#黏感明显（$P<0.05$）。

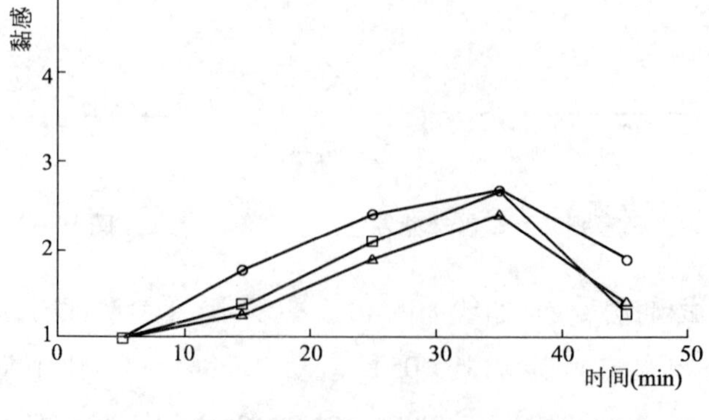

图10－24　三套服装受试者黏感曲线

（3）PMV和PPD：三套服装受试者在“安静—运动—恢复”三个阶段的PMV与PPD值见表10－15。

表 10-15 三套服装 PMV 与 PPD 值

阶段	4#		10#		13#	
	PMV	PPD	PMV	PPD	PMV	PPD
安静	0.02	5.01	0.03	5.02	-0.04	5.03
运动	1.57	54.71	1.55	53.62	1.57	54.71
恢复	0.36	7.7	0.38	8.01	0.4	8.33

7. 热湿舒适性生理指标与主观感觉等级的相关性

因为本研究没有进行较低环境温度下的人体实验，所以，除冷感之外的热湿舒适性生理指标与主观感觉等级之间的相关系数见表 10-16。由表 10-16 可见，在本研究中，热湿感等级同各生理指标和衣内温度都具有很好的正相关关系，而适穿触感同各生理指标无相关关系。

表 10-16 生理指标与主观感觉等级之间的相关系数

服装	项目	热感	湿感	黏感	闷感
4#	心率(次/min)	0.9149	0.7079	0.6972	0.8641
	体核温度(℃)	0.8489	0.8158	0.8501	0.8310
	平均皮肤温度(℃)	0.7992	0.7629	0.7989	0.7831
	平均体温(℃)	0.8708	0.7842	0.8077	0.8449
	衣内温度(℃)	0.7902	0.7947	0.8303	0.7893
10#	心率(次/min)	0.8794	0.7493	0.7793	0.8699
	体核温度(℃)	0.8383	0.8784	0.8293	0.8216
	平均皮肤温度(℃)	0.7962	0.8675	0.8058	0.7789
	平均体温(℃)	0.7818	0.8307	0.7726	0.7617
	衣内温度(℃)	0.7550	0.8074	0.7458	0.7335
13#	心率(次/min)	0.9001	0.7402	0.7811	0.9191
	体核温度(℃)	0.9664	0.8324	0.9729	0.9581
	平均皮肤温度(℃)	0.9615	0.8856	0.9372	0.9389
	平均体温(℃)	0.9703	0.8928	0.9417	0.9689
	衣内温度(℃)	0.9459	0.8536	0.9131	0.9459

8. 实验室实验讨论

(1)安静状态：由以上实验结果可知，在气温 22℃、相对湿度 45%、风速小于 0.1m/s 的环境中静坐，三套服装的受试者均无冷、热、闷、湿、黏的感觉，感觉舒适。受试者平均皮肤温度、体核温度、衣内温度都符合生理卫生学的舒适标准。PMV 值和 PPD 值与生理、心理的应答结果是相一致的。受试者在安静状态下，虽然有大约25%的代谢产热量通过皮肤和呼吸道以无感蒸发散失，三套服装材料的通透性没有对这种蒸发产生不舒适的影响，说明在这种情况下，起决定作用的因素是服装的热阻、服装的款式与号型等。

（2）运动状态：三套服装受试者在运动状态下，随运动时间的增加，其体温、平均皮肤温度、衣内温度逐渐升高，主观的热、湿、黏、闷等感觉也随之增加，心率、代谢产热量逐渐趋于平衡。在这种条件下，由生理、心理应答结果可知，三套服装在运动状态下，其热湿舒适性有一定差异，但并不很大，并且均在人体的可耐限度之内，对受试者的能力不会产生明显的差异。在三套服装中，热湿舒适感的优劣顺序为：4#、10#、13#。

受试者运动过程中，代谢产热量明显增加。运动强度、神经紧张程度、环境温度、食物等是影响人体代谢水平的因素。

在本实验条件下，神经紧张度及环境温度对受试者代谢产热的影响是甚微的，起决定作用的是运动水平。在实验过程中，受试者以4.0km/h的速度行走，测得三套服装受试者代谢产热量分别为177.14W/m^2、175.46W/m^2、167.83W/m^2，比受试者的基础代谢量增加了许多，但三者之间无显著差异。在这种条件下，受试者需大量散热，以维持机体的热平衡。传导、对流、辐射途径所能提供的散热量是远不能满足要求的。这时，机体需大量出汗，以蒸发方式加快散热。防护服装的存在，在一定程度上阻止了蒸发散热的有效进行。如果人体蒸发散热排出的汗水在服装内表面凝聚，而不易通过织物透出，在皮肤与服装内形成一个高湿区域，受试者就会感到不舒服。

汗水透过织物的过程可发生于汗水的液相和气相。由皮肤表面蒸发的气相水分一旦被服装吸收，就会从织物的表面散发出来。在这种吸湿、放湿过程中而引起的透湿作用的同时，也伴随着通过纤维内部微孔和织物中纱线之间孔隙的透湿扩散作用。液相水分转移，它首先被织物吸收，然后再从织物表面放水。可见，服装材料的结构、纱线的结构以及材料的吸湿、放湿性能决定了服装材料的透湿性。

织物对水蒸气扩散的总阻抗与织物的表面结构以及织物厚度有关。织构表面结构在传递水蒸气性能上是不均匀的，对水蒸气的扩散形成阻挡层，它所引起的阻抗称为织物外表面汽阻，其大小取决于织物表面各个孔隙截面的大小与部位。水蒸气在织物内部扩散的阻抗，称为织物内部汽阻，它与织物厚度成正比。水蒸气从织物一侧至另一侧通常需要经过弯曲的空间通道。实验证实，通过织物内纤维本身传递的水蒸气量与透过织物的水蒸气量相比是很小的。这说明水蒸气是沿着纤维表面特别是织物内空间通道传送的。织物的纤维容积百分率增加，意味着水蒸气可以扩散透过的空间部分相应降低。织物单位厚度内通道截面减小而通道长度增加，意味着单位厚度的内部汽阻即随之增大。可见，织物对水蒸气的扩散阻抗主要与织物外表面引起的汽阻以及织物厚度有关。对于很薄的织物，前者起着重要作用；对于厚织物，织物外表面引起的汽阻对织物总的汽阻贡献即相对减小，织物厚度起重要作用。此外，吸湿性强、放湿快的织物可使汗水很快在服装外表面蒸发，有利于散热的进行，否则反之。

4#、10#两套服装织物均为纯棉材料，其吸湿、放湿的性能是相近的，而10#织物比4#织物厚度大一倍，这就决定了它的透湿性能明显比4#织物差，这与织物的测量数据是一致的。由于服装空气层的影响，缩小了两者的差距。而13#织物则不同，它虽为纯棉织物，但其外表面层压铝膜，完全阻塞了织物两面水蒸气的通道，无法在服装外表面向空气中放湿，起不到蒸发散热的作用，这就使得13#织物的服装比4#和10#闷、湿、黏、热。

由图10－20、图10－23、图10－24可知，受试者运动过程中，三套服装的热感、闷感、黏感的差异随运动时间的延长而逐渐变小，最后几乎重合而无显著差异。原因在于服装的闷感决定于衣内的空气相对湿度，热感决定于衣内的温度，黏感决定于服装与皮肤间是否存在液态汗水，而湿感则决定于服装与皮肤之间液态汗水的多少。受试者在运动过程中，其代谢产热量约为175W/m^2，通过服装对流、辐射的散热量只有42W/m^{2}左右，而绝大部分热量要通过汗液蒸发散失。三套服装的透气性、透湿性优劣各异，但其均达不到机体热平衡所需要的蒸发散热量要求。机体的热积蓄逐渐增加，出汗量不断加大。受试者运动30min后，汗水在皮肤与服装间已积聚到了一定的程度，这时衣内的相对湿度均已接近100%。三套服装之间衣内温度相差仅1℃左右，而人体对于物体1℃的差异的感受是不明显的。服装与皮肤间均存在大量液态水，只是量的多少稍有差异。故三套服装受试者在运动的最后阶段，除湿感有差异外，其他热湿感均无显著差异。

（3）恢复阶段：受试者在恢复阶段，机体代谢产生的热量迅速下降，身体及服装上的汗液继续蒸发，体核温度、平均皮肤温度、衣内温度逐渐下降，各种热湿等级也开始降低；生理指标和主观感觉等级下降的程度及速度受到服装热阻、透气性、透湿性的限制，所以4#、10#下降的速度较快，而13#较慢。但随着时间的延长，三套服装逐渐趋于一致。

由表10－11可见，三套服装受试者在恢复阶段的代谢产生的热量明显高于安静状态时的值，原因在于受试者运动开始2～3min内，肌肉是在缺氧的状态下活动的。这种需氧量和供氧量之差叫做氧债。其后，当呼吸和循环系统的活动逐渐加强、氧的供应得到满足，即进入稳定状态下运动。而运动结束后的一段时间内，还要继续消耗比安静时更多的氧，以偿付运动中所欠下的氧债。所以受试者恢复期的代谢产热量要明显高于安静状态下的值。

(二)现场实验

1. 高温热辐射环境

受试者在炼焦炉门前模拟工作,数据见表10－17。工人试穿结果认为,防辐射服装忽有闷感,但穿防辐射服在炉前工作,其隔热性超过现行工作服加羽绒服的性能,不会感觉烫。所以,13#服装在高辐射作业环境下,具有很好的防护性能。

表10－17 北京焦化厂实验数据

服装	时间(min)	衣前内表面温度(℃)	衣后内表面温度(℃)	主观感觉
现行工作服	4	25.1	25.2	舒适
	8	52	25.3	稍烫
6#芳纶服装	4	25.2	25.1	舒适
	8	51	25.3	稍烫
13#防辐射服	4	25.2	25.2	舒适
	8	35.4	25.2	温暖

由材料实验和炼焦厂实验数据(表10－17)可知,13#铝膜层压防辐射织物比其他阻燃织物具有很好的防辐射热性能。在辐射环境下工作,不能以通风来直接消除或降低热辐射对人体的作用,必须采用隔热装置或防护服装,且隔热材料及服装面料要有表面光滑的金属涂层,以减少热辐射的吸收,加强反射,降低热辐射强度,减低人体的热负荷。

热源的温度越高,通过辐射放出的热量变化越大,其增加倍数显著地超过以对流方式散出的热量。温度越高,两者差距就越大。

焦化厂现场测试中,焦炉前工人在推焦时所受的热辐射强度在60J/(cm^2·min)以上,炉顶清扫工在扫炉口时所受热辐射强度可达84J/(cm^2·min),有时还会受到火焰的直接伤害。在如此高热辐射强度下,受试者裸露的前额部在1s内使出现极其难受的刺痛感。经测试,工人在这种环境下的作业强度属于轻型的。所以在这种条件下,首先考虑的应是服装的防热辐射与隔热性能,而不是人体的散热。13#铝膜层压织物服装的通透性虽在一定程度上会引起受试者体温升高、心率稍有加快、出汗量增多,但其所造成的伤害远小于辐射热。工人的这种操作是间歇式的,可以通过非工作时段的通风与饮水,使人体的热积蓄得到缓解。

2. 火灾环境

受试者在火灾环境下作业,工作10min后,主观感觉数据见表10－18。

表 10－18 大兴安岭火灾现场实验数据

项目分类	主观感觉	现行森林防火服	6#实验服装
热湿感	热感	4	4
	湿感	4	4
	闷感	3	3
	黏感	3	3
适穿感	合身	5	5
	宽松感	4	4
	沉重感	2	2
	轻感	4	4

火灾结束后，两套服装外观比较，现行森林防火服多处出现烧损孔洞、炭化，几乎无法再使用。6#实验服装只有很小面积的烧损，无孔洞，且炭化后的部位仍有强度，可多次使用。

由大兴安岭火灾现场实验数据（表 10－18）可知，6#服装同现行森林防火服在热湿舒适性和适穿舒适性两方面无显著差异，但 6#服装比现行森林防火服具有更好的耐火性，即具有更好的防护性。

经现场观测，森林火场的温度一般为 600～900℃，扑火队员扑火时距离火头仅 1～2m，在这种情况下所承受的辐射温度最高可达 300～400℃，有时还受到火焰的直接伤害，这就要求服装应具有很好的耐火性。6#服装的面料为芳纶和纯棉交织织物。针对织物中的棉纤维又进行了阻燃整理，从而使其极限氧指数高达 42，所以这种织物在大气中是绝不会燃烧的。芳纶纤维具有很高的裂解温度，一般在 400℃以上，远远超过棉纤维织物。另外芳纶纤维织物比棉纤维织物具有更高的强度和耐磨性，故 6#织物更适用于火灾环境。

第三节 结论

通过面料的测试与选择、服装设计制作、服装实验室实验、炼焦厂和火灾现场实验四个方面对阻燃防护服进行了工效学研究，取得以下结论。

（1）在气温 22℃、相对湿度 45%、风速小于 0.1m/s 的环境中，受试者处于安静状态时，穿着 4#、10#、13#防护服装都可维持生理舒适，无闷、热、湿、黏等不舒适感觉。在本实验环境条件及运动强度下，人体的适穿舒适感不随运动时间而变化；心率、平均皮肤温度、体核温度等生理参数以及衣内温度与热湿舒适感等级具有很好的相关性。

(2)在高温、低劳动强度条件下,4#服装的舒适性最好,10#服装其次。在中等以上劳动强度下工作,三套服装不会因面料性能上的差异,而对服装的热湿舒适性产生显著影响。

(3)一般阻燃织物在长波红外区的防热辐射性能不受自身颜色的影响,织物表面涂金属后,其防热辐射性能有显著提高。

(4)在高热辐射环境下,13#服装的防护性明显优于4#和10#,因此,其适用于炼钢、炼焦等作业环境。

(5)在火灾条件下,6#服装具有非常优良的防护性能,因此,其适用于消防、森林扑火等作业环境。

参考文献

[1] 福特,霍利斯.服装的舒适性与功能[M].曹俊周,译.北京:纺织工业出版社,1984.

[2] 曹俊周.国外暖体假人研制概况[R],北京:总后勤部军需装备研究所,1979.

[3] 欧阳骅.服装卫生学[M].北京:人民军医出版社,1985.

[4] 朱松文.服装材料学[M].北京:中国纺织出版社,2001.

[5] 张渭源.服装舒适性与功能[M].北京:中国纺织出版社,2005.

[6] 周永凯,张建春.服装舒适性与评价[M].北京:北京工艺美术出版社,2006.

[7] 何杏清,朱勇国.工效学[M].北京:中国劳动出版社,1994.

[8] 卢煊初,李广燕.人类工效学[M].北京:轻工业出版社,1990.

[9] 施密德.人机功效参数[M].朱有庭,译.北京:化学工业出版社,1988.

[10] 曹琦.人机工程[M].成都:四川科学技术出版社,1991.

[11] P O Fanger.舒适[M].李天麟,译.北京:北京科学技术出版社,1992.

[12] 宋祖祥.人类工效学[M].杭州:浙江教育出版社,1994.

[13] 成秀光.服装环境学[M].金玉顺,高绪珊,译.北京:中国纺织出版社,2000.

[14] 廖建桥.人因工程[M].北京:高等教育出版社,2006.

[15] 魏润柏,徐文华.热环境[M].上海:同济大学出版社,1994.

[16] 弓削治.服装卫生学[M].朱增仁,译.北京:纺织工业出版社,1984.

[17] 庄司光.服装卫生学[M].张军,译.北京:轻工业出版社,1987.

[18] 叶奕乾,祝蓓里.心理学[M].上海:华东师范大学出版社,2006.

[19] 张辉.阻燃防护服及其工效学评价[D].北京:北京服装学院,1992.

[20] 香港理工大学纺织及制衣学系.服装舒适性与产品开发[M].北京:中国纺织出版社.2002.

[21] 封根泉.人体工程学[M].兰州:甘肃科学技术出版,1980.

[22] 姚泰.生理学[M].6版.北京:人民卫生出版社,2005.

[23] 刘长明.航空航天纺织材料学[M].北京:航空工业出版社,1989.

[24] 张镱如.生理学[M].北京:人民卫生出版社,1994.

[25] 阿尔文·R.蒂利.人机工程学图解[M].朱涛,译.北京:中国建筑工业出版社,1998.

[26] 曹俊周.特种功能服装的研制和开发[R].北京:中国服装研究设计中心服装功能分中心,1989.

[27] 杨世铭,陶文铨.传热学[M].4版.北京:高等教育出版社,2006.

[28] 张辉.阻燃防护服研究概况[J].北京服装学院学报,1995,15(2):85-89.

[29] 张辉.炼焦防护服的工效学评价[J].北京服装学院学报,1993,13(2):25-30.

[30] 胡咏梅,武晓洛,等.关于中国人体表面积公式的研究[J],生理学报,1999,51

(1):45－48.

[31] 鲨鱼皮泳衣[EB/OL].(2009－03－21).http://baike.baidu.com/view/1785673.htm.

[32] 详细揭秘四代鲨鱼皮泳衣[EB/OL].(2008－08－06).http://blog.sina.com.cn/s/blog_484d31660100aea2.html.

[33] 鲨鱼皮泳衣的秘密[EB/OL].(2008－08－13).http://zt.xhby.net/system/2008/08/13/010317386.shtml.

[34] 靳玉伟,刘晓东,王策.太空宇航服简介[J].中国个体防护装备,2006(01):23－24.

[35] 张万周.俄罗斯舱外活动航天服的发展概述[J].中国航天,1998(6):28－32.

[36] 王鸣.服装新贵——宇航服设计探微[J].沈阳航空工业学院学报,2004,21(06):138－140.

[37] 邓传明,于伟东.太空环境中舱外航天服的外层防护问题[J].东华大学学报(自然科学版),2004,30(04):113－119.

[38] 谢莉青.特种服装——宇航服[J].产业用纺织品,1999,17(04):36－37.

[39] 白瑞雪,孙彦新,张汨汨.国产舱外航天服揭秘[J].中国航天,2008(10):32－34.

[40] 庞诚,翁文美,崔代秀,等.个体调温装备的生理学基础[J].航天医学与医学工程,1988,1(1):12－17.

[41] 张国权.透视宇航员的太空生活[N].中国国防报,2003.10.14.

[42] 贾司光,陈景山.航天服工效学问题[J].航天医学与医学工程,1999,12(5):371－375.

[43] 周前祥.舱外航天服的工效学问题及其研究方法[J].上海航天,2005(3):49－53.

[44] 陈信,袁修干.人—机—环境系统工程生理学基础[M].北京:北京航空航天大学出版社,2000.

[45] 紧身时髦的宇航服[EB/OL].(2007－07－12).http://tieba.baidu.com/f?kz=252362890.

[46] 唐久英,张辉,周永凯.防弹衣的研究概况[J].中国个体防护装备,2005(5):24－27.

[47] 孟祥令,张渭源.服装压力舒适性的研究进展[J].纺织学报,2006,27(7):109－112.

[48] 周永凯,田永娟.服装款式特征与服装热阻的关系[J].北京服装学院学报,2007,27(3):31－37.

[49] 钱建军,张辉.润湿织物透气性能研究[J].北京服装学院学报,2008,28(2):31－35.

[50] 周苏萌,张辉.织物吸湿量与热阻的关系[J].北京服装学院学报,2005,25(1):35－38.

[51] 全国纺织标准化技术委员会.GB/T 18398—2001 服装热阻测试方法——暖体假人法[S].北京:中国标准出版社,2001.

[52] 全国纺织标准化技术委员会.GB/T 11048—2008 纺织品 生理舒适性 稳态条件下热阻和湿阻的测定[S].北京:中国标准出版社,2008.

[53] http://en.wikipedia.org/wiki/Spacesuit.

[54] Olympic swimsuit mimics shark skin[EB/OL].(2008－08－15).http://www.nhm.ac.uk/about－us/news/2008/august/olympic－swimsuit－mimics－shark－skin.html.

[55] Olympic swimwear developed from shark skin[EB/OL].(2004－08－16).http://www.

nhm. ac. uk/about - us/news/2004/aug/news_4044. html.

[56] STEVE CONNOR. Sharkskin swimsuits lead hi - tech bid for Olympic gold [EB/OL]. (2000 - 03 - 17). http://www. independent. co. uk/news/science/sharkskin - swimsuits - lead - hitech - bid - for - olympic - gold - 724371. html.

[57] P O FANGER. Thermal Comfort: Analysis and Applications in Environmental Engineering [M]. New York: McGraw - Hill Book Company, 1972.

[58] K C PARSONS. Human Thermal Environments: The effect of hot moderate, and cold environments on human health, comfort and performance, (M). 2nd ed. New York: Taylor & Francis Group.

[59] RALPH F GOLDMAN. The four "Fs" of clothing comfort: Environmental Ergonomics[C]. Japan: Fukuoka Women's University, 2005, 315 - 319.

[60] ANTHONY S W WONG. The influence of thermal comfort perception on consumer's preferences to sportswear: Environmental Ergonomics [C]. Japan: Fukuoka Women's University, 2005, 321 - 328.

[61] TAKAKO FUKAZAWA. Water vapour permeability resistance through clothing material at combination of temperature and pressure that simulate elevated altitudes. Environmental Ergonomics[C]. Japan: Fukuoka Women's University, 2005, 329 - 334.

[62] HIROYUKI UEDA. The effect of fabric air permeability on clothing ventilation. Environmental Ergonomics[C]. Japan: Fukuoka Women's University, 2005, 343 - 346.

[63] MOTOYUKI SAITO. Prediction of clothing insulation in an outdoor environment based on questionnaires. Environmental Ergonomics [C]. Japan: Fukuoka Women's University, 2005, 355 - 360.

[64] ISO. Ergonomics of the thermal environment—Determination and interpretation of cold stress when using required clothing insulation (IREQ) and local cooling effects [S]. ISO 11079—2007.

[65] GI SOO CHUNG. A study on comfort of protective clothing for firefighters. Environmental Ergonomics[C]. Japan: Fukuoka Women's University, 2005, 375 - 378.

[66] WOLFGANG NOCKER. Firefighter garment with non - textile insulation. Environmental Ergonomics[C]. Japan: Fukuoka Women's University, 2005, 379 - 382.

[67] ELIZABETH A MCCULLOUGH. The use of thermal manikins to evaluate clothing and environmental factors. Environmental Ergonomics [C]. Japan: Fukuoka Women's University, 2005, 403 - 407.

[68] IN HYENG KANG. Evaluation of clo values for infant's clothing using an infant - sized sweating thermal manikin. Environmental Ergonomics [C]. Japan: Fukuoka Women's University, 2005, 409 - 415.

[69] J FAN. Clothing thermal insulation when sweating and when non - sweating. Environmental Ergonomics[C]. Japan: Fukuoka Women's University, 2005, 437 - 443.

[70] RONALD HUES. Water vapour transport as a determinant of comfort in evaluation shoes. Environmental Ergonomics[C]. Japan:Fukuoka Women's University, 2005, 445 - 448.

[71] KALEV KUKLANE. Inter - Laboratory tests on thermal foot models. Environmental Ergonomics[C]. Japan:Fukuoka Women's University, 2005, 449 - 457.

[72] KAARE RODAHL. The Physiology of Work[M]. New York:Taylor & Francis Group.

[73] ISO. Ergonomics of the thermal environment—analytical determination and interpretation of thermal comfort using calculation of the PMV and PPD indices and local thermal comfort criteria[S]. ISO 7730—2005.

[74] ISO. Ergonomics of the thermal environment—estimation of the thermal insulation and water vapour resistance of a clothing ensemble[S]. ISO 9920—2007.

[75] A V KULITCHENKO, J T WILLIAMS. Laboratory methods to assess the water vapour transmission of textiles—A Review[J]. Journal of Federation of Asian Professional Textile Associations, 1996, 3(3):59 - 68.

[76] ASTM. Standard test method for thermal and evaporative resistance of clothing materials using a sweating hot plate[S]. ASTM F 1868—2002.

[77] http://www.wgsn.com.

[78] 杜邦"卓越品质"型消防员灭火防护服[EB/OL]. (2009 - 08 - 06) http://www.pippin.com.cn/production/apparel/.

[79] 叶奕乾,何存道. 普通心理学[M]. 上海:华东师范大学出版社,2004.

附录

附录1 相对湿度换算表(%)

干球温度(℃)	湿球温度(℃)														
	-10	-9	-8	-7	-6	-5	-4	-3	-2	-1	0	1	2	3	4
-10	100														
-9	91.6	100													
-8	83.8	91.6	100												
-7	76.9	83.9	91.7	100											
-6	70.5	77.0	84.9	91.7	100										
-5	69.4	70.6	77.2	84.2	91.8	100									
-4	64.7	64.9	70.8	77.3	84.3	91.8	100								
-3	54.6	59.6	65.1	71.0	77.4	84.4	91.8	100							
-2	50.2	54.8	59.8	65.3	71.2	77.5	84.5	91.9	100						
-1	46.2	50.4	55.1	60.1	65.5	71.3	77.7	84.6	92.0	100					
0	42.5	46.4	50.7	55.3	60.3	65.7	71.5	77.9	84.7	92.1	100				
1	39.5	43.1	47.1	51.4	56.0	61.1	66.5	72.4	78.7	85.6	93.0	100			
2	36.8	40.1	43.8	47.8	52.3	56.8	61.9	67.4	73.3	79.6	86.5	93.0	100		
3	34.2	37.4	40.8	44.5	48.6	52.9	57.6	62.7	68.2	74.2	80.5	86.6	93.1	100	
4	31.9	34.8	38.0	41.5	45.3	49.3	53.7	58.4	63.6	69.1	75.1	80.7	86.8	93.2	100
5	29.7	32.5	35.5	38.7	42.2	46.0	50.1	54.5	59.2	64.4	70.0	75.3	80.9	86.9	93.0
6	27.7	30.3	33.1	36.1	39.4	42.9	46.7	50.8	55.3	60.1	65.3	70.2	75.5	81.1	87.0
7	25.9	28.3	30.9	33.7	36.7	40.0	43.6	47.5	51.6	56.1	60.9	65.6	70.5	75.7	81.0
8	24.2	26.4	28.9	31.5	34.3	37.4	40.7	44.3	48.2	52.4	56.9	61.2	65.8	70.7	75.8
9	22.6	24.7	27.0	29.4	32.1	35.0	38.1	41.4	45.1	49.0	53.2	57.2	61.5	66.0	70.9
10	21.1	23.1	25.2	27.5	30.0	32.7	35.6	38.7	42.1	45.8	49.7	53.5	57.5	61.7	66.3
11	19.8	21.6	23.6	25.7	28.0	30.6	33.3	36.2	39.4	42.8	46.5	50.0	53.8	57.8	62.0
12	18.5	20.2	22.1	24.1	26.3	28.6	31.1	33.9	36.9	40.1	43.5	46.8	50.3	54.1	58.0
13	17.3	18.9	20.7	22.5	24.6	26.8	29.2	31.8	34.5	37.5	40.8	43.9	47.1	50.6	54.3
14	16.2	17.7	19.4	21.1	23.0	25.1	27.3	29.7	32.4	35.2	38.2	41.1	44.2	47.4	50.9

续表

干球温度（℃）	湿球温度（℃）														
	-10	-9	-8	-7	-6	-5	-4	-3	-2	-1	0	1	2	3	4
15	15.2	16.6	18.1	19.8	21.6	23.5	25.6	27.9	30.3	33.0	35.8	38.5	41.1	44.5	47.7
16	14.3	15.6	17.0	18.6	20.3	22.1	24.0	26.2	28.5	30.9	33.6	36.1	38.8	41.7	44.7
17	13.4	14.6	16.0	17.4	19.0	20.7	22.5	24.5	26.7	29.0	31.5	33.9	36.4	39.1	42.0
18	12.6	13.7	15.0	16.4	17.8	19.4	21.2	23.0	25.1	27.2	29.6	31.8	34.2	36.7	39.4
19	11.8	12.9	14.1	15.4	16.8	18.3	19.9	21.6	23.5	25.6	27.8	29.9	32.1	34.5	37.0
20		12.1	13.2	14.4	15.7	17.2	18.7	20.3	22.1	24.0	26.0	28.1	30.2	32.4	34.8
21		11.4	12.4	13.6	14.8	16.1	17.6	19.1	20.8	22.6	24.6	26.4	28.4	30.5	32.7
22			11.7	12.8	13.9	15.2	16.5	18.0	19.6	21.2	23.1	24.8	26.7	28.7	30.8
23				12.0	13.1	14.3	15.5	16.9	18.4	20.0	21.7	23.4	25.1	27.0	29.0
24				11.3	12.3	13.4	14.6	15.9	17.3	18.8	20.5	22.0	23.7	25.4	27.3
25					11.6	12.7	13.8	15.0	16.3	17.7	19.3	20.7	22.3	23.9	25.7
26						11.9	13.0	14.1	15.4	16.7	18.2	19.5	21.0	22.6	24.2
27						11.2	12.3	13.3	14.5	15.8	17.1	18.4	19.8	21.3	22.8
28							11.6	12.6	13.7	14.9	16.2	17.4	18.7	20.1	21.5
29								11.9	12.9	14.0	15.2	16.4	17.6	18.9	20.3
30								11.2	12.2	13.2	14.4	15.5	16.6	17.9	19.2
31									11.5	12.5	13.6	14.6	15.7	16.9	18.1
32									10.9	11.8	12.8	13.8	14.8	15.9	17.1
33										11.2	12.1	13.1	14.0	15.1	16.2
34											11.5	12.3	13.3	14.2	15.3
35												11.7	12.6	13.5	14.5
36												11.1	11.9	12.8	13.7
37													11.2	12.1	13.0
38													10.7	11.4	12.3
39														10.8	11.6
40															11.0

续表

干球温度(℃)	湿球温度(℃)														
	5	6	7	8	9	10	11	12	13	14	15	16	17	18	19
5	100														
6	93.3	100													
7	87.1	93.3	100												
8	81.3	87.2	93.4	100											
9	76.0	81.5	87.3	93.4	100										
10	71.1	76.2	81.6	87.4	93.5	100									
11	66.5	71.2	76.3	81.7	87.5	93.5	100								
12	62.2	66.7	71.4	76.5	81.9	87.6	93.6	100							
13	58.3	62.4	66.9	71.6	76.7	82.0	87.7	93.7	100						
14	54.6	58.5	62.7	67.1	71.8	76.8	82.1	87.7	93.7	100					
15	51.2	54.8	58.8	62.9	67.3	72.0	77.0	82.2	87.8	93.7	100				
16	48.0	51.4	55.1	59.0	63.1	67.5	72.2	77.1	82.4	87.9	93.8	100			
17	45.0	48.3	51.7	55.4	59.2	63.4	67.7	72.4	77.3	82.5	88.0	93.8	100		
18	42.3	45.3	47.5	52.0	55.6	59.5	63.6	68.0	72.6	77.5	82.6	88.1	93.9	100	
19	39.7	42.6	45.6	48.8	52.2	55.9	59.7	63.8	68.2	72.7	77.6	82.7	88.2	93.9	100
20	37.3	40.0	42.9	45.9	49.1	52.5	56.1	60.0	64.1	68.4	72.9	77.8	82.9	88.3	94.0
21	35.1	37.6	40.3	43.1	46.2	49.4	52.8	56.4	60.2	64.3	68.6	73.1	77.9	83.0	88.3
22	33.0	35.4	37.9	40.6	43.4	46.4	49.6	53.0	56.6	60.5	64.5	68.8	73.3	78.1	83.1
23	31.1	33.3	35.7	38.2	40.9	43.7	46.7	49.9	53.3	56.9	60.7	64.7	69.0	73.5	78.2
24	29.2	31.3	33.6	36.0	38.5	41.2	44.0	47.0	50.2	53.6	57.1	60.0	64.9	69.2	73.6
25	27.5	29.5	31.6	33.9	36.2	38.8	41.4	44.3	47.3	50.5	53.8	57.4	61.2	65.1	69.4
26	26.0	27.8	29.8	31.9	34.2	36.5	38.0	41.7	44.6	47.6	50.7	54.1	57.6	61.4	65.4
27	24.5	26.2	28.1	30.1	32.2	34.4	36.8	39.3	42.0	44.8	47.8	51.0	54.3	57.9	61.6
28	23.1	24.7	26.5	28.4	30.4	32.5	34.7	37.1	39.6	42.3	45.1	48.1	51.3	54.6	58.1
29	21.8	23.3	25.0	26.8	28.7	30.7	32.8	35.0	37.4	39.9	42.5	45.4	48.4	51.5	54.8
30	20.6	22.2	23.6	25.3	27.1	28.9	30.9	33.1	35.3	37.7	40.2	42.8	45.7	48.6	51.8
31	19.4	20.8	22.3	23.9	25.5	27.3	29.2	31.2	33.3	35.6	38.1	40.5	43.1	45.9	48.9

续表

干球温度（℃）	湿球温度（℃）														
	5	6	7	8	9	10	11	12	13	14	15	16	17	18	19
32	18.4	19.7	21.1	22.6	24.1	25.8	27.6	29.5	31.5	33.6	35.9	38.2	40.7	43.4	46.2
33	17.3	18.6	19.9	21.3	22.8	24.4	26.1	27.9	29.8	31.8	33.9	36.1	38.5	41.0	43.7
34	16.4	17.6	18.8	20.2	21.6	23.1	24.1	26.4	28.1	30.0	32.1	34.2	36.4	38.8	41.3
35	15.5	16.6	17.8	19.1	20.4	21.8	23.3	24.9	26.6	28.4	30.3	32.3	34.5	36.7	39.1
36	14.7	15.9	16.9	18.1	19.3	20.7	22.1	23.6	25.2	16.9	28.1	30.6	32.6	34.7	37.0
37	13.9	14.9	16.0	17.1	18.3	19.6	20.9	22.3	23.9	25.5	27.2	39.0	30.9	32.9	35.0
38	13.2	14.1	15.1	16.2	17.3	18.5	19.8	21.2	22.6	24.1	25.7	27.4	29.2	31.1	33.2
39	12.5	13.4	14.3	15.3	16.4	17.6	18.8	20.1	21.4	22.8	24.4	26.0	27.7	29.5	31.4
40	11.8	12.7	13.6	14.5	15.6	16.6	17.8	19.0	20.3	21.7	23.1	24.6	26.3	28.0	29.8
41	11.2	12.0	12.9	13.8	14.8	15.8	16.9	18.0	19.3	20.5	21.9	23.4	24.9	26.5	28.2
42		11.4	12.2	13.1	14.0	15.0	16.0	17.1	18.3	19.5	20.8	22.2	23.6	25.2	26.8
43			11.6	12.4	13.3	14.3	15.2	16.2	17.3	18.5	19.7	21.0	22.4	23.9	25.4
44				11.8	12.6	13.5	14.4	15.4	16.5	17.6	18.7	20.0	21.3	22.7	24.1
45					12.0	12.8	13.7	14.6	15.6	16.7	17.8	29.0	20.2	21.5	22.9
46					11.4	12.3	13.0	13.9	14.8	15.8	16.9	18.0	19.2	20.5	21.8
47						11.6	12.4	13.2	14.1	15.1	16.1	17.1	18.3	19.4	20.7
48							11.8	12.6	13.4	14.3	15.3	16.3	17.4	18.5	19.7
49								11.9	12.8	13.6	14.5	15.5	16.5	17.6	18.7
50									12.1	13.0	13.8	14.7	15.7	16.7	17.8
51										12.3	13.2	14.0	14.9	15.9	17.0
52										11.7	12.5	13.4	14.2	15.2	16.1
53											11.9	12.7	13.6	14.4	15.4
54												12.1	12.9	13.8	14.6
55													12.3	13.1	14.0
56														12.5	13.8
57														11.9	12.7
58															12.1

续表

干球温度(℃)	湿球温度(℃)														
	20	21	22	23	24	25	26	27	28	29	30	31	32	33	34
20	100														
21	94.0	100													
22	88.4	94.1	100												
23	83.2	88.5	94.1	100											
24	78.4	83.3	88.6	94.2	100										
25	73.8	78.5	83.5	88.7	94.2	100									
26	69.6	74.0	78.7	83.6	88.8	94.2	100								
27	65.6	69.7	74.2	78.8	83.7	88.8	94.3	100							
28	61.9	65.8	69.6	74.3	78.9	83.8	88.9	94.3	100						
29	58.4	62.1	66.6	70.1	74.5	79.1	83.9	89.0	94.4	100					
30	55.1	58.6	62.3	66.2	70.3	74.6	79.2	84.0	89.1	94.4	100				
31	52.0	55.3	58.8	62.5	66.4	70.5	74.8	79.4	84.1	89.2	94.4	100			
32	49.2	52.3	55.6	59.1	62.7	66.6	70.7	75.0	79.5	84.2	89.2	94.5	100		
33	46.5	49.4	52.6	55.8	59.3	63.0	66.8	70.9	75.1	79.6	84.3	89.3	94.5	100	
34	43.9	46.7	49.7	52.8	56.1	59.5	63.2	67.0	71.1	75.3	79.8	84.5	89.4	94.6	100
35	41.8	44.2	47.0	50.0	53.1	56.3	59.8	63.4	67.2	71.3	75.5	79.9	84.6	89.5	94.6
36	39.3	41.9	44.5	47.2	50.2	53.3	56.6	60.0	63.6	67.4	71.4	75.6	80.0	84.7	89.5
37	37.6	39.6	42.1	44.8	47.5	50.5	53.6	56.8	60.2	63.8	67.6	71.6	75.8	80.2	84.8
38	35.3	37.5	39.9	42.4	45.0	47.8	50.7	53.8	57.0	60.5	64.0	67.8	71.8	75.9	80.3
39	33.4	35.6	37.8	40.2	42.7	45.3	48.1	51.0	54.1	57.3	60.7	64.3	68.0	71.9	76.1
40	31.7	33.7	35.8	38.1	40.4	42.9	45.6	48.3	51.2	54.3	57.5	60.9	64.5	68.2	72.1
41	30.1	32.0	34.5	36.1	38.4	40.7	43.2	45.8	48.6	51.5	54.5	57.8	61.1	64.7	68.4
22	28.5	30.3	32.2	34.3	36.4	38.6	41.0	43.5	46.1	48.9	51.7	54.8	58.0	61.3	64.9
43	27.1	28.8	30.6	32.5	34.5	36.7	38.9	41.3	43.7	46.4	49.1	52.0	55.0	58.2	61.6
44	25.7	27.3	29.0	30.9	32.8	34.8	36.9	39.2	41.5	44.0	46.6	49.4	52.2	55.3	58.5

续表

干球温度（℃）	湿球温度（℃）														
	20	21	22	23	24	25	26	27	28	29	30	31	32	33	34
45	24.4	25.9	27.6	29.3	31.1	33.0	35.1	37.2	39.4	41.8	44.3	46.9	49.6	52.3	55.5
46	23.2	24.7	26.2	27.8	29.6	31.4	33.3	35.3	37.5	39.7	42.1	44.5	47.1	49.9	52.7
47	22.0	23.4	24.9	26.5	28.1	29.8	31.7	33.6	35.6	37.7	40.0	42.3	44.8	47.4	50.1
48	20.9	22.3	23.7	25.2	26.7	28.4	30.1	31.9	33.9	35.9	38.0	40.3	42.6	45.1	47.7
49	19.9	21.2	22.5	23.9	25.4	27.0	28.6	30.4	32.2	34.1	36.2	38.3	40.5	42.9	45.3
50	19.0	20.2	21.4	22.8	24.2	25.7	27.3	28.9	30.6	32.5	34.4	36.4	38.6	40.8	43.1
51	18.0	19.2	20.4	21.7	23.5	24.4	25.9	27.5	29.2	30.9	32.7	34.7	36.7	38.8	41.0
52	17.2	18.3	19.4	20.6	21.9	23.3	24.7	26.2	27.8	29.5	31.2	33.0	34.9	37.0	39.1
53	16.4	17.4	18.5	19.7	20.9	22.2	23.5	24.9	26.4	28.0	29.7	31.4	33.3	35.2	37.2
54	15.6	16.6	17.6	18.7	19.9	21.2	22.4	23.8	25.2	26.7	28.3	29.9	31.7	33.5	35.5
55	14.9	15.8	16.8	17.8	19.0	20.1	21.4	22.7	24.0	25.5	27.0	28.5	30.2	32.0	33.8
56	14.2	15.1	16.0	17.0	18.5	19.2	20.4	21.6	22.9	24.3	25.7	27.2	28.8	30.5	32.3
57	13.5	14.4	15.3	16.2	17.2	18.3	19.4	20.6	21.8	23.1	24.5	26.0	27.5	29.1	30.7
58	12.9	13.7	14.6	15.5	16.4	17.5	18.5	19.6	20.8	22.1	23.4	24.8	26.2	27.7	29.3
59	12.3	13.1	13.9	14.8	15.7	16.7	17.7	18.8	19.9	22.1	22.3	23.6	25.0	26.5	28.0
60		12.5	13.3	14.1	15.0	15.9	16.9	17.9	19.0	20.1	21.3	22.6	23.9	25.3	26.7
61			12.7	13.5	14.3	15.2	16.1	17.1	18.1	19.2	20.3	21.5	22.8	24.1	25.5
62				12.9	13.7	14.5	15.4	16.3	17.3	18.3	19.4	20.6	21.6	23.0	24.4
63				12.3	13.1	13.9	14.7	15.6	16.5	17.5	18.6	19.7	20.8	22.0	23.3
64					12.5	13.3	14.1	14.9	15.8	16.8	17.7	18.8	19.9	21.0	22.3
65						12.7	13.4	14.3	15.1	16.0	17.0	18.0	19.0	20.1	21.3
66							12.9	13.6	14.5	15.3	16.2	17.2	18.2	19.2	20.3
67							12.3	13.0	13.8	14.2	15.5	16.4	17.4	18.4	19.5
68								12.5	13.2	14.0	14.9	15.7	16.7	17.6	18.6
69									12.7	13.4	14.2	15.1	15.9	16.9	17.8
70										12.9	13.6	14.4	15.3	16.1	17.1

附录 2　-40～60℃气温条件下的饱和水汽压及含湿量表

气温(℃)	水汽压(mmHg)	含湿量(g/kg 干空气)	气温(℃)	水汽压(mmHg)	含湿量(g/kg 干空气)
-40	0.09	0.07	-15	1.44	1.18
-39	0.10	0.08	-14	1.56	1.28
-38	0.12	0.10	-13	1.69	1.39
-37	0.13	0.11	-12	1.84	1.51
-36	0.15	0.12	-11	1.99	1.63
-35	0.17	0.14	-10	2.15	1.76
-34	0.18	0.15	-9	2.33	1.91
-33	0.20	0.16	-8	2.51	2.06
-32	0.23	0.18	-7	2.72	2.23
-31	0.25	0.20	-6	2.93	2.41
-30	0.28	0.23	-5	3.16	2.60
-29	0.31	0.25	-4	3.41	2.80
-28	0.34	0.28	-3	3.67	3.02
-27	0.38	0.31	-2	3.95	3.25
-26	0.42	0.34	-1	4.26	3.51
-25	0.47	0.38	0	4.58	3.77
-24	0.52	0.43	1	4.93	4.06
-23	0.58	0.48	1.5	5.11	4.21
-22	0.64	0.52	2.0	5.29	4.50
-21	0.70	0.57	2.5	5.49	4.52
-20	0.94	0.77	3.0	5.69	4.77
-19	1.03	0.84	3.5	5.89	4.86
-18	1.12	0.92	4.0	6.10	5.10
-17	1.22	1.00	4.5	6.32	5.21
-16	1.32	1.08	5.0	6.54	5.40

续表

气温(℃)	水汽压(mmHg)	含湿量(g/kg 干空气)	气温(℃)	水汽压(mmHg)	含湿量(g/kg 干空气)
5.1	6.59	5.44	7.6	7.83	6.47
5.2	6.64	5.48	7.7	7.88	6.52
5.3	6.68	5.52	7.8	7.94	6.56
5.4	6.73	5.56	7.9	7.99	6.61
5.5	6.78	5.59	8.0	8.05	6.65
5.6	6.84	5.65	8.1	8.10	6.70
5.7	6.91	5.70	8.2	8.16	6.75
5.8	6.97	5.76	8.3	8.21	6.79
5.9	7.04	5.81	8.4	8.27	6.84
6.0	7.10	5.79	8.5	8.32	6.89
6.1	7.13	5.89	8.6	8.38	6.93
6.2	7.17	5.92	8.7	8.44	6.98
6.3	7.20	5.95	8.8	8.50	7.03
6.4	7.23	5.97	8.9	8.55	7.08
6.5	7.26	6.00	9.0	8.61	7.13
6.6	7.31	6.04	9.1	8.67	7.18
6.7	7.36	6.08	9.2	8.73	7.23
6.8	7.41	6.12	9.3	8.79	7.28
6.9	7.46	6.17	9.4	8.85	7.33
7.0	7.51	6.21	9.5	8.91	7.37
7.1	7.57	6.25	9.6	8.97	7.43
7.2	7.62	6.30	9.7	9.03	7.48
7.3	7.67	6.34	9.8	9.09	7.53
7.4	7.72	6.39	9.9	9.15	7.58
7.5	7.78	6.43	10.0	9.21	7.63

续表

气温(℃)	水汽压(mmHg)	含湿量(g/kg 干空气)	气温(℃)	水汽压(mmHg)	含湿量(g/kg 干空气)
10.1	9.27	7.68	12.6	10.94	9.09
10.2	9.33	7.73	12.7	11.01	9.15
10.3	9.40	7.79	12.8	11.09	9.21
10.4	9.46	7.84	12.9	11.16	9.27
10.5	9.52	7.89	13.0	11.23	9.33
10.6	9.59	7.95	13.1	11.31	9.39
10.7	9.65	8.00	13.2	11.38	9.46
10.8	9.72	8.05	13.3	11.46	9.52
10.9	9.78	8.11	13.4	11.53	9.58
11.0	9.84	8.16	13.5	11.60	9.64
11.1	9.91	8.22	13.6	11.68	9.71
11.2	9.98	8.27	13.7	11.76	9.77
11.3	10.04	8.33	13.8	11.83	9.84
11.4	10.11	8.39	13.9	11.91	9.90
11.5	10.18	8.44	14.0	11.99	9.97
11.6	10.24	8.50	14.1	12.07	10.03
11.7	10.31	8.56	14.2	12.15	10.10
11.8	10.38	8.61	14.3	12.22	10.17
11.9	10.45	8.67	14.4	12.30	10.23
12.0	10.52	8.73	14.5	12.38	10.30
12.1	10.59	8.79	14.6	12.46	10.37
12.2	10.66	8.85	14.7	12.54	10.44
12.3	10.73	8.91	14.8	12.63	10.51
12.4	10.80	8.97	14.9	12.71	10.58
12.5	10.87	9.03	15.0	12.79	10.65

续表

气温(℃)	水汽压(mmHg)	含湿量(g/kg 干空气)	气温(℃)	水汽压(mmHg)	含湿量(g/kg 干空气)
15.1	12.87	10.72	17.6	15.09	12.60
15.2	12.96	10.79	17.7	15.19	12.68
15.3	13.04	10.85	17.8	15.29	12.77
15.4	13.12	10.93	17.9	15.38	12.85
15.5	13.21	11.00	18.0	15.48	12.93
15.6	13.29	11.07	18.1	15.58	13.01
15.7	13.38	11.14	18.2	15.68	13.10
15.8	13.46	11.22	18.3	15.77	13.18
15.9	13.55	11.29	18.4	15.87	13.27
16.0	13.63	11.36	18.5	15.97	13.35
16.1	13.72	11.44	18.6	16.07	13.43
16.2	13.81	11.51	18.7	16.17	13.52
16.3	13.90	11.59	18.8	16.27	13.61
16.4	13.99	11.66	18.9	16.38	13.70
16.5	14.08	11.74	19.0	16.48	13.79
16.6	14.17	11.81	19.1	16.58	13.87
16.7	14.26	11.99	19.2	16.69	13.96
16.8	14.35	12.05	19.3	16.79	14.05
16.9	14.44	12.12	19.4	16.90	14.14
17.0	14.53	12.13	19.5	17.00	14.23
17.1	14.62	12.20	19.6	17.11	14.32
17.2	14.72	12.28	19.7	17.21	14.41
17.3	14.81	12.36	19.8	17.32	14.51
17.4	14.90	12.44	19.9	17.43	14.60
17.5	15.00	12.52	20.0	17.54	14.69

续表

气温(℃)	水汽压(mmHg)	含湿量(g/kg 干空气)	气温(℃)	水汽压(mmHg)	含湿量(g/kg 干空气)
20.1	17.65	14.78	22.6	20.57	17.30
20.2	17.76	14.88	22.7	20.69	17.41
20.3	17.87	14.91	22.8	20.82	17.52
20.4	17.98	15.07	22.9	20.94	17.63
20.5	18.09	15.16	23.0	21.07	17.73
20.6	18.20	15.26	23.1	21.20	17.85
20.7	18.31	15.36	23.2	21.33	17.96
20.8	18.42	15.45	23.3	21.46	18.07
20.9	18.54	15.55	23.4	21.59	18.18
21.0	18.65	15.65	23.5	21.71	18.29
21.1	18.77	15.75	23.6	21.85	18.41
21.2	18.88	15.85	23.7	21.98	18.52
21.3	19.00	15.95	23.8	22.11	18.64
21.4	19.11	16.05	23.9	22.24	18.75
21.5	19.23	16.15	24.0	22.38	18.87
21.6	19.35	16.25	24.1	22.51	18.99
21.7	19.47	16.35	24.2	22.65	19.11
21.8	19.59	16.45	24.3	22.79	19.23
21.9	19.71	16.55	24.4	22.92	19.34
22.0	19.83	16.66	24.5	23.06	19.46
22.1	19.95	16.77	24.6	23.20	19.58
22.2	20.07	16.87	24.7	23.34	19.71
22.3	20.20	16.98	24.8	23.48	19.83
22.4	20.32	17.08	24.9	23.62	19.95
22.5	20.44	17.19	25.0	23.76	20.07

续表

气温(℃)	水汽压(mmHg)	含湿量(g/kg 干空气)	气温(℃)	水汽压(mmHg)	含湿量(g/kg 干空气)
25.1	23.90	20.11	27.6	27.70	23.53
25.2	24.04	20.32	27.7	27.86	23.67
25.3	24.19	20.44	27.8	28.02	23.81
25.4	24.33	20.57	27.9	28.18	23.95
25.5	24.47	20.69	28.0	28.34	24.10
25.6	24.62	20.82	28.1	28.51	24.24
25.7	24.77	20.95	28.2	28.68	24.39
25.8	24.91	21.05	28.3	28.85	24.54
25.9	25.06	21.21	28.4	29.02	24.69
26.0	25.21	21.34	28.5	29.18	24.84
26.1	25.36	21.47	28.6	29.36	24.99
26.2	25.51	21.60	28.7	29.53	25.14
26.3	25.66	21.74	28.8	29.70	25.29
26.4	25.81	21.87	28.9	29.87	25.45
26.5	25.96	22.00	29.0	30.04	25.60
26.6	26.12	22.14	29.1	30.22	25.76
26.7	26.27	22.27	29.2	30.40	25.91
26.8	26.43	22.41	29.3	30.58	26.07
26.9	26.58	22.55	29.4	20.75	26.23
27.0	26.74	22.68	29.5	30.93	26.39
27.1	26.90	22.82	29.6	31.11	26.55
27.2	27.06	22.96	29.7	31.29	26.71
27.3	27.22	23.10	29.8	31.48	26.87
27.4	27.38	23.25	29.9	31.66	27.04
27.5	27.45	23.39	30.0	31.84	27.20

续表

气温(℃)	水汽压 (mmHg)	含湿量 (g/kg 干空气)	气温(℃)	水汽压 (mmHg)	含湿量 (g/kg 干空气)
30.1	32.02	27.36	32.6	36.89	31.73
30.2	32.20	27.52	32.7	37.10	31.92
30.3	32.39	27.69	32.8	37.31	32.11
30.4	32.57	27.85	32.9	37.52	32.30
30.5	32.75	28.01	33.0	37.73	32.49
30.6	32.94	28.18	33.1	37.94	32.69
30.7	33.13	28.35	33.2	38.16	32.88
30.8	33.32	28.52	33.3	38.37	33.07
30.9	33.51	28.69	33.4	38.59	33.27
31.0	33.70	28.86	33.5	38.80	33.46
31.1	33.89	29.03	33.6	39.02	33.66
31.2	34.08	29.20	33.7	39.24	33.86
31.3	34.28	29.38	33.8	39.46	34.06
31.4	34.47	29.55	33.9	39.68	34.26
31.5	34.67	29.73	34.0	39.90	34.46
31.6	34.87	29.91	34.1	40.12	34.77
31.7	35.07	30.09	34.2	40.35	34.87
31.8	35.27	30.27	34.3	40.57	35.08
31.9	35.46	30.45	34.4	40.80	35.28
32.0	35.66	30.62	34.5	41.02	35.49
32.1	35.87	30.81	34.6	41.25	35.70
32.2	36.07	30.99	34.7	41.48	35.91
32.3	36.28	31.18	34.8	41.72	36.12
32.4	36.48	31.36	34.9	41.95	36.33
32.5	36.68	31.55	35.0	42.18	36.54

续表

气温(℃)	水汽压（mmHg）	含湿量（g/kg 干空气）	气温(℃)	水汽压（mmHg）	含湿量（g/kg 干空气）
35.1	42.21	36.76	37.6	48.63	42.52
35.2	42.65	36.98	37.7	48.90	42.77
35.3	42.88	37.20	37.8	49.16	43.02
35.4	43.12	37.41	37.9	49.43	43.26
35.5	43.36	37.63	38.0	49.69	43.51
35.6	43.60	37.85	38.1	49.96	43.77
35.7	43.84	38.07	38.2	50.23	44.02
35.8	44.08	38.28	38.3	50.51	44.28
35.9	44.32	38.52	38.4	50.78	44.53
36.0	44.56	38.74	38.5	51.05	44.79
36.1	44.81	38.97	38.6	51.33	45.05
36.2	45.06	39.20	38.7	51.61	45.31
36.3	45.31	39.43	38.8	51.88	45.57
36.4	45.55	39.66	38.9	52.16	45.84
36.5	45.80	39.89	39.0	52.44	46.10
36.6	46.05	40.12	39.1	52.73	46.37
36.7	46.31	40.36	39.2	53.01	46.64
36.8	46.56	40.59	39.3	53.30	46.91
36.9	46.81	40.83	39.4	53.58	47.18
37.0	47.07	41.06	39.5	53.87	47.45
37.1	47.33	41.30	39.6	54.16	47.72
37.2	47.59	41.55	39.7	54.45	48.00
37.3	47.85	41.79	39.8	54.74	48.28
37.4	48.11	42.03	39.9	55.03	48.56
37.5	48.36	42.27	40.0	55.32	48.83

续表

气温(℃)	水汽压（mmHg）	含湿量（g/kg 干空气）	气温(℃)	水汽压（mmHg）	含湿量（g/kg 干空气）
40.1	55.62	49.12	42.6	63.46	56.67
40.2	55.92	49.40	42.7	63.80	57.00
40.3	56.22	49.68	42.8	64.13	57.32
40.4	56.51	49.97	42.9	64.47	57.65
40.5	56.81	50.25	43.0	64.80	57.93
40.6	57.12	50.54	43.1	65.14	58.31
40.7	57.42	50.84	43.2	65.48	58.65
40.8	57.73	51.13	43.3	65.83	58.98
40.9	58.03	51.42	43.4	66.17	59.32
41.0	58.34	51.72	43.5	66.51	59.65
41.1	58.65	52.01	43.6	66.86	60.00
41.2	58.96	52.32	43.7	67.21	60.34
41.3	59.28	52.62	43.8	67.56	60.69
41.4	59.59	52.92	43.9	67.91	61.03
41.5	59.90	53.22	44.0	68.26	61.38
41.6	60.22	53.53	44.1	68.62	61.73
41.7	60.54	53.84	44.2	68.98	62.09
41.8	60.86	54.14	44.3	69.33	62.44
41.9	61.18	54.45	44.4	69.69	62.80
42.0	61.50	54.76	44.5	70.05	63.15
42.1	61.83	55.08	44.6	70.42	63.51
42.2	62.15	55.40	44.7	70.78	63.88
42.3	62.48	55.71	44.8	71.15	64.24
42.4	62.80	56.03	44.9	71.51	64.61
42.5	63.13	56.19	45.0	71.88	64.97

续表

气温(℃)	水汽压(mmHg)	含湿量(g/kg 干空气)	气温(℃)	水汽压(mmHg)	含湿量(g/kg 干空气)
45. 1	72. 29	65. 39	47. 0	80. 13	73. 31
45. 2	72. 71	65. 80			
45. 3	73. 12	66. 21	47. 5	82. 20	75. 43
45. 4	73. 53	66. 62	48. 0	84. 26	77. 56
45. 5	73. 94	67. 04	48. 5	86. 32	79. 70
			49. 0	88. 38	81. 85
45. 6	74. 36	67. 45	49. 5	90. 45	84. 02
45. 7	74. 77	67. 87			
45. 8	75. 18	68. 28	50. 0	92. 51	86. 20
45. 9	75. 59	68. 70	51. 0	97. 20	91. 22
46. 0	76. 01	69. 12	52. 0	102. 1	96. 53
			53. 0	107. 2	102. 14
46. 1	76. 42	69. 53	54. 0	112. 5	108. 07
46. 2	76. 83	69. 95			
46. 3	77. 24	70. 37	55. 0	118. 0	114. 32
46. 4	77. 66	70. 79	56. 0	123. 8	121. 04
46. 5	78. 07	71. 21	57. 0	129. 8	128. 11
			58. 0	136. 1	135. 68
46. 6	78. 48	71. 63	59. 0	142. 6	143. 66
46. 7	78. 89	72. 05			
46. 8	79. 31	72. 47	60. 0	149. 4	152. 19
46. 9	79. 72	72. 89			

附录3 非蛋白呼吸商和氧热价

非蛋白呼吸商	氧化的百分比		氧热价	
	糖	脂肪	kcal/L	kJ/L
0.707	0.00	100.0	4.69	19.62
0.71	1.10	98.9	4.69	19.64
0.72	4.75	95.3	4.70	19.69
0.73	8.40	91.6	4.71	19.74
0.74	12.0	88.0	4.73	19.79
0.75	15.6	84.4	4.74	19.84
0.76	19.2	80.8	4.75	19.89
0.77	22.8	77.2	4.76	19.95
0.78	26.3	73.7	4.77	19.99
0.79	29.0	71.0	4.79	20.05
0.80	33.4	66.6	4.80	20.10
0.81	36.9	63.1	4.81	20.15
0.82	40.3	59.7	4.82	20.20
0.83	43.8	56.2	4.84	20.26
0.84	47.2	52.8	4.85	20.31
0.85	50.7	49.3	4.86	20.36
0.86	54.1	45.9	4.87	20.41
0.87	57.5	42.5	4.89	20.46
0.88	60.8	39.2	4.90	20.51
0.89	64.2	35.8	4.91	20.56
0.90	67.5	32.5	4.92	20.61
0.91	70.8	29.2	4.94	20.67
0.92	74.1	25.9	4.95	20.71
0.93	77.4	22.6	4.96	20.77
0.94	80.7	19.3	4.97	20.82
0.95	84.0	16.0	4.98	20.87
0.96	87.2	12.8	5.00	20.93
0.97	90.4	9.58	5.01	20.98
0.98	93.6	6.37	5.02	21.03
0.99	96.8	3.18	5.03	21.08
1.00	100.0	0.00	5.05	21.13

附录4　不同代谢水平、不同着装和不同气候条件下的预测平均票数PMV

(1)代谢水平为58.15W/m² [50kcal/(m²·h)]

服装(clo)	气温(℃)	风速或相对风速(m/s)								
		<0.10	0.10	0.15	0.20	0.30	0.40	0.50	1.00	1.50
0	26	-1.62	-1.62	-1.96	-2.34					
	27	-1.00	-1.00	-1.36	-1.96					
	28	-0.39	-0.42	-0.76	-1.05					
	29	-1.21	0.13	-0.15	-0.39					
	30	0.80	0.68	-0.45	0.26					
	31	1.39	1.25	1.08	0.94					
	32	1.96	1.83	1.71	1.61					
	33	2.50	2.41	2.34	2.29					
0.25	24	-1.52	-1.52	-1.80	-2.06	-2.47				
	25	-1.05	-1.05	-1.33	-1.57	-1.94	-2.24	-2.48		
	26	-0.58	-0.61	-0.87	-1.08	-1.41	-1.67	-1.89	-2.66	
	27	-0.12	-0.17	-0.40	-0.58	-0.87	-1.10	-1.29	-1.97	-2.41
	28	0.34	0.27	0.07	-0.09	-0.34	0.53	-0.70	-1.28	-1.66
	29	0.80	0.71	0.54	0.41	0.20	0.04	-0.10	-0.58	-0.90
	30	1.25	1.15	1.02	0.91	0.74	0.61	0.50	0.11	-0.14
	31	1.71	1.61	1.51	1.43	1.30	1.20	1.12	0.83	0.63
0.50	23	-1.10	-1.10	-1.33	-1.51	-1.78	-1.99	-2.16		
	24	-0.72	-0.74	-0.95	-1.11	-1.36	-1.55	-1.70	-2.22	
	25	-0.34	-0.38	-0.56	-0.71	-0.94	-1.11	-1.25	-1.71	-1.99
	26	0.04	-0.01	-0.18	-0.31	-0.51	-0.66	-0.79	-1.19	-1.44
	27	0.42	0.35	0.20	0.09	-0.08	-0.22	-0.33	-0.68	-0.90
	28	0.80	0.72	0.59	0.49	0.34	0.23	0.14	-0.17	-0.36
	29	1.17	1.08	0.98	0.90	0.77	0.68	0.60	0.34	0.19
	30	1.54	1.45	1.37	1.30	1.20	1.13	1.06	0.86	0.73
0.75	21	-1.11	-1.11	-1.30	-1.14	-1.66	-1.82	-1.95	-2.36	-2.60

续表

服装(clo)	气温(℃)	风速或相对风速(m/s)								
		<0.10	0.10	0.15	0.20	0.30	0.40	0.50	1.00	1.50
0.75	22	-0.79	-0.81	-0.90	-1.11	-1.31	-1.46	-1.58	-1.95	-2.17
	23	-0.47	-0.50	-0.66	-0.78	-0.96	-1.09	-1.20	-1.55	-1.75
	24	-0.15	-0.19	-0.33	-0.44	-0.61	-0.73	-0.83	-1.14	-1.33
	25	0.17	0.12	-0.01	-0.11	-0.26	-0.37	-0.46	-0.74	-0.90
	26	0.49	0.43	0.31	0.23	0.09	0.00	-0.08	-0.33	-0.48
	27	0.81	0.74	0.64	0.56	0.45	0.36	0.29	0.08	-0.05
	28	1.12	1.05	0.96	0.90	0.80	0.73	0.67	0.48	0.37
1.00	20	-0.85	-0.87	-1.02	-1.13	-1.29	-1.41	-1.51	-1.81	-1.98
	21	-0.57	-0.60	-0.74	-0.84	-0.99	-1.11	-1.19	-1.47	1.63
	22	-0.30	-0.33	-0.46	-0.55	-0.69	-0.80	-0.88	-1.13	-1.28
	23	-0.02	0.07	-0.18	-0.27	-0.39	-0.49	-0.56	-0.79	-0.93
	24	0.26	0.20	0.10	0.02	-0.09	-0.18	-0.25	-0.46	-0.58
	25	0.53	0.48	0.38	0.31	0.21	0.13	0.07	-0.12	-0.23
	26	0.81	0.75	0.66	0.60	0.51	0.44	0.39	0.22	0.13
	27	1.08	1.02	0.95	0.89	0.81	0.75	0.71	0.56	0.48
1.25	16	-1.37	-1.37	-1.51	-1.62	-1.78	-1.89	-1.98	-2.26	-2.41
	18	-0.89	-0.91	-1.04	-1.14	-1.28	-1.38	-1.46	-1.70	-1.84
	20	-0.42	-0.46	-0.57	-0.65	-0.77	-0.86	-0.93	-1.14	-1.26
	22	0.07	0.02	-0.07	-0.14	-0.25	-0.32	-0.38	-0.56	-0.66
	24	0.56	0.50	0.43	0.37	0.28	0.22	0.17	0.02	-0.06
	26	1.04	0.99	0.93	0.88	0.81	0.76	0.72	0.61	0.54
	28	1.53	1.48	1.43	1.40	1.34	1.31	1.28	1.19	1.14
	30	2.01	1.97	1.93	1.91	1.88	1.85	1.83	1.77	1.74
1.50	14	-1.36	-1.36	-1.49	-1.58	-1.72	-1.82	-1.89	-2.12	-2.25
	16	-0.94	-0.95	-1.07	-1.15	-1.27	-1.36	-1.43	-1.63	-1.75
	18	-0.52	-0.54	-0.64	-0.72	-0.82	-0.90	-0.96	-1.14	-1.24
	20	-0.09	-0.13	-0.22	-0.28	-0.37	-0.44	-0.49	-0.65	-0.74
	22	0.35	0.30	0.23	0.18	0.10	0.04	0.00	-0.14	-0.21
	24	0.79	0.74	0.68	0.63	0.57	0.52	0.49	0.37	0.31
	26	1.23	1.18	1.13	1.09	1.04	1.01	0.98	0.98	0.84
	28	1.67	1.62	1.58	1.56	1.52	1.49	1.47	1.40	1.37

(2)代谢水平为69.78W/m^2[60kcal/(m^2·h)]

服装(clo)	气温(℃)	风速或相对风速(m/s)								
		<0.10	0.10	0.15	0.20	0.30	0.40	0.50	1.00	1.50
0	25	-1.33	-1.33	-1.59	-1.82					
	26	-0.83	-0.83	-1.11	-1.40					
	27	-0.33	-0.33	-0.63	-0.88					
	28	0.15	0.12	-0.14	-0.36					
	29	0.63	0.56	0.35	0.17					
	30	1.10	1.01	0.84	0.69					
	31	1.57	1.47	1.34	1.24					
	32	2.03	1.93	1.85	1.78					
0.25	23	-1.18	-1.18	-1.39	-1.61	-1.97	-2.25			
	24	-0.79	-0.79	-1.02	-1.22	-1.54	-1.80	-2.01		
	25	-0.42	-0.42	-0.64	-0.83	-1.11	-1.34	-1.54	-2.21	
	26	-0.04	-0.07	-0.27	-0.43	-0.68	-0.89	-1.06	-1.65	-2.04
	27	0.33	0.29	0.11	-0.03	-0.25	-0.43	-0.58	-1.09	-1.43
	28	0.71	0.64	0.49	0.37	0.18	0.03	-0.10	-0.54	-0.82
	29	1.07	0.99	0.87	0.77	0.61	0.49	0.39	0.02	-0.22
	30	1.43	1.35	1.25	1.17	1.05	0.95	0.87	0.58	0.39
0.50	18	-2.01	-2.01	-2.17	-2.38	-2.70				
	20	-1.41	-1.41	-1.58	-1.76	-2.04	-2.25	-2.42		
	22	-0.79	-0.79	-0.97	-1.13	-1.36	-1.54	-1.69	-2.17	-2.46
	24	-0.17	-0.20	-0.36	-0.48	-0.68	-0.83	-0.95	-1.35	-1.59
	26	0.44	0.39	0.26	0.16	0.01	-0.11	-0.21	-0.52	-0.71
	28	1.05	0.98	0.88	0.81	0.70	0.61	0.54	0.31	0.16
	30	1.64	1.57	1.51	1.46	1.39	1.33	1.29	1.14	1.04
	32	2.25	2.20	2.17	2.15	2.11	2.09	2.07	1.99	1.95
0.75	16	-1.17	-1.77	-1.91	-2.07	-2.31	-2.49			
	18	-1.27	-1.27	-1.42	-1.56	-1.77	-1.93	-2.05	-2.45	
	20	-0.77	-0.77	-0.92	-1.04	-1.23	-1.36	-1.47	-1.82	-2.02
	22	-0.25	0.27	-0.40	-0.51	-0.66	-0.78	-0.87	-1.17	-1.34
	24	0.27	0.23	0.12	0.03	-0.10	-0.19	-0.27	-0.51	-0.65
	26	0.78	0.73	0.64	0.57	0.47	0.40	0.34	0.14	0.03

续表

服装(clo)	气温(℃)	风速或相对风速(m/s)								
		<0.10	0.10	0.15	0.20	0.30	0.40	0.50	1.00	1.50
0.75	28	1.29	1.23	-1.17	1.12	1.04	0.99	0.94	0.80	0.72
	30	1.80	1.74	1.70	1.67	1.62	1.58	1.55	1.46	1.41
1.00	16	-1.18	-1.18	-1.31	-1.43	-1.97	-1.59	-1.72	-1.82	-2.29
	18	-0.75	-0.75	-0.88	-0.98	-1.54	-1.13	-1.24	-1.33	-1.75
	20	-0.32	-0.33	-0.45	-0.54	-1.11	-0.67	-0.76	-0.83	-1.20
	22	0.13	0.10	0.00	-0.07	-0.68	-0.18	-0.26	-0.32	-0.64
	24	0.58	0.54	0.46	0.04	-0.25	0.31	0.24	0.19	-0.07
	26	1.03	0.98	0.91	0.86	0.18	0.79	0.74	0.70	0.50
	28	1.47	1.42	1.37	0.77	1.34	1.28	1.24	1.21	1.06
	30	1.91	1.86	1.83	1.17	1.81	1.78	1.75	1.73	1.63
1.25	14	-1.12	-1.12	-1.24	-1.34	-1.48	-1.58	-1.66	-1.90	-2.04
	16	-0.74	-0.75	-0.86	-0.95	-1.07	-1.16	-1.23	-1.45	-1.57
	18	-0.36	-0.38	-0.48	-0.55	-0.66	-0.74	-0.81	-1.00	-1.11
	20	0.02	-0.01	-0.10	-0.16	-0.26	-0.33	-0.38	-0.55	-0.64
	22	0.42	0.38	0.31	0.25	0.17	0.11	0.07	-0.08	-0.16
	24	1.21	0.77	0.71	0.66	0.60	0.55	0.51	0.39	0.33
	26	1.21	1.16	1.11	1.08	1.03	0.99	0.96	0.87	0.82
	28	1.60	1.56	1.52	1.50	1.46	1.43	1.41	1.34	1.30
1.50	12	-1.09	-1.09	-1.19	-1.27	-1.39	-1.48	-1.55	-1.75	-1.86
	14	-0.75	-0.75	-0.85	-0.93	-1.03	-1.11	-1.17	-1.35	-1.45
	16	-0.41	-0.42	-0.51	-0.58	-0.67	-0.74	-0.79	-0.96	-1.05
	18	-0.06	-0.09	-0.17	-0.22	-0.31	-0.37	-0.42	-0.56	-0.64
	20	0.28	0.25	0.18	0.13	0.05	0.00	-0.04	-0.16	-0.23
	22	0.63	0.60	0.54	0.50	0.44	0.39	0.36	0.25	0.19
	24	0.99	0.95	0.91	0.87	0.82	0.78	0.76	0.67	0.62
	26	1.35	1.31	1.27	1.24	1.20	1.18	1.15	1.08	1.05

(3)代谢水平为81.41W/m² [70kcal/(m²·h)]

服装(clo)	气温(℃)	风速或相对风速(m/s)								
		<0.10	0.10	0.15	0.20	0.30	0.40	0.50	1.00	1.50
0	24	-1.14	-1.14	-1.35	-1.65					
	25	-0.72	-0.72	-0.95	-1.21					
	26	-0.30	-0.30	-0.54	-0.78					
	27	0.11	0.11	-0.14	-0.34					
	28	0.52	0.48	0.27	0.10					
	29	0.92	0.85	0.69	0.54					
	30	1.31	1.23	1.10	0.99					
	31	1.71	1.62	1.52	1.45					
0.25	22	-0.95	-0.95	-1.12	-1.33	-1.64	-1.90	-2.11		
	23	-0.63	-0.63	-0.81	-0.99	-1.28	-1.51	-1.71	-2.38	
	24	-0.31	-0.31	-0.50	-0.66	-0.92	-1.13	-1.31	-1.91	-2.31
	25	0.01	0.00	-0.18	-0.33	-0.56	-0.75	-0.90	-1.45	-1.80
	26	0.33	0.30	0.14	0.01	-0.20	-0.36	-0.50	-0.98	-1.29
	27	0.64	0.59	0.45	0.34	0.16	0.02	-0.10	-0.51	-0.78
	28	0.95	0.89	0.77	0.68	0.53	0.41	0.31	-0.04	-0.27
	29	1.26	1.19	1.09	1.02	0.89	0.80	0.72	0.43	0.24
0.50	18	-1.36	-1.36	-1.49	-1.66	-1.93	-2.12	-2.29		
	20	-0.85	-0.85	-1.00	-1.14	-1.37	-1.54	-1.68	-2.15	-2.43
	22	-0.33	-0.33	-0.48	-0.61	-0.80	-0.95	-1.06	-1.46	-1.70
	24	0.19	0.17	0.04	-0.07	-0.22	-0.34	-0.44	-0.76	-0.96
	26	0.71	0.66	0.56	0.48	0.35	0.26	0.18	-0.07	-0.23
	28	1.22	1.16	1.09	1.03	0.94	0.87	0.81	0.63	0.51
	30	1.72	1.66	1.62	1.58	1.52	1.48	1.44	1.33	1.25
	32	2.23	2.19	2.17	2.16	2.13	2.11	2.10	2.05	2.02
0.75	16	-1.17	-1.17	-1.29	-1.42	-1.62	-1.77	-1.88	-2.26	-2.48
	18	-0.75	-0.75	-0.87	-0.99	-1.16	-1.29	-1.39	-1.72	-1.92
	20	-0.33	-0.33	-0.45	-0.55	-0.70	-0.82	-0.91	-1.19	-1.36
	22	0.11	0.09	-0.02	-0.10	-0.23	-0.32	-0.40	-0.64	-0.78
	24	0.55	0.51	0.42	0.35	0.25	0.17	0.11	-0.09	-0.20
	26	0.98	0.94	0.87	0.81	0.73	0.67	0.62	0.47	0.37

续表

服装(clo)	气温(℃)	风速或相对风速(m/s)								
		<0.10	0.10	0.15	0.20	0.30	0.40	0.50	1.00	1.50
0.75	28	1.41	1.36	1.31	1.27	1.21	1.17	1.13	1.02	0.95
	30	1.84	1.79	1.76	1.73	1.70	1.67	1.65	1.58	1.53
1.00	14	-1.05	-1.05	-1.16	-1.26	-1.42	-1.53	-1.62	-1.91	-2.07
	16	-0.69	-0.69	-0.80	-0.89	-1.03	-1.13	-1.21	-1.46	-1.61
	18	-0.32	-0.32	-0.43	-0.52	-0.64	-0.73	-0.80	-1.02	-1.15
	20	0.04	0.03	-0.07	-0.14	-0.25	-0.32	-0.38	-0.58	-0.69
	22	0.42	0.39	0.31	0.25	0.16	0.10	0.05	-0.12	-0.21
	24	0.80	0.76	0.70	0.65	0.57	0.52	0.48	0.35	0.27
	26	1.18	1.13	1.08	1.04	0.99	0.95	0.91	0.81	0.75
	28	1.55	1.51	1.47	1.44	1.40	1.37	1.35	1.27	1.23
1.25	12	-0.97	-0.97	-1.06	-1.15	-1.28	-1.37	-1.45	-1.67	-1.80
	14	-0.65	-0.65	-0.75	-0.82	-0.94	-1.02	-1.09	-1.29	-1.40
	16	-0.33	-0.33	-0.43	-0.50	-0.60	-0.67	-0.73	-0.91	-1.01
	18	-0.01	-0.02	-0.10	-0.17	-0.26	-0.32	-0.37	-0.53	-0.62
	20	0.32	0.29	0.22	0.17	0.09	0.03	-0.01	-0.15	-0.22
	22	0.65	0.62	0.56	0.52	0.45	0.40	0.36	0.25	0.18
	24	0.99	0.95	0.90	0.87	0.81	0.77	0.74	0.65	0.59
	26	1.32	1.28	1.25	1.22	1.18	1.14	1.12	1.05	1.00
1.50	10	-0.91	-0.91	-1.00	-1.08	-1.18	-1.26	-1.32	-1.51	-1.61
	12	-0.63	-0.63	-0.71	-0.78	-0.88	-0.95	-1.01	-1.17	-1.27
	14	-0.34	-0.34	-0.43	-0.49	-0.58	-0.64	-0.69	-0.84	-0.92
	16	-0.05	-0.06	-0.14	-0.19	-0.27	-0.33	-0.37	-0.50	-0.58
	18	0.24	0.22	0.15	0.11	0.04	-0.01	-0.05	-0.17	-0.23
	20	0.53	0.50	0.45	0.40	0.34	0.30	0.27	0.17	0.11
	22	0.83	0.80	0.75	0.72	0.67	0.63	0.60	0.52	0.47
	24	1.13	1.10	1.06	1.03	0.99	0.96	0.94	0.87	0.83

(4)代谢水平为93.04W/m² [80kcal/(m²·h)]

服装(clo)	气温(℃)	风速或相对风速(m/s)								
		<0.10	0.10	0.15	0.20	0.30	0.40	0.50	1.00	1.50
0	23	-1.12	-1.12	-1.29	-1.57					
	24	-0.74	-0.74	-0.93	-1.18					
	25	-0.36	-0.36	-0.57	-0.79					
	26	0.01	0.01	-0.20	-0.40					
	27	0.38	0.37	0.17	0.00					
	28	0.75	0.70	0.53	0.39					
	29	1.11	1.04	0.90	0.79					
	30	1.46	1.38	1.27	1.19					
0.25	16	-2.29	-2.29	-2.36	-2.62					
	18	-1.72	-1.72	-1.83	-2.06	-2.42				
	20	-1.15	-1.15	-1.29	-1.49	-1.80	-2.05	-2.26		
	22	-0.58	-0.58	-0.73	-0.90	-1.17	-1.38	-1.55	-2.17	-2.58
	24	-0.01	-0.01	-0.17	-0.31	-0.53	-0.70	-0.84	-1.35	-1.68
	26	0.56	0.53	0.39	0.29	0.12	-0.02	-0.13	-0.52	-0.78
	28	1.12	1.06	0.96	0.89	0.77	0.67	0.59	0.31	0.21
	30	1.66	1.60	1.54	1.49	1.42	1.36	1.31	1.14	1.02
0.50	14	-1.85	-1.85	-1.94	-2.12	-2.40				
	16	-1.40	-1.40	-1.50	-1.67	-1.92	-2.11	-2.26		
	18	-0.95	-0.95	-1.07	-1.21	-1.43	-1.59	-1.73	-2.18	-2.46
	20	-0.49	-0.49	-0.62	-0.75	-0.94	-1.08	-1.20	-1.59	-1.82
	22	-0.03	-0.03	-0.16	-0.27	-0.43	-0.55	-0.65	-0.98	-1.18
	24	0.43	0.41	0.30	0.21	0.08	-0.02	-0.10	-0.37	-0.53
	26	0.89	0.85	0.76	0.70	0.60	0.52	0.46	0.25	0.12
	28	1.34	1.29	1.23	1.18	1.11	1.06	1.01	0.86	0.77
0.75	14	-1.16	-1.16	-1.26	-1.38	-1.57	-1.71	-1.82	-2.17	-2.38
	16	-0.79	-0.79	-0.89	-1.00	-1.17	-1.29	-1.39	-1.70	-1.88
	18	-0.41	-0.41	-0.52	-0.62	-0.76	-0.87	-0.96	-1.23	-1.39
	20	-0.04	-0.04	-0.15	-0.23	-0.36	-0.45	-0.52	-0.76	-0.90
	22	0.35	0.33	0.24	0.17	0.07	-0.01	-0.07	-0.27	-0.39
	24	0.74	0.71	0.63	0.58	0.49	0.43	0.38	0.21	0.12

续表

服装(clo)	气温(℃)	风速或相对风速(m/s)								
		<0.10	0.10	0.15	0.20	0.30	0.40	0.50	1.00	1.50
0.75	26	1.12	1.08	1.03	0.98	0.92	0.87	0.83	0.70	0.62
	28	1.51	1.46	1.42	1.39	1.34	1.31	1.28	1.19	1.14
1.00	12	-1.01	-1.01	-1.10	-1.19	-1.34	-1.45	-1.53	-1.79	-1.94
	14	-0.68	-0.68	-0.78	-0.87	-1.00	-1.09	-1.17	-1.40	-1.54
	16	-0.36	-0.36	-0.46	-0.53	-0.65	-0.74	-0.80	-1.01	-1.13
	18	-0.04	-0.04	-0.13	-0.20	-0.30	-0.38	-0.44	-0.62	-0.73
	20	0.28	0.27	0.19	0.13	0.04	-0.02	-0.07	-0.23	-0.32
	22	0.62	0.59	0.53	0.48	0.41	0.35	0.31	0.17	0.10
	24	0.96	0.92	0.87	0.83	0.77	0.73	0.69	0.58	0.52
	26	1.29	1.25	1.21	1.18	1.14	1.10	1.07	0.99	0.94
1.25	10	-0.90	-0.90	-0.98	-1.06	-1.18	-1.27	-1.33	-1.54	-1.66
	12	-0.62	-0.62	-0.70	-0.77	-0.88	-0.96	-1.02	-1.21	-1.31
	14	-0.33	-0.33	-0.42	-0.48	-0.58	-0.65	-0.70	-0.87	-0.97
	16	-0.05	-0.05	-0.13	-0.19	-0.28	-0.34	-0.39	-0.54	-0.62
	18	0.24	0.22	0.15	0.10	0.03	-0.03	-0.07	-0.20	-0.28
	20	0.52	0.50	0.44	0.40	0.33	0.29	0.25	0.14	0.07
	22	0.82	0.79	0.74	0.71	0.65	0.61	0.58	0.49	0.43
	24	1.12	1.09	1.05	1.02	0.97	0.94	0.92	0.84	0.79
1.50	8	-0.82	-0.82	-0.89	-0.96	-1.06	-1.13	-1.19	-1.36	-1.45
	10	-0.57	-0.57	-0.65	-0.71	-0.80	-0.86	-0.92	-1.07	-1.16
	12	-0.32	-0.32	-0.39	-0.45	-0.53	-0.59	-0.64	-0.78	-0.85
	14	-0.06	-0.07	-0.14	-0.19	-0.26	-1.31	-0.36	-0.48	-0.55
	16	0.19	0.18	0.12	0.07	0.01	-0.04	-0.07	-0.19	-0.25
	18	0.45	0.43	0.38	0.34	0.28	0.24	0.21	0.11	0.05
	20	0.71	0.68	0.64	0.60	0.55	0.52	0.49	0.41	0.36
	22	0.97	0.95	0.91	0.88	0.84	0.81	0.79	0.72	0.68

(5)104.67W/m² [90kcal/(m²·h)]

服装(clo)	气温(℃)	风速或相对风速(m/s)								
		<0.10	0.10	0.15	0.20	0.30	0.40	0.50	1.00	1.50
0	22	-1.05	-1.05	-1.19	-1.46					
	23	-0.70	-0.70	-0.86	-1.11					
	24	-0.36	-0.36	-0.53	-0.75					
	25	-0.01	-0.01	-0.20	-0.40					
	26	0.32	0.32	0.13	-0.04					
	27	0.66	0.63	0.46	0.32					
	28	0.99	0.94	0.80	0.68					
	29	1.31	1.25	1.13	1.04					
0.25	16	-1.79	-1.79	-1.86	-2.09	-2.46				
	18	-1.28	-1.28	-1.38	-1.58	-1.90	-2.16	-2.37		
	20	-0.76	-0.76	-0.89	-1.06	-1.34	-1.56	-1.75	-2.39	-2.82
	22	-0.24	-0.24	-0.38	-0.53	-0.76	-0.95	-1.10	-1.65	-2.01
	24	0.28	0.28	0.13	0.01	-0.18	-0.33	-0.46	-0.90	-1.19
	26	0.79	0.76	0.64	0.55	0.40	0.29	0.19	-0.15	-0.38
	28	1.29	1.24	1.16	1.10	0.99	0.91	0.84	0.60	0.44
	30	1.79	1.73	1.68	1.65	1.59	1.54	1.50	1.36	1.27
0.50	14	-1.42	-1.42	-1.50	-1.66	-1.91	-2.10	-2.25		
	16	-1.01	-1.01	-1.10	-1.25	-1.47	-1.64	-1.77	-2.23	-2.51
	18	-0.59	-0.59	-0.70	-0.83	-1.02	-1.17	-1.29	-1.69	-1.94
	20	-0.18	-0.18	-0.30	-0.41	-0.58	-0.71	-0.81	-1.15	-1.36
	22	0.24	0.23	0.12	0.02	-0.12	-0.22	-0.31	-0.60	-0.78
	24	0.66	0.63	0.54	0.46	0.35	0.26	0.19	-0.04	-0.19
	26	1.07	1.03	0.96	0.90	0.82	0.75	0.69	0.51	0.40
	28	1.48	1.44	1.39	1.35	1.29	1.24	1.20	1.07	1.00
0.75	12	-1.15	-1.15	-1.23	-1.35	-1.53	-1.67	-1.78	-2.13	-2.33
	14	-0.81	-0.81	-0.89	-1.00	-1.17	-1.29	-1.39	-1.70	-1.89
	16	-0.46	-0.46	-0.56	-0.66	-0.80	-1.91	-1.00	-1.28	-1.44
	18	-0.12	-0.12	-0.22	-0.31	-0.43	-0.53	-0.61	-0.85	-0.99
	20	0.22	0.21	0.12	0.04	0.07	-0.15	-0.21	-0.42	-0.55
	22	0.57	0.55	0.47	0.41	0.32	0.25	0.20	0.02	-0.09

续表

服装(clo)	气温(℃)	风速或相对风速(m/s)								
		<0.10	0.10	0.15	0.20	0.30	0.40	0.50	1.00	1.50
0.75	24	0.92	0.89	0.83	0.78	0.71	0.65	0.60	0.46	0.38
	26	1.28	1.24	1.19	1.15	1.09	1.05	1.02	0.91	0.84
1.00	10	−0.97	−0.97	−1.04	−1.14	−1.28	−1.39	−1.47	−1.73	−1.88
	12	−0.68	−0.68	−0.76	−0.84	−0.97	−1.07	−1.14	−1.38	−1.51
	14	−0.38	−0.38	−0.46	−0.54	−0.66	−0.74	−0.81	−1.02	−1.14
	16	−0.09	−0.09	−0.17	−0.24	−0.35	−0.42	−0.48	−0.67	−0.78
	18	0.21	0.20	0.12	0.06	−0.03	−0.10	−0.15	−0.31	−0.41
	20	0.50	0.48	0.42	0.36	0.29	0.23	0.18	0.04	−0.04
	22	0.81	0.78	0.73	0.68	0.62	0.57	0.53	0.41	0.35
	24	1.11	1.08	1.04	1.00	0.95	0.91	0.88	0.78	0.73
1.25	8	−0.84	−0.84	−0.91	−0.99	−1.10	−1.19	−1.25	−1.46	−1.57
	10	−0.59	−0.59	−0.66	−0.73	−0.84	−0.91	−0.97	−1.16	−1.26
	12	−0.33	−0.33	−0.40	−0.47	−0.56	−0.63	−0.69	−0.86	−0.95
	14	−0.07	−0.07	−0.14	−0.20	−0.29	−0.35	−0.40	−0.55	−0.63
	16	0.19	0.18	0.12	0.06	−0.01	−0.07	−0.11	−0.24	−0.32
	18	0.45	0.44	0.38	0.33	0.26	0.22	0.18	0.06	0.00
	20	0.71	0.69	0.64	0.60	0.54	0.50	0.47	0.37	0.31
	22	0.98	0.96	0.91	0.88	0.83	0.80	0.77	0.69	0.64
1.50	−2	−1.63	−1.63	−1.68	−1.77	−1.90	−2.00	−2.07	−2.29	−2.41
	2	−1.19	−1.19	−1.25	−1.33	−1.44	−1.52	−1.58	−1.78	−1.88
	6	−0.74	−0.74	−0.80	−0.87	−0.97	−1.04	−1.09	−1.26	−1.35
	10	−0.29	−0.29	−0.36	−0.42	−0.50	−0.56	−0.60	−0.74	−0.82
	14	0.17	0.17	0.11	0.06	−0.01	−0.05	−0.09	−0.20	−0.26
	18	0.64	0.62	0.57	0.54	0.49	0.45	0.42	0.34	0.29
	22	1.12	1.09	1.06	1.03	1.00	0.97	0.95	0.89	0.85
	26	1.61	1.58	1.56	1.55	1.52	1.51	1.50	1.46	1.44

(6)代谢水平为116.30W/m² [100kcal/(m²·h)]

服装(clo)	气温(℃)	风速或相对风速(m/s)								
		<0.10	0.10	0.15	0.20	0.30	0.40	0.50	1.00	1.50
0	18		-2.00	-2.02	-2.35					
	20		-1.35	-1.43	-1.72					
	22		-0.69	-0.82	-1.06					
	24		-0.04	-0.21	-0.41					
	26		0.59	0.41	0.26					
	28		1.16	1.03	0.93					
	30		1.73	1.66	1.60					
	32		2.33	2.32	2.31					
0.25	16		-1.41	-1.48	-1.69	-2.02	-2.29	-2.51		
	18		-0.93	-1.03	-1.21	-1.50	-1.74	-1.93	-2.61	
	20		-0.45	-0.57	-0.73	-0.98	-1.18	-1.35	-1.93	-2.32
	22		0.04	-0.09	-0.23	-0.44	-0.61	-0.75	-1.24	-1.56
	24		0.52	0.38	0.28	0.10	-0.03	-0.14	-0.54	-0.80
	26		0.97	0.86	0.78	0.65	0.55	0.46	0.16	-0.04
	28		1.42	1.35	1.29	1.20	1.13	1.07	0.86	0.72
	30		1.88	1.84	1.81	1.76	1.72	1.68	1.57	1.49
0.50	14		-1.08	-1.16	-1.31	-1.53	-1.71	-1.85	-2.32	
	16		-0.69	-0.79	-0.92	-1.12	-1.27	-1.40	-1.82	-2.07
	18		-0.31	-0.41	-0.53	-0.70	-0.84	-0.95	-1.31	-1.54
	20		0.07	-0.04	-0.14	-0.29	-0.40	-0.50	-0.81	-1.00
	22		0.46	0.35	0.27	0.15	0.05	-0.03	-0.29	-0.45
	24		0.83	0.75	0.68	0.58	0.50	0.44	0.23	0.10
	26		1.21	1.15	1.10	1.02	0.96	0.91	0.75	0.65
	28		1.59	1.55	1.51	1.46	1.42	1.38	1.27	1.21
0.75	10		-1.16	-1.23	-1.35	-1.54	-1.67	-1.78	-2.14	-2.34
	12		-0.84	-0.92	-1.03	-1.20	-1.32	-1.42	-1.74	-1.93
	14		-0.52	-0.60	-0.70	-0.85	-0.97	-1.06	-1.34	-1.51
	16		-0.20	-0.29	-0.38	-0.51	-0.61	-0.69	-0.95	-1.10
	18		0.12	0.03	-0.05	-0.17	-0.26	-0.32	-0.55	-0.68
	20		0.43	0.34	0.28	0.18	0.10	0.04	-0.15	-0.26

续表

服装(clo)	气温(℃)	风速或相对风速(m/s)								
		<0.10	0.10	0.15	0.20	0.30	0.40	0.50	1.00	1.50
0.75	22		0.75	0.68	0.62	0.54	0.48	0.43	0.27	0.17
	24		1.07	1.01	0.97	0.90	0.85	0.81	0.68	0.61
1.00	8		-0.95	-1.02	-1.11	-1.26	-1.36	-1.45	-1.71	-1.86
	10		-0.68	-0.75	-0.84	-0.97	-1.07	-1.15	-1.38	-1.52
	12		-0.41	-0.48	-0.56	-0.68	-0.77	-0.84	-1.05	-1.18
	14		-0.13	-0.21	-0.28	-0.39	-0.47	-0.53	-0.72	-0.83
	16		0.14	0.06	0.00	-0.10	-0.16	-0.22	-0.39	-0.49
	18		0.41	0.34	0.28	0.20	0.14	0.09	-0.06	-0.14
	20		0.68	0.61	0.57	0.50	0.44	0.40	0.28	0.20
	22		0.96	0.91	0.87	0.81	0.76	0.73	0.62	0.56
1.25	-2		-1.74	-1.77	-1.88	-2.04	-2.15	-2.24	-2.51	-2.66
	2		-1.27	-1.32	-1.42	-1.55	-1.65	-1.73	-1.97	-2.10
	6		-0.80	-0.86	-0.94	-1.06	-1.14	-1.21	-1.41	-1.53
	10		-0.33	-0.40	-0.47	-0.56	-0.64	-0.69	-0.86	-0.96
	14		0.15	0.08	0.03	-0.05	-0.11	-0.15	-0.29	-0.37
	18		0.63	0.57	0.53	0.47	0.42	0.39	0.28	0.22
	22		1.11	1.08	1.05	1.00	0.97	0.95	0.87	0.83
	26		1.62	1.60	1.58	1.55	1.53	1.52	1.47	1.45
1.50	-4		-1.52	-1.56	-1.65	-1.78	-1.87	-1.95	-2.16	-2.28
	0		-1.11	-1.16	-1.24	-1.35	-1.44	-1.50	-1.69	-1.79
	4		-0.69	-0.75	-0.82	-0.92	-0.99	-1.04	-1.20	-1.29
	8		-0.27	-0.33	-0.39	-0.47	-0.53	-0.58	-0.72	-0.79
	12		0.15	0.09	0.05	-0.02	-0.07	-0.11	-0.22	-0.29
	16		0.58	0.53	0.49	0.44	0.40	0.37	0.28	0.23
	20		1.01	0.97	0.94	0.91	0.88	0.85	0.79	0.75
	24		1.47	1.44	1.43	1.40	1.38	1.36	1.32	1.29

(7)代谢水平为 139. 56W /m^2 [120kcal /(m^2 · h)]

服装(clo)	气温(℃)	风速或相对风速(m/s)								
		<0. 10	0. 10	0. 15	0. 20	0. 30	0. 40	0. 50	1. 00	1. 50
0	16			-1. 88	-2. 22					
	18			-1. 34	-1. 63					
	20			-0. 79	-1. 05					
	22			-0. 23	-0. 44					
	24			0. 34	0. 17					
	26			0. 91	0. 78					
	28			1. 49	1. 40					
	30			2. 07	2. 03					
0. 25	14			-1. 31	-1. 52	-1. 85	-2. 12	-2. 34		
	16			-0. 89	-1. 08	-1. 37	-1. 61	-1. 81	-2. 49	
	18			-0. 47	-0. 63	-0. 89	-1. 10	-1. 27	-1. 87	-2. 26
	20			-0. 05	-0. 19	-0. 41	-0. 58	-0. 73	-1. 24	-1. 58
	22			0. 39	0. 28	0. 09	-0. 05	-0. 17	-0. 60	-0. 88
	24			0. 84	0. 74	0. 60	0. 48	0. 39	0. 05	-0. 17
	26			1. 28	1. 22	1. 11	1. 02	0. 95	0. 70	0. 53
	28			1. 73	1. 69	1. 62	1. 56	1. 51	1. 35	1. 24
0. 50	12			-0. 97	-1. 11	-1. 34	-1. 51	-1. 65	-2. 12	-2. 40
	14			-0. 62	-0. 76	-0. 96	-1. 11	-1. 24	-1. 65	-1. 91
	16			-0. 28	-0. 40	-0. 58	-0. 71	-0. 82	-1. 19	-1. 42
	18			0. 07	-0. 03	-0. 19	-0. 31	-0. 41	-0. 73	-0. 92
	20			0. 42	0. 33	0. 20	0. 10	0. 01	-0. 26	-0. 43
	22			0. 78	0. 71	0. 60	0. 52	0. 45	0. 22	0. 08
	24			1. 15	1. 09	1. 00	0. 94	0. 88	0. 07	0. 58
	26			1. 52	1. 47	1. 41	1. 36	1. 32	1. 19	1. 11
0. 75	10			-0. 71	-0. 82	-0. 99	-1. 11	-1. 21	-1. 53	-1. 71
	12			-0. 42	-0. 52	-0. 67	-0. 79	-0. 88	-1. 16	-1. 33
	14			-0. 13	-0. 22	-0. 36	-0. 46	-0. 54	-0. 79	-0. 94
	16			0. 16	0. 08	-0. 04	-0. 13	-0. 20	-0. 42	-0. 56
	18			0. 45	0. 38	0. 28	0. 20	0. 14	-0. 05	-0. 17
	20			0. 75	0. 69	0. 60	0. 54	0. 49	0. 32	0. 22

续表

服装(clo)	气温(℃)	风速或相对风速(m/s)								
		<0.10	0.10	0.15	0.20	0.30	0.40	0.50	1.00	1.50
0.75	22			1.06	1.01	0.94	0.88	0.84	0.70	0.62
	24			1.37	1.33	1.27	1.23	1.20	1.09	1.02
1.00	6			-0.78	-0.87	-1.01	-1.12	-1.20	-1.45	-1.60
	8			-0.54	-0.62	-0.75	-0.85	-0.92	-1.15	-1.29
	10			-0.29	-0.37	-0.49	-0.57	-0.64	-0.86	-0.98
	12			-0.04	-0.11	-0.22	-0.29	-0.36	-0.55	-0.66
	14			0.21	0.15	0.06	-0.01	-0.07	-0.24	-0.34
	16			0.47	0.41	0.33	0.27	0.22	0.07	-0.02
	18			0.73	0.68	0.60	0.55	0.51	0.38	0.30
	20			0.98	0.94	0.88	0.84	0.80	0.69	0.62
1.25	-4			-1.46	-1.56	-1.72	-1.83	-1.91	-2.17	-2.32
	0			-1.05	-1.14	-1.27	-1.37	-1.44	-1.67	-1.80
	4			-0.62	-0.70	-0.81	-0.90	-0.96	-1.16	-1.27
	8			-0.19	-0.26	-0.35	-0.42	-0.48	-0.64	-0.74
	12			0.25	0.20	0.12	0.06	0.02	-0.12	-0.20
	16			0.70	0.66	0.60	0.55	0.52	0.41	0.35
	20			1.16	1.13	1.08	1.05	1.02	0.94	0.90
	24			1.65	1.63	1.60	1.57	1.56	1.51	1.48
1.50	-8			-1.44	-1.53	-1.67	-1.76	-1.83	-2.05	-2.17
	-4			-1.07	-1.15	-1.27	-1.35	-1.42	-1.61	-1.72
	0			-0.70	-0.77	-0.87	-0.94	-1.00	-1.17	-1.27
	4			-0.31	-0.37	-0.46	-0.53	-0.57	-0.72	-0.80
	8			0.07	0.02	-0.05	-0.10	-0.14	-0.27	-0.34
	12			0.47	0.43	0.37	0.33	0.29	0.19	0.14
	16			0.88	0.85	0.80	0.77	0.74	0.66	0.62
	20			1.29	1.27	1.24	1.21	1.19	1.13	1.10

(8)代谢水平为174.45W/m² [150kcal/(m²·h)]

服装(clo)	气温(℃)	风速或相对风速(m/s)								
		<0.10	0.10	0.15	0.20	0.30	0.40	0.50	1.00	1.50
0	14				-1.92	-2.49				
	16				-1.38	-1.87				
	18				-0.80	-1.24				
	20				-0.24	-0.61				
	22				0.34	0.04				
	24				0.93	0.70				
	26				1.52	1.36				
	28				2.12	2.02				
0.25	12				-1.19	-1.53	-1.80	-2.02		
	14				-0.77	-1.07	-1.31	-1.51	-2.21	
	16				-0.35	-0.61	-0.82	-1.00	-1.61	-2.02
	18				0.08	-0.15	-0.33	-0.48	-1.01	-1.36
	20				0.51	0.32	0.17	0.04	-0.41	-0.71
	22				0.96	0.80	0.68	0.57	0.21	-0.03
	24				1.41	1.29	1.19	1.11	0.83	0.64
	26				1.87	1.78	1.71	1.65	1.45	1.32
0.50	10				-0.78	-1.00	-1.18	-1.32	-1.79	-2.07
	12				-0.48	-0.64	-0.79	-0.92	-1.34	-1.60
	14				-0.09	-0.27	-0.41	-0.52	-0.90	-1.13
	16				0.26	0.10	-0.02	-0.12	-0.45	-0.65
	18				0.61	0.47	0.37	0.28	-0.00	-0.18
	20				0.96	0.85	0.76	0.68	0.45	0.30
	22				1.33	1.24	1.16	1.10	0.91	0.79
	24				1.70	1.63	1.57	1.53	1.38	1.28
0.75	6				-0.75	-0.93*	-1.07	-1.18	-1.52	-1.72
	8				-0.47	-0.64	-0.76	-0.86	-1.18	-1.36
	10				-0.91	-0.34	-0.45	-0.54	-0.83	-1.00
	12				0.10	-0.03	-0.14	-0.22	-0.48	-0.63
	14				0.39	0.27	0.18	0.11	-0.12	-0.26
	16				0.69	0.58	0.50	0.44	0.24	0.12

续表

服装(clo)	气温(℃)	风速或相对风速(m/s)								
		<0.10	0.10	0.15	0.20	0.30	0.40	0.50	1.00	1.50
0.75	18				0.89	0.89	0.82	0.77	0.59	0.49
	20				0.92	1.28	1.20	1.14	1.10	0.95
1.00	-6				-1.68	-1.88	-2.03	-2.14	-2.50	-2.70
	-2				-1.22	-1.39	-1.52	-1.62	-1.94	-2.12
	2				-0.74	-0.90	-1.01	-1.10	-1.37	-1.53
	6				-0.26	-0.39	-0.49	-0.56	-0.80	-0.93
	10				0.22	0.12	0.04	-0.02	0.22	-0.33
	14				0.73	0.64	0.58	0.53	0.38	0.29
	18				1.24	1.19	1.13	1.09	0.97	0.91
	22				1.77	1.73	1.69	1.68	1.59	1.54
1.25	-8				-1.36	-1.52	-1.64	-1.73	-2.00	2.15
	-4				-0.95	-0.10	-1.20	-1.28	-1.52	1.65
	0				-0.54	-0.66	-0.75	-0.82	-1.08	-1.15
	4				-0.12	-0.22	-0.30	-0.36	-0.54	-0.64
	8				0.31	0.22	0.16	0.11	-0.04	-0.13
	12				0.75	0.68	0.63	0.59	0.47	0.40
	16				1.20	1.15	1.11	1.08	0.96	0.93
	20				1.66	1.62	1.59	1.57	1.50	1.46
1.50	-10				-1.13	-1.26	-1.35	-1.42	-1.64	-1.76
	-6				-0.76	-0.87	-0.96	-1.02	-1.21	-1.32
	-2				-0.39	-0.49	-0.56	-0.62	-0.79	0.00
	2				-0.01	-0.10	-0.16	-0.21	-0.36	-0.44
	6				0.38	0.30	0.25	0.21	0.08	0.01
	10				0.76	0.70	0.66	0.62	0.52	0.46
	14				1.17	1.12	1.09	1.06	0.98	0.93
	18				1.58	1.54	1.52	1.50	1.44	1.40

书目：服装类

书名	作者	定价(元)
【普通高等教育"十一五"国家级规划教材】		
服装材料学·基础篇(附盘)	吴薇薇	35.00
服饰配件艺术(第3版)(附盘)	许星	36.00
服装概论	华梅　等	36.00
服装展示设计	张立　等	38.00
服装面料艺术再造	梁惠娥	36.00
服饰搭配艺术	王渊	32.00
服装纸样设计原理与应用 女装编(附盘)	刘瑞璞	48.00
服装纸样设计原理与应用 男装编(附盘)	刘瑞璞	39.80
成衣工艺学(第三版)	张文斌　等	39.80
服装表演组织与编导	关洁	26.00
西方服装史(第二版)	华梅　要彬	39.80
服装CAD应用教程(附盘)	陈建伟	39.80
服装美学教程(附盘)	徐宏力　等	42.00
中国服装史(附盘)	华梅	32.00
服装美学(第二版)(附盘)	华梅	38.00
中西服装发展史(第二版)	冯泽民　等	39.80
针织服装设计	谭磊	39.80
【服装高等教育"十一五"部委级规划教材】		
针织服装结构CAD设计(附盘)	赵俐　等	39.80
服装流行趋势调查与预测	吴晓菁	36.00
服装表演策划与编导	朱焕良	35.00
服装号型标准及其应用(第3版)	戴鸿	29.80
服饰图案设计(第4版)	孙世圃	38.00
服装英语(第三版)(附盘)	郭平建　等	34.00
中国近现代服装史	华梅	39.80
服装生产管理(第三版)(附盘)	万志琴　等	42.00
服装电子商务(附盘)	张晓倩　等	32.00
成衣立体构成(附盘)	朱秀丽　等	29.80
服装市场营销(第三版)(附盘)	刘小红　等	36.00
服装厂设计(第二版)(附盘)	许树文　等	36.00
服装商品企划实务	马大力	36.00
服装人体美术基础	罗莹	32.00
服装生产管理与质量控制(第三版)	冯翼　冯以玫	33.00
服装生产工艺与设备(第二版)	姜蕾	38.00
内衣设计	孙恩乐	34.00
【服装高等教育"十五"部委级规划教材】		
服装商品企划学	李俊	28.00
针织服装设计与工艺	沈雷	28.00
服装整理学	滑钧凯	29.80
服装舒适性与功能	张渭源	22.00
服装设计表达——时装画艺术	陈闻	39.80

高等教材

书目：服装类

书名	作者	定价(元)
服装营销学	赵平	39.80
服饰配件艺术	许星	32.00
展示设计	张立	38.00
服饰图案设计与应用	陈建辉	36.00
【普通高等教育“十五”国家级规划教材】		
服装 CAD 原理与应用	张鸿志	40.00
服装色彩学	王蕴强	32.00
服装艺术设计	刘元风 等	40.00
中国服装史	袁仄	28.00
服装结构设计	张文斌	36.00
服装材料学	王革辉	24.00
数字化服装设计与管理	徐青青	34.00
【服装高等教育教材】		
服装学概论	李正	36.00
服饰零售学	王晓云 等	36.00
服装大批量定制	杨青海 等	26.00
服装纸样放缩	李晓久 等	22.00
【高等服装专业教材】		
女装平面结构设计	杜劲松	29.80
现代绣花图案设计	周李钧	37.00
时装设计平面展示	张皋鹏	34.00
服装流行学	张星	38.00
服装色彩学(第四版)	黄元庆	24.00
服饰图案设计(第三版)	孙世圃	22.00
服装设计学(第三版)	袁仄 等	16.00
服装材料学(第三版)	朱松文 等	25.00
服装工艺学(结构设计分册)(第三版)	张文斌	25.00
服装工艺学(成衣工艺分册)(第三版)	张文斌	20.00
服装机械原理(第三版)	孙金阶	16.00
服装生产管理与质量控制(第二版)	冯翼 等	18.00
服装美学	吴卫刚	25.00
服装心理学(第二版)	苗莉 等	20.00
服装卫生学	陈东生	22.00
西方染织纹样史	[日]城一夫	30.00
服装英语(第二版)	吕逸华	18.00
服装专业日语	袁观洛	25.00
西方服装史	华梅	32.00
服装外贸学	范福军	25.00
女装平面结构设计	杜劲松	29.80
【服装专业双语教材】		
英国经典服装板型	[英]威尼弗雷德·奥尔德里奇	35.00
服装设计师完全素质手册	[英]格里·库克林	34.00

高等教材

书目：服装类

	书　名	作　者	定价(元)
高等教材	时装设计:过程、创新与实践	[英]凯瑟琳·麦凯维　等	45.00
	图解服装概论	张玲	38.00
	服装生产概论(第二版)	[英]格里·库克林	36.00
	【新编服装院校系列教材】		
	现代服装材料学	周璐瑛	24.00
	成衣纸样与服装缝制工艺	孙兆全	30.00
	服装生产工艺与设备	姜蕾	22.00
	服装工业制板	潘波	18.00
	服饰图案	徐雯	24.00
	【高等服装实用技术教材】		
	服装企业督导管理	刘小红	13.00
	服装生产筹划与组织	宋惠景　等	18.00
	服装品质管理	万志琴　等	14.00
	服装纸样设计(上册)	刘东　等	18.00
	服装纸样设计(下册)	李秀英　等	22.00
	成衣工艺学	吴铭　等	35.00
	服装国际贸易概论	陈学军	18.00
	【北京市高等教育精品教材立项项目】		
	毛皮与毛皮服装创新设计	刁梅	58.00
	服装纸样设计原理与技术(男装编)	刘瑞璞	28.00
	服装纸样设计原理与技术(女装编)	刘瑞璞	46.00
	【上海市教育委员会高校重点教材建设项目】		
	针织服装设计	宋晓霞	39.80
	【浙江省重点教材】		
	服装设计教程	杨威	32.00
	【高等服装实用技术教材】		
	实用服装立体裁剪	罗琴　等	29.80